频率源分析与设计

高树廷　徐盛旺　刘洪升　编著

内 容 简 介

  本书对频率源的合成方法、合成原理进行了分析,给出了工程设计步骤及工程设计中的注意事项;对频率源中的主要技术指标进行了详细分析,给出了设计方法;对频率源常用电路和频率源系统中的电磁兼容设计等进行了工程分析,提出了工程中设计的注意事项,并介绍了设计、调试中的经验。

  本书主要是为从事频率源研究和设计的工程技术人员撰写的,尤其对刚参加本专业工作的具有理论基础但缺乏工程设计经验的青年本科生、研究生们来说,本书可作为工作中的重要参考书。本书重物理概念分析,书中很多设计方法和分析观点都是其他书中很少涉及或没有的,所叙述的频率源设计方法和注意事项可以帮助读者少走弯路,尽快深入掌握频率源的工程分析和设计技术。

图书在版编目(CIP)数据

频率源分析与设计 / 高树廷,徐盛旺,刘洪升编著. —西安:西安电子科技大学出版社,2021.3(2021.12 重印)

ISBN 978 - 7 - 5606 - 5924 - 4

Ⅰ. ①频… Ⅱ. ①高… ②徐… ③刘… Ⅲ. ①频率源—研究 Ⅳ. ①TB939

中国版本图书馆 CIP 数据核字(2020)第 240605 号

策划编辑 戚文艳
责任编辑 武翠琴
出版发行 西安电子科技大学出版社(西安市太白南路 2 号)
电 话 (029)88242885 88201467 邮 编 710071
网 址 www.xduph.com   电子邮箱 xdupfxb001@163.com
经 销 新华书店
印刷单位 咸阳华盛印务有限责任公司
版 次 2021 年 3 月第 1 版 2021 年 12 月第 2 次印刷
开 本 787 毫米×1092 毫米 1/16 印张 16
字 数 377 千字
印 数 1001～2000 册
定 价 50.00 元

ISBN 978 - 7 - 5606 - 5924 - 4/TB

XDUP 6226001 - 2

﹡﹡﹡ 如有印装问题可调换 ﹡﹡﹡

前　　言

　　有关频率源技术的书籍并不多，从工程技术角度来写的就更少了。近年来，设计软件的广泛使用，大大提高了设计效率，但是长期使用软件容易让设计师忽略物理概念，造成设计效率很高而解决技术问题的能力下降，甚至使技术水平不能快速提高。鉴于此，本书从工程实践出发，侧重物理概念分析，全面介绍频率源的原理、设计方法、各项技术指标及生产调试时应注意的事项，以使读者能更快地掌握频率源及其工程设计等相关技术。

　　本书共 12 章。第 1 章为频率源概述，第 2 章为频率源合成方法概述，这两章给出了各种频率源的系统分析及设计方法。第 3 章为合成频率源的原理分析及设计注意事项，第 4 章为合成频率源的工程设计，这两章主要阐述各种频率源的原理及设计实例。第 5 章为自激振荡频率源的原理分析和工程设计。第 6～10 章对频率源常用电路和主要技术指标的设计进行了详细分析，并给出了设计方法，其中，第 6 章为频率源中常用电路的分析与设计，第 7 章为频率源的相位噪声分析与测量，第 8 章为频率源的时域频率稳定度分析与测量，第 9 章为频率源的快速频率捕获及跳频时间的分析与测量，第 10 章为频率源的其他技术指标分析和低杂散设计。第 11 章为频率源的电磁兼容设计，第 12 章为频率源的工程设计，这两章主要介绍频率源的电磁兼容设计、工程设计中常见的问题和工程设计的注意事项。

　　本书汇集了中国兵器工业第二〇六研究所、成都联帮微波通信工程有限公司从事高频电路、微波电路和频率源研发工作几十年的工程技术人员的设计经验，在此向他们表示衷心的感谢。

　　由于编著者水平有限，书中难免存在不妥之处，欢迎读者批评指正。

编著者

2020 年 4 月

目　　录

第 1 章　频率源概述

　　频率源的好坏直接影响雷达、导航、通信、空间电子设备及仪器、仪表等的性能指标。一些发达国家掌握频率源的核心技术，在此基础上研制出了性能良好的电子系统（如合成信号源、频谱分析仪、网络分析仪等）并高价向国内销售。这些仪表的关键是有一个好的频率源，也就是有一个优质的本振源，在测量过程中仪表本身的技术指标应高于被测频率源的技术指标至少一个数量级。早在 20 世纪 70 年代初，国内有关单位就展开了频率合成技术的研制工作，并取得了一定的成绩，但因技术难度大和其他原因，早期开展研究的几个单位都没有坚持下来。到了 20 世纪 80 年代，国内整机单位因工程需要都纷纷成立了自己的研制班子，但有些单位的研制班子变动多次，虽经过了 40 多年的奋斗，至今我国频率源技术、频率综合技术与发达国家相比仍有不小的差距。这足以说明频率源技术的难度，也说明了频率源技术的发展还应受到更多的重视。

1.1　频率源简介

　　频率源是用来提供各种信号的电子设备。自激振荡器可认为是一种简单的频率源，晶体振荡器也是一种频率源。随着电子技术的发展，要求频率源的频率稳定度越来越高，即要求相位噪声越来越低。而过去的自激振荡器的频率稳定度一般在 10^{-5} 以上，远远不能满足要求。目前常说的频率源往往指的是合成频率源，该频率源有如下特点：

　　(1) 输出频率为步进式，即是不连续的，目前最小频率步进能做到微赫兹。

　　(2) 输出频率稳定度高，尤其是短期频率稳定度，可达 10^{-12} 量级。

　　(3) 自动化、智能化水平高，使用灵活方便。

1.1.1　频率源的类别及其优缺点

　　频率源可分为两大类，即自激振荡频率源和合成频率源。

1. 自激振荡频率源

　　自激振荡频率源是大家所熟知的，常见的自激振荡频率源有晶体振荡器、腔体振荡器、介质振荡器、压控振荡器、YIG 振荡器和波形产生器等。这些自激振荡频率源的输出频率范围、调谐带宽、近端相位噪声等各有不同，表 1.1 给出了它们的区别。

表 1.1　自激振荡频率源的性能比较

项目	晶体振荡器	腔体振荡器	介质振荡器	压控振荡器	YIG 振荡器	波形产生器
输出频率范围	1 GHz 以下	几百 MHz 以上	几百 MHz 以上	全频段	1 GHz 以上	几百 MHz 以下
调谐带宽	窄	较窄	窄	较宽	宽	宽
近端相位噪声	好	一般	较好	差	较好	—

2. 合成频率源

合成频率源是 20 世纪 70 年代后发展起来的新型频率源，其技术含量高，目前被广泛应用在现代电子系统中。合成频率源的主要优点是频率稳定度高（尤其是短期频率稳定度），相位噪声低（甚至比原子钟的相位噪声还低），且使用灵活、控制方便、性能优越；其主要缺点是造价高、技术难度大。合成频率源一般可分为四大类，即直接模拟式频率源、直接数字式频率源、间接模拟式频率源和间接数字式频率源，它们的优缺点如表 1.2 所示。

表 1.2　合成频率源的性能比较

类型	相位噪声	杂散	频率步进	工作频率	跳频速度	调制能力	体积重量	成本
直接模拟式	很好	较难抑制	很难做小	全频段	快	有限	大	高
直接数字式	好	很难抑制	很小	低	快	方便	小	较低
间接模拟式	好	好	较难做小	全频段	慢	有限	较小	较高
间接数字式	较好	较好	较小	较低	慢	有限	小	低

1.1.2　合成频率源的主要技术指标

合成频率源的输出频率范围、输出功率及功率起伏、输出波形、调制模式、功耗、电源、环境条件等与自激振荡频率源的定义要求一样，下面仅对相位噪声、杂散、频率步进和跳频时间这四项作一简介。

1. 相位噪声

相位噪声就是短期频率稳定度的频域表示，其物理量纲为 rad^2/Hz，是输出频率两边傅氏频率的函数，所以定义为偏离某频率 1 Hz 带宽内噪声功率谱密度与输出信号功率之比，记为 dBc/Hz。相位噪声是合成频率源最重要的技术指标之一，它直接影响电子系统的性能，例如影响雷达的改善因子，影响接收机的检测能力，影响通信质量等。相位噪声的大小与输出频率有关，一般按每倍频程 6 dB 变坏，即按 $20\lg N$ 变坏，N 为倍频次数。本书将对该参数进行详细的分析论证。

2. 杂散

在频率合成过程中会产生不需要的频率分量，若这些不需要的频率分量又没有被充分地抑制掉，则被称为杂散。一般用偏离输出信号多少频率上的频谱功率表示，记为 dBc，即比输出信号功率低多少分贝。杂散也是合成频率源的一项重要技术指标，杂散越小越好，一般要求杂散小于 −60 dBc，优质频率源的杂散能达到优于 −80 dBc。

3. 频率步进

合成频率源的输出频率是不连续的，是一个频率点一个频率点地合成出来的，把相邻两个频率点的频差称为最小频率步进，把起始频率到终止频率的频差称为最大频率步进。目前用直接数字合成技术产生的最小频率步进能达到微赫兹。

4. 跳频时间

从得到跳频指令开始到频率转换完成为止，这段时间称为跳频时间，也就是频率捷变时间。一般也可用相位差定义，把新建立起来的频率相位与基准频率相位之差小于 0.1 rad

时的时间称为跳频时间。

　　以上四项技术指标是合成频率源中最重要的技术指标，它们的好坏决定了合成频率源的质量。

1.1.3　合成频率源的基本原理

　　合成频率源的合成方法可分为直接模拟式、直接数字式、间接模拟式和间接数字式四种，合成方法不同，其基本原理也不同，简介如下。

1. 直接模拟式频率源的基本原理

　　直接模拟式频率源的合成方法有很多种，归纳起来都是对基准频率进行各种各样的加减乘除操作。混频器可视为对频率进行加减操作，倍频器可视为对频率进行相乘操作，分频器可视为对频率进行相除操作。通过对频率进行加减乘除等操作可产生出各种新频率，再用滤波器和电子开关分别选出所需要的频率来，经放大器、滤波器输出。这种方法也是经典方法，其相位噪声的好坏主要取决于频率合成方案和晶振的好坏，目前 100 MHz 晶振的相位噪声可达 -170 dBc/Hz@10 kHz。这种方法电路复杂，杂散决定滤波器的好坏和电磁兼容性设计的合理程度。跳频时间主要取决于电子开关的速度、控制电路的延时和窄带滤波器的延时，目前开关速度一般在几十纳秒到几百纳秒，开关的通断比一般都很好，小于几十纳秒的电子开关价格昂贵，国内产品一般都能达到 100 dB 左右。直接模拟式频率源如果步进太小，其电路就更复杂，滤波器也很难设计，因此体积大、成本高是直接模拟式频率源的主要缺点。

2. 直接数字式频率源的基本原理

　　直接数字式频率源是 20 世纪 80 年代以后发展起来的新型频率源，它使用数字技术完成频率和波形的合成，再经过滤波复原出模拟波形。具体来讲是把波形的幅度参数和相位信息按规律存储在寄存器内，工作时按要求有规律地取出信息数据，经数/模（D/A）变换，再经滤波就完成了直接数字式的合成。直接数字式频率源的基本原理框图如图 1.1 所示，从图中可以看出，在时钟的控制下，相位累加器在频率码控制下进行相位线性累加，再根据累加的相位码在存储器中寻出幅度码，经过 D/A 变换得到相对应的幅度阶梯波形，再经低通滤波器变为连续波。

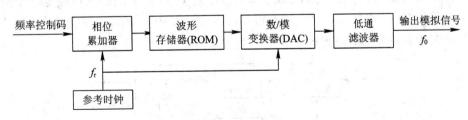

图 1.1　直接数字式频率源原理框图

　　这种用直接数字技术做成的频率源具有相位噪声好、跳频速度快、频率步进小、调制灵活等优点；缺点是杂散大，目前输出频率不高，一般在 2 GHz 以下。

　　需要注意的是，由于幅度和相位信息用数字量表示，而数字量存在 ± 1 计数误差问题，故这种频率源存在量化精度问题，从而造成某些情况下不可避免的幅度失真和相位失真，导致该频率源杂散大,通过采取相应措施,可以大大降低杂散,但必定不能彻底消除,只有输出频率和时钟频率是整数倍关系时才能保证杂散较小。

3. 间接模拟式频率源的基本原理

间接模拟式频率源主要是利用模拟锁相环锁定 VCO(压控振荡器)的相位来实现频率合成的,由于锁相环锁定相位需要时间,因此间接式频率源的跳频时间比直接式的慢,一般在 10 μs 以上。因为锁相环可等效为窄带滤波器,所以这种频率源杂散较好。间接模拟式频率源的基本原理框图如图 1.2 所示,其电路比数字式的复杂,体积较大,成本较高。该频率源主要使用正弦鉴相器,所以相位噪声较好。由图 1.2 可以看出,VCO 频率与晶振倍频上来的微波基准频率经混频器将 VCO 频率平移到中频频段,以方便处理。混频后信号经放大器再与晶振产生的一系列频率标准进行同频鉴相,锁住 VCO 相位,使 VCO 输出频率相位跟踪晶振相位,实现对 VCO 的相位锁定。利用频率控制,可同步控制 VCO 频率和频标频率,实现不同频率锁定和频率捷变。上述为一典型的微波混频锁相环,当 VCO 频率不高时,也可以不使用倍频器和混频器,而是把 VCO 直接送鉴相器。

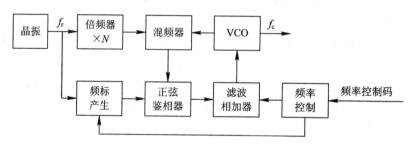

图 1.2　间接模拟式频率源原理框图

4. 间接数字式频率源的基本原理

间接数字式频率源是由数字锁相环构成的。所谓数字锁相环,就是插入了数字分频器和数字鉴相器的锁相环。分频器种类很多,常用的有程控分频器、吞除脉冲分频器和小数分频器。

间接数字式频率源的基本原理框图如图 1.3 所示。从图 1.3 中可以看出,VCO 频率被除以 N,目的是把 VCO 频率变成近似于鉴相器基准频率 f_r,经数字鉴相器进行鉴频鉴相,鉴相器输出通过积分滤波电路变成模拟电压控制 VCO 频率,使 VCO 锁定。当 N 增大时,VCO 误差相位也被除以了 N,经鉴相器后等效于把 VCO 相位不稳定度放大了 N 倍,所以 N 的大小直接影响输出相位稳定度。

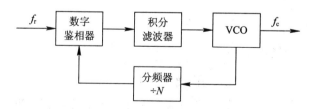

图 1.3　间接数字式频率源原理框图

间接数字式频率源具有体积小、成本低、频率步进小、使用方便可靠、可实现大规模集成等优点,故大量应用在通信技术中;主要缺点是输出相位噪声较差,因为锁相环内使用了分频器，输出相位噪声与环内分频器的种类和分频次数有关，分频次数 N 越大，相位噪声越差，一般按 $20\lg N$ 变坏。因此，使用吞除脉冲分频器的锁相环的相位噪声最好在 $-100\ \mathrm{dBc/Hz}$，使用小数分频器相对比吞除脉冲分频器好一些，但输出杂散相对较大。

1.2　频率源的发展和重要性

在国外，频率源技术近 40 年来发展很快，尤其是近 20 年来，低相位噪声技术、低杂散技术和直接数字合成技术突飞猛进，使得相位噪声、杂散等每过几年就降低一个数量级，直接数字合成技术更是如此。在国内，该技术的发展并不理想，由于技术难度大、耗资大，国外在 20 世纪 40 年代就提出的频率合成技术，目前国内还主要靠进口，如合成频率源、频谱分析仪、网络分析仪等每台的售价高达几十万到一百多万元人民币，另外，合成频率源中的关键元器件，如低相位噪声晶振、微波小体积滤波器、微波单片放大器等也都需大量进口，近 20 年发展起来的直接数字合成技术更是如此。直接数字合成技术尽管目前还有一些缺点，但它代表了频率合成技术的方向，解决了一些其他合成技术无法解决的技术难题，是频率源数字化的关键步骤。

频率源的好坏直接影响微波系统、高频系统的性能，是这些系统中的核心。例如，在雷达系统中，频率源需提供发射激励信号、接收机本振信号、相参基准信号等。可以说，频率源是现代微波和高频电子系统的心脏，它的性能直接影响电子系统的关键技术指标，因此频率源在现代电子系统中是非常重要的。

1.3　频率源的关键技术和工程设计要点

频率源在电子系统中十分重要，它的关键技术就是低相位噪声设计和低杂散设计，以及实现这些设计的电磁兼容保证措施。

在具体工程设计中，不论是方案设计还是电磁兼容设计甚至印制板设计、结构设计等都必须围绕如何降低相位噪声和杂散来考虑，而低相位噪声、低杂散设计需要综合各个方面，全面考虑才能达到目的。例如低相位噪声设计，只靠一个合理的方案和一个满足要求的低相位噪声晶振是不行的，还必须考虑合理的电磁兼容措施、正确的印制板设计及精心的调试技术，只有这样才能全面保证达到低相位噪声。低杂散设计也是如此，不仅要有一个正确的方案，还必须有正确的电磁兼容措施和合理的元器件选择，如高隔离的混频器、高带外抑制的滤波器、高通断比的电子开关及频道之间的高隔离设计等。

第 2 章　频率合成方法概述

由一个或几个参考频率产生一个或更多频率的过程叫频率合成。完成这个过程的电子装置叫频率合成器,又叫合成频率源。本章简介各种频率合成方法。

2.1　非相干合成法

非相干合成法是一种早期的频率合成方法,它是用电子开关切换多个石英谐振器,使晶体振荡器能够输出多个振荡频率,如图 2.1 所示。该方法可等效为多个晶振之间的切换,例如晶振Ⅰ的频率为$(190\sim199)$MHz,步进为 1 MHz,共产生 10 个频率点,晶振Ⅱ的频率为$(20.1\sim21)$MHz,步进为 0.1 MHz,共产生 10 个频率点,则混频输出取和频为$(210.1\sim220)$MHz,步进为 0.1 MHz,共产生 100 个频率点输出。

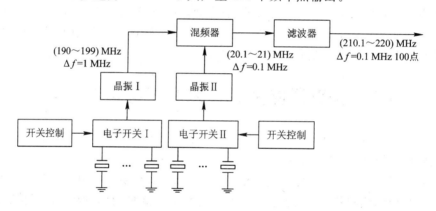

图 2.1　非相干合成法原理框图

2.2　漂 移 对 消 法

漂移对消法也是一种早期的合成方法,其原理框图如图 2.2 所示。在直接合成中,常遇到混频比不满足要求的情况,而漂移对消法通过引入辅助振荡器、二次或者多次混频可在一定程度上解决混频比的问题。辅助振荡器的两次混频能把辅助振荡器的频率漂移和相位噪声对消掉,辅助振荡器的不稳定性对输出频率理论上没有影响。当然,若辅助振荡器应用于复杂系统中,由于信号走的路径很难保持一致,故会造成时间延迟略有差异,从而导致对消可能受到一定的影响,所以这种方法通常适用于简单电路中。

漂移对消法简单易行,通过把多个频率点变换成某一个固定频率,然后经固定频率滤波器将各种杂散滤除。由此可见,该方法可等效为一组开关滤波组件,但大大降低了开关滤波组件的成本,同时能缩小体积、减轻重量。设计用这种方案代替开关滤波时应考虑组件和辅助振荡器的漂移，使辅助振荡器的温度频率漂移和调谐频率误差之和小于滤波器的 1 dB 带宽，同时滤波器的带外抑制好坏直接影响输出杂散。

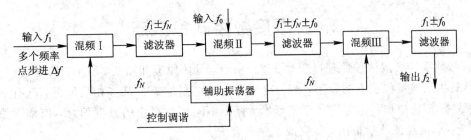

图 2.2　漂移对消法原理框图

2.3　倍频、分频、混频法

倍频、分频、混频法是对频率进行加减乘除等操作，如图 2.3 所示，用一只基准晶振对晶振频率进行倍频、分频、混频，可产生所需频率。该方案的关键是合理选择倍频次数、分频次数，以获得正确的混频比。否则，混频器的输出滤波器无法良好地滤除杂散，从而使合成器输出杂散很差。该方案的关键技术是滤波器的性能和正确的混频比。

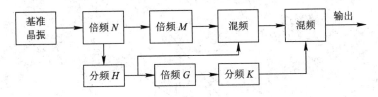

图 2.3　倍频、分频、混频法原理框图

2.4　谐波选取法

当要求输出频率点不多且频率步进较大时，可直接采用谐波发生器产生所需的谐波频率，再用开关滤波组件将其分别选出，这种方法又称为谐波选取法，如图 2.4 所示。如需更多频率，可与图 2.3 所示的方法相结合来实现。谐波选取法产生的输出频率相位噪声最好，所以常用该方法产生频率合成器的微波频率标准。

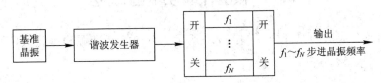

图 2.4　谐波选取法原理框图

2.5　直接模拟式合成法

当要求跳频时间快且相位噪声好时，可选用直接模拟式合成法，即综合倍频、分频、混频法和谐波选取法而构成的一种典型的频率合成法。用该方法合成的频率源的性能指标最好，缺点是成本高、体积大。详细分析设计后面有专述。

2.6　直接数字式合成法

直接数字式合成法的原理框图如图 2.5 所示，具体原理如图 2.6 所示。从图 2.6 可以看出，不同相位增量代表不同频率，按一定规律向相位累加器给某一相位增量，就有一确定输出频率。相位累加器的输出送至波形库，查出不同相位对应的幅度信息，该幅度信息经DAC 变换，再经滤波后输出，就完成了频率合成。

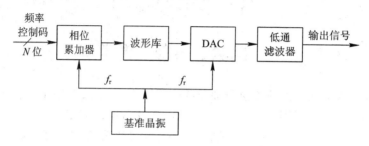

图 2.5　直接数字式合成法原理框图

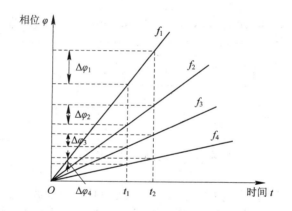

图 2.6　直接数字式频率源合成原理图

2.7　模拟锁相环合成法

模拟锁相环合成法的原理框图如图 2.7 所示，不同的基准源频率将 VCO 锁定在相应频率上。

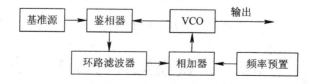

图 2.7　模拟锁相环合成法原理框图

2.8　混频锁相环合成法

常用的混频锁相环合成法的原理框图如图 2.8 所示，假设频标产生 $f_1 \sim f_{10}$ 共 10 个频率点作为鉴相基准，则微波频标从 $f_{11} \sim f_{15}$ 的频率间隔为 $f_1 \sim f_{10}$ 共 10 个频率，即为十进位。微波频标与 VCO 混频，将 VCO 频率平移到鉴相基准频率上，再进行鉴相锁定 VCO，这样可以锁定 50 个频率点。这种方法常用于微波锁相环中。

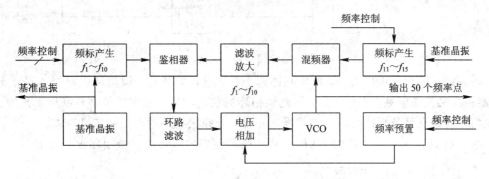

图 2.8　混频锁相环合成法原理框图

2.9　复杂锁相环合成法

图 2.9 所示为一种较为复杂的锁相环合成法的原理框图，VCO 输出与微波基准混频，将输出频率搬移到高频频段上，这样做可保持相位噪声最佳。微波频标与微波基准的频率均可使用谐波发生器加开关滤波组件产生，这样既扩展了合成带宽，又使相位噪声恶化较少，相当于把 VCO 频率分段搬移到中频。分频器虽可使合成方案得到简化，但影响相位噪声，如果对相位噪声要求很严，也可不用可变分频器，而是使频标产生多个频率点，即通过鉴相基准的改变对中频信号同频鉴相。

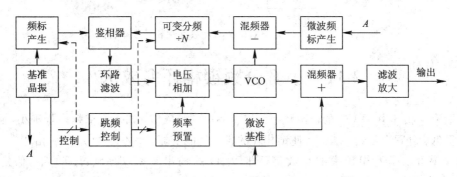

图 2.9　复杂锁相环合成法原理框图

2.10　数字锁相环合成法

图 2.10 所示为数字锁相环合成法的原理框图，从图中可以看出，数字锁相环与模拟锁

相环的不同之处在于模拟锁相环的鉴相器为正弦鉴相器，而数字锁相环的鉴相器为数字鉴相器，跳频是靠数字分频器改变分频次数来实现的。

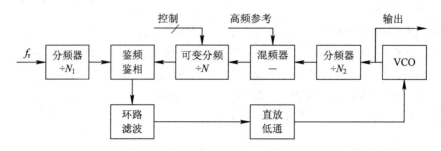

图 2.10　数字锁相环合成法原理框图

　　因为数字锁相环可以集成，所以其体积小、重量轻的特点。锁相环内可引入高次分频器，鉴相器又具备鉴频、鉴相功能，因此锁相环捕获范围宽、稳定可靠，不需频率预置。数字锁相环的缺点是分频次数大时相位噪声不好，分频次数小时环路稳定性变差。

　　图 2.11 所示是一个步进为 1 kHz、相位噪声较好的双环数字锁相环频率合成器。

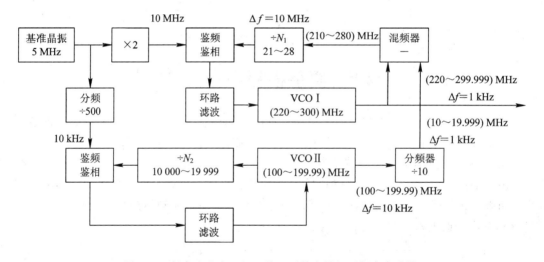

图 2.11　频率步进为 1 kHz 的双环数字锁相环频率合成器

2.11　小数分频锁相环合成法

　　在数字锁相环中，VCO 的输出频率为鉴相频率的整数倍，如果要求频率步进小，则鉴相频率会很低，分频次数会很大，将使锁相环的各项性能变坏。而在小数分频锁相环中，VCO 的输出频率可以是鉴相频率的小数倍，即 VCO 的输出频率 $f_0 = (N.F)f_r$。假定 $f_r = 1$ MHz，$N = 10$，$F = 1$，则 $N.F = 10.1$，即 $f_0 = 10.1$ MHz。图 2.12 给出了小数分频锁相环合成法的原理框图，图中的 $D_0 \sim D_5$ 为控制码。小数分频方案的缺点是杂散大。详细分析见 4.11 节。

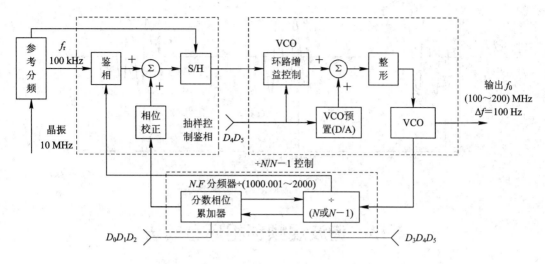

图 2.12 小数分频锁相环合成法原理框图

2.12 取样锁相环合成法

取样锁相环合成法的原理框图如图 2.13 所示，100 MHz 晶振经谐波产生器形成毫微秒窄脉冲，该脉冲相位与晶振相位一样，去取样鉴相器采样，采样鉴相输出经采样保持电路形成误差电压，对 VCO 锁定。该电路中的微波电路少，缺点是采样鉴相效率低，所以必须加直流放大器来提高环路增益，以保持有一定的环路带宽。由于直放增益高时存在零漂问题，因此该电路的稳定性较差，杂散也较大。

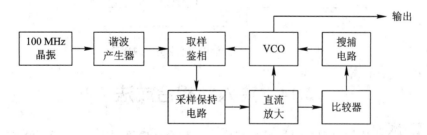

图 2.13 取样锁相环合成法原理框图

取样锁相的原理图如图 2.14 所示，假设取样脉冲为 0.01 毫微秒，即频率为 100 MHz，VCO 的输出频率为 10 GHz，第 1 个取样脉冲与第 2 个取样脉冲之间约有 100 个 VCO 输出频率周期，第 1 次取样脉冲的取样点在 A 点，取样电压为 V_1，第 2 次取样点在 B 点，取样电压为 V_2，第 3 次取样点在 C 点，取样电压为 V_3，类推下去。如果 VCO 频率被锁定，相位与晶振相位一样稳定，则 A、B、C……取样电压相等；如果没有锁定，则 A、B、C……取样电压不等，此时采样保持电路获得的积分电压将与锁定时的积分电压不同，产生相位误差电压，该电压反馈修正 VCO 相位，使之锁定。从上述过程中可以看出在取样锁相环合成法中，取样脉冲越窄，锁相精度越高。

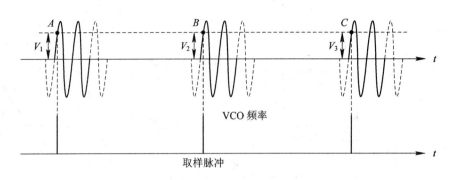

图 2.14　取样锁相原理图

2.13　谐波混频锁相环合成法

谐波混频锁相环合成法的原理框图如图 2.15 所示，谐波混频方案克服了取样锁相环的缺点，将环路增益转移到中频放大，这就克服了零漂问题，从而使环路相对稳定。中频滤波器能大大抑制无用的谐波，使输出杂散得到改善。该方案的缺点是频率步进不能太小，步进太小时容易出现错锁。

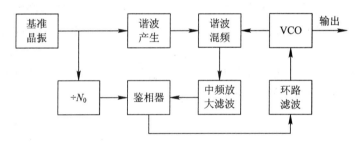

图 2.15　谐波混频锁相环合成法原理框图

2.14　注入锁相合成法

注入锁相合成法的原理框图如图 2.16 所示，基准晶振倍频后，注入 VCO，对 VCO 进行同步，最后锁定 VCO。锁定带宽与输入功率的大小有关，输入功率大，则锁定带宽宽。为了提高锁相稳定性，要求 VCO 的稳定度尽量高。注入锁相目前大量用于毫米波功率放大器，用一个稳定的高稳小功率信号，注入锁定一个大功率的振荡器，例如体效应振荡器、雪崩管振荡器等，这样可构成注入锁定放大器。注入功率与输出功率之比为注入放大器的增益。

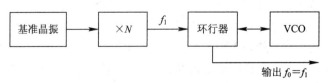

图 2.16　注入锁相合成法原理框图

2.15　锁定 YIG 振荡器合成法

YIG 振荡器调谐带宽很宽，例如一只振荡器即可覆盖(2~20)GHz，其瞬时带宽窄，是一个高 Q 值振荡器，其远端相位噪声很好(在 18 GHz 输出时可达－123dBc/Hz@100 kHz)。如果将其近端相位噪声锁定在晶振相位噪声上，则 YIG 振荡器的近端、远端相位噪声都很好。很多信号源中均使用该方法。其原理框图如图 2.17 所示。YIG 振荡器的频率是由磁场控制的，磁场是由恒流源的电流产生的，电流是由锁相环中的控制电压和频率预置电压产生的。所以 YIG 振荡器调谐速度慢，一般在毫秒量级，因为磁滞原因无法快速跳频。

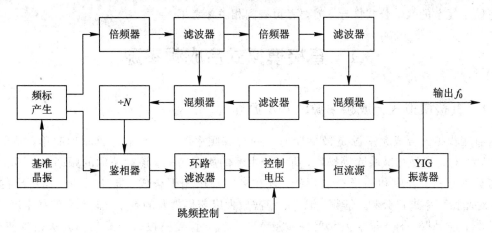

图 2.17　锁定 YIG 振荡器合成法原理框图

第 3 章　合成频率源的原理分析及设计注意事项

　　本章将对四种合成频率源的原理进行较详细的物理分析和工程设计分析，在分析过程中忽略了复杂的数学公式推导，需要者可查阅相关参考书。

3.1　直接模拟式合成频率源

3.1.1　直接模拟式合成频率源的基本原理

　　直接模拟式合成频率源是最早期的一种合成频率源，其频率合成原理简单，易于实现，只需对频率做加减乘除等操作，即可产生新的所需频率。该频率源的频率合成方法一般可分为非相干合成和相干合成两种，现在多数都用相干合成，即使用一只高稳定的晶振，对晶振频率进行分频、倍频、混频、滤波放大以获得需要的频率，该频率的稳定度、精度基本上与晶振一样。早期因元器件质量水平不高，直接模拟式合成频率方法很少使用，现在随着元器件技术的飞速发展，滤波器、电子开关的性能都大大提高，该方法又开始被广泛采用。

3.1.2　直接模拟式合成频率源的优缺点

　　直接模拟式合成频率源的主要优点是：频率转换时间快，甚至可小于 1 μs；不存在失锁问题，工作稳定可靠；输出相位噪声好。

　　直接模拟式合成频率源的主要缺点是：电路复杂、体积大、重量重、成本高，频率步进不宜太小。

3.1.3　直接模拟式合成频率源的关键电路

　　直接模拟式合成频率源的性能指标与电路设计有紧密关系，尤其是与下列电路的关系更大。

1. 基准晶振

　　基准晶振决定频率源的输出相位噪声。理论上，频率源的输出相位噪声为晶振相位噪声 $+20\lg N$，N 为输出频率与晶振频率之比。频率源的稳定度、频率精度均由晶振决定。

2. 谐波发生器

　　谐波发生器一般用来产生微波基准信号和微波梳状谱信号，频率源输出附加相位噪声的大小常由该电路决定。

3. 滤波器

频率源输出杂散的好坏与滤波器有很大关系，且其体积、重量、成本也与滤波器有关。

4. 电子开关与开关滤波组件

直接模拟式合成频率源的频率转换时间由电子开关的转换时间决定。电子开关的通断比对合成器的杂散有很大影响。

将电子开关与滤波器组合在一起，构成开关滤波组件，再与谐波发生器组合，构成选频组件，不仅可缩小组件的体积，也提高了组件的可靠性。

5. 混频器

混频器是实现频率加、减处理的最合适的电路。但是混频器的寄生输出（即交互调分量）非常多，因此需要合理、正确地设计混频比，选用合适的混频器，以减少杂散，降低对滤波器的要求。频率源用的混频器应选用高隔离、双平衡或三平衡混频器，以提高对交互调分量的抑制。若混频器的自身相位噪声很低，则在频率合成器中可以忽略，输出相位噪声由两路输入相位噪声来决定。若两路输入相位噪声一样，则输出相位噪声变坏 3 dB；若两路输入不一样，则输出相位噪声由差的一路决定。

6. 分频器与单片放大器

分频器与单片放大器电路都有集成电路出售，只需正确选择即可。详细分析见第 6 章中频率源常用电路的分析。

3.2　直接数字式合成频率源

直接数字式合成频率源的英文缩写为 DDS，是直接对参考正弦时钟进行抽样和数字化，通过数字计算产生频率。该技术主要由高速数字电路和高速 D/A 变换决定。

3.2.1　直接数字式合成频率源的基本原理

直接数字式合成频率源的基本原理是：利用数字技术来控制信号的相位增量，即输入频率控制码，根据频率控制码和时钟频率计算出对应的相位增量，然后把相位增量送相位累加器，相位累加器的输出量去波形库查表，找出对应的幅度量后进行 D/A 变换，变换成模拟量，并保持到下一步。如图 3.1 所示，该波形是符合正弦规律的阶梯波，经低通滤波器滤除高次谐波后，可恢复成正常正弦波。

该频率源输出最低合成频率为

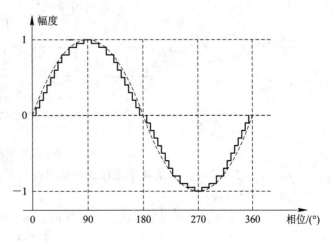

图 3.1　D/A 变换输出的阶梯正弦波

$f_{\min}=\dfrac{f_r}{2^N}$，输出最高合成频率 $f_{\max}<\dfrac{f_r}{2}$，其中 f_r 为时钟频率。可以看出，要想使合成频率 $f_{\max}$ 高，则时钟频率 f_r 必须更高，这一点对数字电路来说是比较困难的。

3.2.2　直接数字式合成频率源的优缺点

直接数字式合成频率源的优点是：有较高的频率分辨率(频率步进小)，频率转换时间快，相位连续，一致性强，相位噪声好，可实现集成化。

直接数字式合成频率源的缺点是：输出杂散大，输出频率不高。

3.2.3　直接数字式合成频率源的电路选择

市场上有各种 DDS 集成电路供选择，时钟频率目前已达几吉赫兹。这里需要强调两点：第一点是若采用的时钟频率高，则集成电路往往要使用 ECL 电路，这时器件的电源电流很大，设计时应注意散热问题；第二点是为降低杂散，应使输出频率与时钟之间为整数倍关系。

3.3　间接模拟式合成频率源

在合成频率源中，模拟锁相环是一种常用组合单元，有模拟锁相环的合成频率源叫间接模拟式合成频率源。锁相环的性能对合成频率源的性能影响很大，尤其是频率转换时间，锁相环的跳频时间一般在几十微秒以上，远大于电子开关的时间，因为锁相环实质上是一个相位反馈系统，所以研究锁相环必须先搞清楚相位反馈系统的基本原理。

3.3.1　相位反馈系统的基本原理

图 3.2 所示为相位反馈系统的原理框图，$\Phi_r(s)$ 表示输入相位函数，$\Phi_o(s)$ 表示输出相位函数，系统的正向增益为 $KG(s)$，开环增益为 $KG(s)F(s)$；K 为常数；$G(s)$、$F(s)$ 均为与频率有关的函数。该系统的传递函数为

$$\frac{\Phi_o(s)}{\Phi_r(s)}=\frac{\text{正向增益}}{1+\text{开环增益}}=\frac{KG(s)}{1+KG(s)F(s)} \tag{3.1}$$

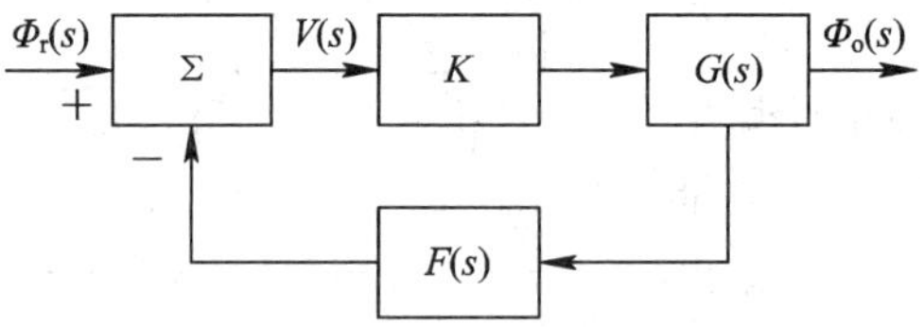

图 3.2　相位反馈系统的原理框图

由式(3.1)可推导出系统各个端口处到输出端的传递函数及系统的噪声带宽 B_n、3 dB 带宽 B_{3dB} 和稳态误差。

稳态误差是衡量反馈控制系统性能好坏的标志，相位反馈系统的稳态误差公式为

$$E(s)=\frac{\Phi_r(s)}{1+KG(s)F(s)} \tag{3.2}$$

由式(3.2)可求出三种相位变化时的稳态误差，即相位阶跃、相位斜升(也就是频率阶

跃)和相位加速(也就是频率斜升)三种情况下的稳态误差。因反馈类型不同,稳态误差也不一样。一般将反馈系数为 1,即 $F(s)=1$ 时的反馈系统分为三种类型:0 型、1 型、2 型。这三种不同类型的反馈系统对于三种相位变化有不同的稳态误差 ε_{ss},如表 3.1 所示,从表中可以看出 2 型反馈系统的稳态误差 ε_{ss} 最好。

表 3.1　阶跃、斜升和加速相位变化时反馈控制系统的性能

系统反馈类型	相位阶跃时的 ε_{ss}	相位斜升时的 ε_{ss}	相位加速时的 ε_{ss}
0 型	常数	∞	∞
1 型	0	常数	∞
2 型	0	0	常数

　　反馈系统的三种类型,在锁相环中分别对应 0 阶锁相环、1 阶锁相环、2 阶锁相环。0 阶环在锁相中不用,1 阶环很少用,锁相环中常用的为 2 阶环。由表 3.1 可以看出,对于 2 型反馈系统,2 阶环对相位阶跃和频率阶跃(即相位斜升),锁相环锁定后均无相位差;对频率斜升(即相位加速),锁定后将保持一个固定相位差。

　　由于稳态误差 ε_{ss} 的减少受到系统稳定性条件的限制,因此设计者就是要找出稳态误差小和稳定性高这两方面同时满足要求的反馈系统的性能参数。研究稳态误差与稳定性之间的关系,通常使用伯德图来分析。

　　图 3.3 所示为反馈系统的线性化伯德图,其横坐标为对数坐标。图 3.3(a)为开环增益随频率变化的曲线,图中 ω_c 为环路增益等于 1 时的环路频率,叫自然谐振频率,A_m 为增益裕度。图 3.3(b)为开环相移随频率变化的曲线,图中 θ_m 为环路增益等于 1 时对应的相移,称为相位裕度。因为当开环增益超过 1 且相移等于 180° 时,系统将产生自激,所以把相移量为180° 时对应的频率上的增益 A_m 叫增益裕度。因而得出以下结论:在某一频率 ω_1 上对应的开环增益的相位角为 180° 时,若开环增益为负,则系统稳定;若开环增益为 0,则系统处于临界稳定;若开环增益为正,则系统不稳定。一般情况下,A_m 大于 10 dB 且 θ_m 大于 30° 的系统为稳定系统。

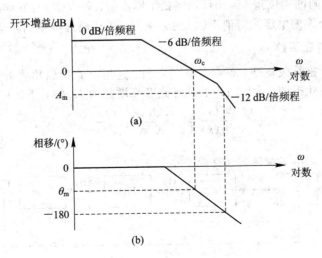

图 3.3　反馈系统的线性化伯德图

3.3.2 锁相环分析

锁相环（PLL）的应用有两种状态。第一种是早期应用于通信接收机中的锁相环，作为窄带调频接收机或跟踪滤波器使用，参考信号电平由天线而来，电平很微弱，信噪比很差，通过 PLL 来跟踪参考信号所传递的信息，把信息分离出来，这时要求 PLL 环路的带宽越窄越好。第二种是合成频率源中使用的锁相环，其参考信号为低相位噪声晶振，PLL 的作用是抑制 VCO 的近端相位噪声，并将其锁定，产生频率步进，使微波输出信号的相位噪声具有晶振和 VCO 的优点，这时要求 PLL 的带宽应尽量宽。下面讨论分析宽带锁相环。

1. 锁相环的基本原理

图 3.4 所示为模拟锁相环的基本原理框图，从图中可以看出锁相环是由 VCO、鉴相器和环路滤波器组成的。

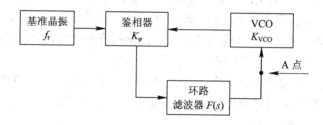

图 3.4　模拟锁相环原理框图

VCO 的增益系数，也称为压控灵敏度 $K_{\text{vco}}(\text{rad}/(\text{V}\cdot\text{s}))$。鉴相器的增益系数也叫鉴相灵敏度 $K_{\varphi}(\text{V}/\text{rad})$。$F(s)$ 是环路滤波器传递函数的拉普拉斯变换。令环路在图 3.4 中的 A 点处断开，这时环路为开环，鉴相器做混频器工作，输出差频 Δf 为晶振与 VCO 的频差，混频器的高次交互调分量被滤波器滤除。这个差频在环路闭环后，调制 VCO 频率，以便减小 Δf。这时 Δf 调制了 VCO，使 VCO 成为调频信号，这样反复调制，导致鉴相器输出频率失真非常严重，会产生一定的直流分量，从而使 Δf 越来越小。当 Δf 小于或等于锁相环的捕获带时，Δf 差拍频率突然消失，这时鉴相器的输出为一直流电压，电压大小正比于晶振与 VCO 之间的相位差，锁相环锁定处于同步带。若 VCO 存在频率漂移，则立刻引起鉴相器输出一个误差电压来对消 VCO 的频率漂移，从而维持锁相环动态锁定。

2. 锁相环的传递函数

锁相环的数学推导较复杂，可参考有关资料，这里将直接给出推导结果。图 3.5 所示为模拟锁相环线性化框图。由图可以看出环路开环增益为 $K_{\varphi}K_{\text{vco}}F(s)/s$，其传递函数为

$$\frac{\Phi_{\text{o}}(s)}{\Phi_{\text{r}}(s)}=\frac{K_{\varphi}K_{\text{vco}}F(s)}{s+K_{\varphi}K_{\text{vco}}F(s)} \tag{3.3}$$

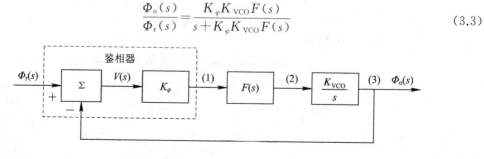

图 3.5　模拟锁相环线性化框图

从(1)点到输出端的传递函数为

$$\frac{K_{\mathrm{vco}}F(s)}{s+K_{\varphi}K_{\mathrm{vco}}F(s)} \tag{3.4}$$

从(2)点到输出端的传递函数为

$$\frac{K_{\mathrm{vco}}}{s+K_{\varphi}K_{\mathrm{vco}}F(s)} \tag{3.5}$$

从(3)点到输出端的传递函数为

$$\frac{1}{1+K_{\varphi}K_{\mathrm{vco}}F(s)/s} \tag{3.6}$$

相位误差函数为

$$V(s)=\Phi_{\mathrm{r}}(s)-\Phi_{\mathrm{o}}(s)=\frac{s\Phi_{\mathrm{r}}(s)}{s+K_{\varphi}K_{\mathrm{vco}}F(s)} \tag{3.7}$$

3. 一阶锁相环

没有环路滤波器，即 $F(s)=1$ 时的锁相环叫一阶锁相环，它是 1 型反馈系统。一阶锁相环跟踪相位阶跃无静差，跟踪频率阶跃有一定的相位误差，跟踪频率斜升将失锁。

锁相环的相位噪声以临界频率 f_{c} 为准，f_{c} 以内的相位噪声由晶振决定，f_{c} 以外的相位噪声由 VCO 决定，高于 f_{c} 的相位噪声以 6 dB/倍频程衰减。由于 $f_{\mathrm{c}}=\dfrac{K_{\varphi}K_{\mathrm{vco}}}{2\pi}$ Hz，一阶环跟踪误差大，因此若要减小相位误差就必须增大环路增益，这时环路容易产生自激，为解决此矛盾，产生了二阶锁相环。

4. 二阶锁相环

二阶锁相环为了提高跟踪精度，在鉴相器输出端加有低通滤波器，常用的滤波器为相位滞后无源滤波器，如图 3.6 所示，其传递函数为

$$V(s)=\frac{1+\tau_2 s}{1+\tau_1 s} \tag{3.8}$$

式中：$\tau_1=(R_1+R_2)C$，$\tau_2=R_2 C$。将 τ_1 和 τ_2 的值代入式(3.8)，可得

$$F(\mathrm{j}\omega)=\frac{1+\mathrm{j}\omega\tau_2}{1+\mathrm{j}\omega\tau_1} \tag{3.9}$$

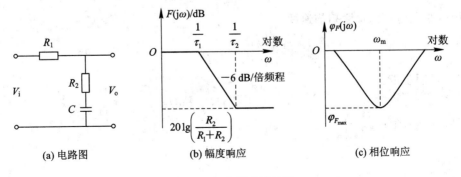

图 3.6　相位滞后滤波器

二阶锁相环的开环增益(正向增益)为

$$\frac{K_{\varphi}K_{\text{VCO}}\left(\dfrac{\tau_2}{\tau_2}\right)\left[s+\left(\dfrac{1}{\tau_2}\right)\right]}{s\left[s+\left(\dfrac{1}{\tau_1}\right)\right]} \tag{3.10}$$

二阶锁相环的稳态性能与一阶环路相同，也是一个 1 型反馈系统，传递函数为

$$\frac{\Phi_{\text{o}}(s)}{\Phi_{\text{r}}(s)}=\frac{K_{\varphi}K_{\text{VCO}}\left(1+\dfrac{\tau_2}{s}\right)(1+\tau_1 s)}{s+\dfrac{K_{\varphi}K_{\text{VCO}}(1+\tau_2 s)}{1+\tau_1 s}}=\frac{K_{\varphi}K_{\text{VCO}}\left(\dfrac{1}{\tau_1}\right)(1+\tau_2 s)}{s^2+\left(\dfrac{1}{\tau_1}\right)(1+K_{\varphi}K_{\text{VCO}}\tau_2)s+\dfrac{K_{\varphi}K_{\text{VCO}}}{\tau_1}} \tag{3.11}$$

式(3.11)通常用环路阻尼系数 ξ 和自然谐振频率 ω_{n} 表示，即

$$\left[\frac{\Phi_{\text{o}}(s)}{\Phi_{\text{r}}(s)}\right]_{\text{二阶}}=\frac{s\omega_{\text{n}}\left[2\xi-\left(\dfrac{\omega_{\text{n}}}{K_{\varphi}K_{\text{VCO}}}\right)\right]+\omega_{\text{n}}^2}{s^2+2\xi\omega_{\text{n}}s+\omega_{\text{n}}^2} \tag{3.12}$$

式中：

$$\omega_{\text{n}}=\left(\frac{K_{\varphi}K_{\text{VCO}}}{\tau_1}\right)^{\frac{1}{2}}\text{ rad/s} \tag{3.13}$$

$$\xi=\frac{1}{2}\left(\frac{1}{\tau_1 K_{\varphi}K_{\text{VCO}}}\right)^{\frac{1}{2}}(1+\tau_2 K_{\varphi}K_{\text{VCO}}) \tag{3.14}$$

二阶环对相位阶跃的稳态误差为 0；对相位斜升的稳态误差为 $\dfrac{\Delta\omega}{K_{\varphi}K_{\text{VCO}}}$；对频率斜升的稳态误差为无穷大，此时环路失锁。

二阶环的暂态特性与环路参数有关，也就是与自然谐振频率 ω_{n} 和阻尼系数 ξ 有关。在高增益环中，即 $K_{\varphi}K_{\text{VCO}}\gg\omega_{\text{n}}$ 的条件下，有关资料给出了各种阻尼系数条件下随时间变化的暂态误差曲线。在工程设计中 ξ 一般都取 1，特殊要求时可取 0.7。

基准频率的最大变化速率为 $\left(\dfrac{\text{d}\Delta\omega}{\text{d}t}\right)_{f_{\text{r}}}=\omega_{\text{n}}^2$，超过该速率，环路将失锁。为保证锁定，一般对 VCO 扫描的最大速率应小于 $\dfrac{\omega_{\text{n}}^2}{2}$，即

$$\left(\frac{\text{d}\Delta\omega}{\text{d}t}\right)_{f_{\text{VCO}}}<\frac{\omega_{\text{n}}^2}{2}$$

VCO 控制电压的最大扫描速度：

$$\left|\frac{\text{d}v}{\text{d}t}\right|_{\text{max}}<\frac{\omega_{\text{n}}^2}{2K_{\text{VCO}}}$$

二阶环同步带：

$$\Delta\omega_{\text{同步带}}=K_{\varphi}K_{\text{VCO}}\text{ rad/s}$$

二阶环捕获带：

$$\Delta\omega_{\text{捕获}}=K_{\varphi}K_{\text{VCO}}\left(\frac{\tau_2}{\tau_1}\right)\text{ rad/s}$$

需要注意的是，捕获带总是小于同步带。

频率锁定时间：

$$t_{捕捉} \approx \frac{4 (\Delta f)^2}{B_n^3} \text{ s}$$

其中，B_n 为二阶环的噪声带宽，且

$$B_n = \frac{\omega_n}{2} \left(\xi + \frac{1}{4\xi} \right) \text{ Hz}$$

当 $\xi = 1$ 时，$B_n = 0.625\omega_n$。

5. 理想积分器的二阶锁相环

前面分析的一阶锁相环、二阶锁相环，其输出相位与 VCO 的失谐大小有关，因此锁相环的输出相位是一个变化量。虽然晶振很稳，但 VCO 总受环境条件变化和预置精度等影响，其频率总在变化，从而使输出相位总在变化。

理想锁相环要求环路滤波器的传递函数应为

$$F(s) = \frac{s + a}{s} \tag{3.15}$$

对于前面分析的二阶环，如果 $R_1 \gg R_2$，则其传递函数为

$$F(s) = \frac{\tau_2}{\tau_1} \times \frac{s + \dfrac{1}{\tau_2}}{s} \tag{3.16}$$

$$\frac{\tau_2}{\tau_1} = \frac{R_2}{R_1 + R_2} \tag{3.17}$$

当 τ_2 / τ_1 很小时，环路增益将变小，所以需要一个高增益放大器去补偿该滤波器引起的环路增益减小。

如图 3.7 所示，这种积分器使图中的 A 点成为环路中相位噪声、杂散的超灵敏点。下面给出另一种最佳滤波器电路，如图 3.8(a) 所示。

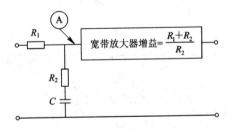

图 3.7　接有高增益放大的积分器

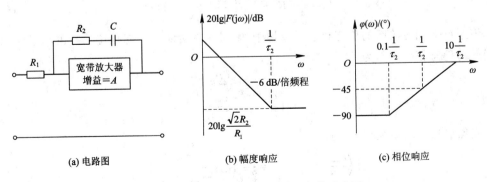

(a) 电路图　　　　(b) 幅度响应　　　　(c) 相位响应

图 3.8　理想积分器电路及幅度、相位响应图

图 3.8(a)所示理想积分器电路的传递函数为

$$F(s) \approx \frac{1}{R_1 C}\left(\frac{1+\tau_2 s}{s}\right)$$

其中，$\tau_2 = R_2 C$。

频率特性表达式为

$$F(j\omega) \approx \frac{1}{R_1 C}\left(\frac{1+j\omega\tau_2}{j\omega}\right)$$

则

$$|F(j\omega)| = \frac{1}{R_1 C\omega}\sqrt{1+(\omega R_2 C)^2}$$

$$\varphi(j\omega) = \arctan(\omega\tau_2) - 90°$$

图 3.8 中，增益 A 很大，当 $R_1 \gg R_2$ 时，有

$$F(s) \approx \frac{R_2}{R_1} \times \frac{s+\left(\dfrac{1}{\tau_2}\right)}{s} \tag{3.18}$$

它的开环增益与正向增益相同，都为

$$\frac{K_\varphi K_{\mathrm{VCO}}\left(\dfrac{R_2}{R_1}\right)\left[s+\left(\dfrac{1}{\tau_2}\right)\right]}{s^2} \tag{3.19}$$

这是一个 2 型反馈控制系统，输出相位稳定，是一个真正的相位锁定环，这种锁相环理论上证明有无限的捕获带，可以取消对 VCO 预置。其传递函数为

$$\frac{\Phi_{\mathrm{o}}(s)}{\Phi_{\mathrm{r}}(s)} = \frac{2\xi\omega_{\mathrm{n}}s+\omega_{\mathrm{n}}^2}{s^2+2\xi\omega_{\mathrm{n}}s+\omega_{\mathrm{n}}^2} \tag{3.20}$$

式中：

$$\omega_{\mathrm{n}} = \left[\frac{K_\varphi K_{\mathrm{VCO}}}{\tau_2}\left(\frac{R_2}{R_1}\right)\right]^{\frac{1}{2}} \mathrm{rad/s}$$

$$\xi = \frac{1}{2}\left[K_\varphi K_{\mathrm{VCO}}\tau_2\left(\frac{R_2}{R_1}\right)\right]^{\frac{1}{2}}$$

其噪声带宽为

$$B_{\mathrm{n}} = \frac{1}{4}\left[K_\varphi K_{\mathrm{VCO}}\left(\frac{R_2}{R_1}\right)+\frac{1}{\tau_2}\right] \mathrm{Hz} \tag{3.21}$$

该系统对相位阶跃的稳态相位误差趋于 0；对频率阶跃的稳态相位误差也趋于 0；对频率斜升的稳态相位误差为

$$\left(\frac{R_1}{R_2}\right)\frac{\tau_2\dfrac{\mathrm{d}\Delta\omega}{\mathrm{d}t}}{K_\varphi K_{\mathrm{VCO}}} \tag{3.22}$$

确保捕获下的最大扫描速度：

$$\left[\left(\frac{\mathrm{d}\Delta\omega}{\mathrm{d}t}\right)_{\mathrm{VCO}}\right]_{\max} = \frac{1}{2\tau_2}\left(4B_{\mathrm{n}}-\frac{1}{\tau_2}\right) \mathrm{rad/s}^2 \tag{3.23}$$

VCO 电压最大扫描速度为

$$\left| \frac{\mathrm{d}V}{\mathrm{d}t} \right|_{\max} = \frac{1}{2K_{\mathrm{VCO}}\tau_2} \left(4B_{\mathrm{n}} - \frac{1}{\tau_2} \right) \mathrm{V/s} \tag{3.24}$$

又因为 $\dfrac{\mathrm{d}\Delta\omega}{\mathrm{d}t} = K_{\mathrm{VCO}}\dfrac{\mathrm{d}V}{\mathrm{d}t}$ ，所以可以看出理想积分器的锁相环的牵引范围无穷大。

$\Delta\omega$ 偏离越大，捕获时间越长，其捕获时间为

$$t_{捕获} \approx \tau_2 \left[\frac{\Delta\omega}{K_\varphi K_{\mathrm{VCO}}\left(\dfrac{R_2}{R_1}\right)} - \sin\varphi_0 \right] \mathrm{s} \tag{3.25}$$

式中，φ_0 为参考信号与 VCO 之间的初始相位差。

3.4　间接数字式合成频率源

间接数字式合成频率源的原理框图如图 3.9 所示，数字锁相环中的鉴频/鉴相器工作范围在 $(-\pi \sim +\pi)$ rad 之间，不使用正弦鉴相器。输出频率 $f_{\mathrm{out}} = N_2(Nf_\varphi + f_{\mathrm{i}})$，其中 $f_\varphi = f_{\mathrm{r}}/N_1$，输出频率增量为 $N_2 N f_\varphi$。

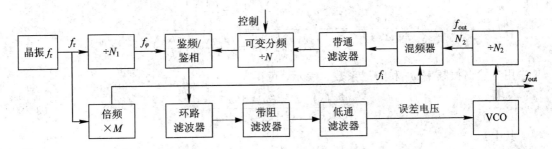

图 3.9　间接数字式合成频率源的原理框图

1. 锁相环的传递函数

图 3.10 所示为图 3.9 间接数字式合成频率源的线性化等效框图，与模拟锁相环相比有两点区别：

(1) 反馈函数不为 1，而为 $\dfrac{1}{N \times N_2}$；

(2) 鉴频/鉴相器的灵敏度用 πK_φ 表示。

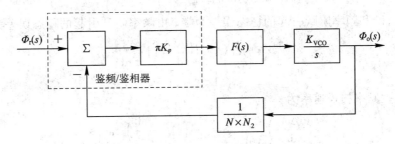

图 3.10　间接数字式合成频率源线性化等效框图

由图 3.10 可得出环路正向增益为 $\pi K_\varphi K_{\mathrm{VCO}} F(s)/s$，开环增益为 $[\pi K_\varphi K_{\mathrm{VCO}}/(NN_2)]$ $F(s)/s$，锁相环的传递函数为

$$\frac{\Phi_\mathrm{o}(s)}{\Phi_\mathrm{r}(s)} = \frac{\pi K_\varphi K_\mathrm{VCO} F(s)}{s + (\pi K_\varphi)\dfrac{K_\mathrm{VCO}}{NN_2} F(s)} \tag{3.26}$$

令 $\pi K_\varphi = \alpha_\varphi$，$K_\mathrm{VCO}/(NN_2) = \alpha_\mathrm{VCO}$，则正向增益 $= NN_2\left[\dfrac{\alpha_\varphi \alpha_\mathrm{VCO} F(s)}{s}\right]$，开环增益 $=$ $\dfrac{\alpha_\varphi \alpha_\mathrm{VCO} F(s)}{s}$，传递函数为

$$\frac{\Phi_\mathrm{o}(s)}{\Phi_\mathrm{r}(s)} = (NN_2)\left[\frac{\alpha_\varphi \alpha_\mathrm{VCO} F(s)}{s + \alpha_\varphi \alpha_\mathrm{VCO} F(s)}\right] \tag{3.27}$$

可以看出，式(3.27)与模拟锁相环的公式相对应，只多了 NN_2 这个常数。

2. 一阶、二阶锁相环

按上述思路，可导出一阶环和二阶环的所有公式，这里不再赘述，可参考相关文献。

3. 理想积分器的二阶锁相环

按上述分析，可导出理想积分器二阶锁相环的传递函数为

$$\frac{\Phi_\mathrm{o}(s)}{\Phi_\mathrm{r}(s)} = \frac{\alpha_\varphi \alpha_\mathrm{VCO}\left(\dfrac{R_2}{R_1}\right)\left[s + \left(\dfrac{1}{\tau_2}\right)\right]}{s^2 + \alpha_\varphi \alpha_\mathrm{VCO}\left(\dfrac{R_2}{R_1}\right)s + \left(\dfrac{\alpha_\varphi \alpha_\mathrm{VCO}}{\tau_2}\right)\left(\dfrac{R_2}{R_1}\right)} \tag{3.28}$$

用自然谐振频率 ω_n 和阻尼系数 ξ 表示，可得

$$\frac{\Phi_\mathrm{o}(s)}{\Phi_\mathrm{r}(s)} = \frac{2\xi \omega_\mathrm{n} s + \omega_\mathrm{n}^2}{s^2 + 2\xi \omega_\mathrm{n} s + \omega_\mathrm{n}^2} \tag{3.29}$$

其中：

$$\omega_\mathrm{n} = \left[\frac{\alpha_\varphi \alpha_\mathrm{VCO}}{\tau_2}\left(\frac{R_2}{R_1}\right)\right]^{\frac{1}{2}} \mathrm{rad/s} \tag{3.30}$$

$$\xi = \frac{1}{2}\left[\alpha_\varphi \alpha_\mathrm{VCO} \tau_2\left(\frac{R_2}{R_1}\right)\right]^{\frac{1}{2}} \tag{3.31}$$

噪声带宽：

$$B_\mathrm{n} = \frac{\alpha_\varphi \alpha_\mathrm{VCO}\left(\dfrac{R_2}{R_1}\right) + \left(\dfrac{1}{\tau_2}\right)}{4} \mathrm{Hz} \tag{3.32}$$

由相位阶跃和频率阶跃引起的稳态误差为零。由频率斜升引起的稳态误差为

$$\varepsilon_\mathrm{ss} = \left(\frac{R_1}{R_2}\right)\left[\frac{\tau_2\left(\dfrac{\mathrm{d}\Delta \omega_\varphi}{\mathrm{d}t}\right)}{\alpha_\varphi \alpha_\mathrm{VCO}}\right] \mathrm{rad} \tag{3.33}$$

VCO 最大频率扫描速率为

$$\left[\left(\frac{\mathrm{d}\Delta \omega_n}{\mathrm{d}t}\right)_\mathrm{VCO}\right]_\mathrm{max} = \frac{1}{2\tau_2}\left(4B_\mathrm{n} - \frac{1}{\tau_2}\right) \mathrm{rad/s^2} \tag{3.34}$$

$$\left|\frac{\mathrm{d}V}{\mathrm{d}t}\right|_\mathrm{max} = \frac{NN_2}{2K_\mathrm{VCO}\tau_2}\left(4B_\mathrm{n} - \frac{1}{\tau_2}\right) \mathrm{V/s} \tag{3.35}$$

理想二阶数字环捕获范围为无穷大。

频率捕获时间：

$$t_{捕获} \approx \tau_2 \left(\frac{\Delta\omega_\varphi}{\alpha_\varphi \alpha_{VCO}} - \sin\theta_0 \right)^2 \text{s} \tag{3.36}$$

相位捕获时间：

$$t_{相捕} \approx \frac{2}{\alpha_\varphi \alpha_{VCO} \cos\varepsilon_{ss}} \lg \left(\frac{2}{剩余弧度} \right) \text{s} \tag{3.37}$$

3.5 设计注意事项

3.5.1 方案选择

在进行方案选择时，需要注意以下事项：

（1）跳频时间决定使用间接式还是直接式，一般情况下跳频小于 10 μs 用直接式，大于 30 μs 可选用间接式。

（2）杂散影响选用模拟式还是数字式，模拟式杂散一般都低，数字式杂散略大一些，DDS 式杂散最大。

（3）相位噪声要求不严格时，可选数字式锁相环，直接模拟式合成频率源的相位噪声最好。

（4）频率步进小时应选多环方案或者选直接式与间接式相混合的方案、小数分频方案、DDS 方案。

3.5.2 低相位噪声设计

在进行低相位噪声设计时，需注意以下事项：

（1）晶振相位噪声必须优于频率源输出相位噪声，而频率源输出相位噪声＝$L(f_m)$＋$20\lg N$＋5 dB，其中 N 为频率源输出频率与晶振频率的比值，即 $f_0/f_{晶}=N$。在低相位噪声设计中，例如 100 MHz 晶振，1 kHz 处相位噪声优于－155 dBc/Hz，这样的信号经过放大器放大时往往存在附加相位噪声，即偏离几百赫兹到几千赫兹的相位噪声可能变坏 3 dB ～7 dB。因此在低相位噪声设计中，应尽量降低附加相位噪声，保证低相位噪声基准信号的相位噪声不变差。

（2）合成过程中，为了尽量减少相位噪声损失，必须保持一个好的信噪比，即合成过程中信号功率不能太弱。

（3）合成过程中，只要不是弱信号，选用器件时可不考虑器件的噪声系数。

（4）合成过程中，任何电路均不能过饱和，过饱和会使相位噪声和杂散恶化。

（5）锁相环的环路带宽应尽量宽，且越宽越好。

（6）正确选择混频比、倍频次数和分频次数，使之合理组合以确保低相位噪声和低杂散。

3.5.3 VCO 的选择

在进行 VOC 的选择时，需注意以下事项：

（1）VCO 除压控带宽应满足要求外，压控灵敏度的线性也应注意，一般要求最大灵敏度比最小灵敏度小 2，大于 2 时，增益起伏大，将给环路设计带来困难。

（2）VCO 的稳定性。VCO 的输出频率受工作温度、预置精度、电源电压及负载情况的影响，例如 S 波段的宽带 VCO，温度影响在（$-50 \sim +60$）℃范围内时，对于相同的调谐电压，频率可能漂移几十兆赫兹以上。电源电压及负载变化频率也会变化数兆赫兹以上。所以在设计模拟锁相环时，锁相环带宽必须大于漂移值，否则须加搜捕电路；在数字锁相环中，锁相环路带宽乘以分频次数 N，该值应大于综合漂移值，否则环路在工程温度下有可能失锁。

3.5.4　滤波器设计

在进行滤波器设计时，需注意以下事项：

（1）在锁相环路内除环路滤波器外，任何地方均不允许加窄带滤波器，锁相环本身等效为可移动的窄带滤波器。环内如有窄带滤波器，当反馈信号通过时，必定产生相移，使环路相位裕度不够而使环路产生自激。

（2）滤波器往往只对带内匹配，而对带外则不匹配，所以滤波器输入、输出与其他电路的带宽匹配应有正确的措施。

（3）正确选择混频频率和倍频次数，使滤波器在设计中处于最佳状态。

3.5.5　分频器的使用

在使用分频器时，需注意以下事项：

（1）环内分频器按 $20\lg N$ 影响输出相位噪声，使之变坏。

（2）环外分频器能改善输出相位噪声，其分频器的输入相位噪声按 $20\lg N$ 变好，呈现在输出端。

（3）分频器的相位噪声基底是按 $20\lg N$ 变坏，呈现在输出端。分频率器的输出相位噪声为变好的输入相位噪声和变坏的基底相位噪声在输出端相加。

（4）数字锁相环中的分频比不应大于 2，即最高分频次数与最低分频次数之比应小于 2。否则，锁相环增益起伏大，将使锁相环无法实现最佳设计。

第 4 章　合成频率源的工程设计

第 3 章简单介绍了合成频率源的合成原理。本章给出合成频率源的具体工程设计实例和几种不同用途的频率源实例，希望能为参加频率源工程设计的技术人员提供参考。

4.1　S 波段间接模拟式雷达用频率源

作为现代雷达的心脏——雷达频率源，其性能是至关重要的。本节给出用于脉冲多普勒雷达中的 S 波段间接模拟式频率源的具体设计方案和达到的技术指标。本频率源要向雷达站提供低相位噪声、高纯度、全相参的第一本振信号、第二本振信号、相参基准信号、发射机的激励信号以及定时基准信号。其中，激励信号和第一本振信号为宽频带并能脉间跳频。

4.1.1　设计方案

本设计方案选用以直接式产生频率基准、以间接式产生微波信号，即以直接式合成产生 25 个频率点，再用间接式微波混频锁相环来抑制各种杂散。在设计过程中，采用低噪声、低纹波电源，合理进行电磁兼容设计，精确预置跳频电压，使用单片机进行自动控制和自动巡回修正跳频电压等措施来确保工程应用，使之在任何时间工作时都不失锁。在工艺方面，使用表面组装技术和良好的屏蔽材料，以确保低相位噪声、快速跳频等指标的完成。该频率源的设计框图如图 4.1 所示。

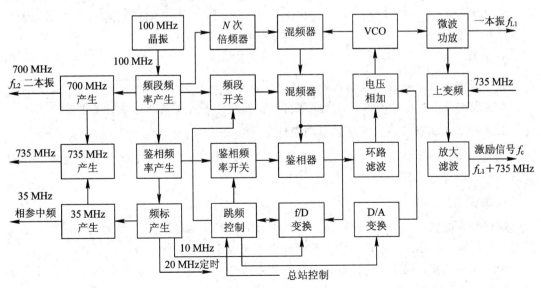

图 4.1　间接式低相位噪声频率源框图

由图 4.1 可以看出,所有的频率均是以 100 MHz 低相位噪声晶振为基准而产生的,最小跳频间隔为 20 MHz,可跳 25 个频率点。这 25 个频率点用两个电子开关来控制,用直接合成方法产生,再分别去锁住 VCO 的 25 个频率,成为第一本振信号。第二本振信号 700 MHz 和相参基准信号 35 MHz 也是用直接合成法产生的,把第一本振信号与 735 MHz 信号上变频,可得发射激励信号频率。

本方案可分为以下四大部分:

1. 频标部分

频标部分是用直接合成方法产生各种频率标准,有 5 个频段频率(每隔 100 MHz 一点)、5 个鉴相基准频率(每隔 20 MHz 一点)、1 路 700 MHz 第二本振频率、1 路 35 MHz 相参中频基准频率和 1 路 20 MHz 定时基准频率。

2. 锁相环部分

锁相环部分是一个二次混频的混频锁相环,它用 5 个频段频率、5 个鉴相基准频率和 2 个电子开关组合出 25 个频率点,来锁定一个 S 波段 500 MHz 带宽的 VCO,VCO 输出信号经功放,功分两路输出,一路为本振,另一路去上变频器,产生激励信号。

3. 跳频控制部分

调频控制部分由一块数字电路板和 f/D 变换单元组成,实现自动同步控制频率源工作,并能自动修正预置电压,实现精确预置跳频电压及故障检测等工作。

4. 电源部分

电源部分提供频率源使用的 6 路低噪声、低纹波直流电源。

4.1.2　系统设计难点及关键技术

1. 低相位噪声设计

S 波段输出相位噪声 L 在 1 kHz 处优于 -113 dBc/Hz,在 10 kHz 处优于 -123 dBc/Hz,在 100 kHz 处优于 -130 dBc/Hz,在 1 MHz 处优于 -130 dBc/Hz。

2. 跳频设计

频率源要求从接到跳频指令到跳频完成并正常工作的时间小于 20 μs。在间接式合成中,要实现这一指标是很困难的,为此需对电路和软件进行一系列有效的优化设计。

3. 电磁兼容设计和电路之间的隔离设计

低相位噪声、低杂散的实现,除了有正确的方案外,还需要对电磁兼容和电路隔离方面进行合理的优化设计。

4. 工程使用设计

这样一个低相位噪声、快速跳频的系统,为了使其可靠地适用于严酷的环境中,必须采取有效措施才能实现,否则只能在常温和实验室中应用。

为了实现低相位噪声,设计方案中没有使用可变分频器,而是采用较复杂的直接合成法,用电子开关控制、宽带鉴相等措施产生各种频标;采用了铝铣削加工的屏蔽盒体,合理划分功能块,提高屏蔽效果;合理设计信号电平,正确匹配隔离;使用低噪声、低纹波电源供电；电路中严格控制各种地线，尤其是数字信号地与模拟信号地应严格控制，不能混淆；使用表面组装技术（SMT），大大降低了系统干扰。

为了实现快速跳频和工程应用，设计方案中采用了宽带锁相技术。同时，系统中采用了单片机控制，以自动巡回修正跳频电压，实现了精确预置跳频电压，大大缩短了锁相环的锁定时间。系统中还设计了故障指示和故障定位等一系列电路，大大提高了工程应用的可靠性和可维修性。

4.1.3 主要技术指标

经过对设计方案的不断优化和多次验证实验，我们把相位噪声在几年内降低了两个数量级，达到了在 S 波段基底相位噪声为 $-130\ dBc/Hz$，同时大大提高了跳频率，解决了一系列工程使用问题，例如本振信号与激励信号之间的串扰问题、工程应用中的快捕问题、长期使用中的失锁问题等。

频率源达到的主要技术指标如下：

（1）带宽为 500 MHz，相对带宽约 16%。频率点数为 25 个，最小频率步进间隔为 20 MHz，最大频率步进间隔为 500 MHz。第二本振频率 f_{L2} 为 700 MHz；相参中频为 35 MHz；定时基准频率为 20 MHz。

（2）跳频时间小于 15 μs。

（3）S 波段输出频带内的相位噪声指标如表 4.1 所示。

表 4.1 S 波段的输出相位噪声指标

偏离载频/kHz	0.01	0.1	1.0	10	100	1000
$L(f_m)/(dBc/Hz)$	-70	-98	-118	-130	-130	-130

（4）带内杂散小于 $-70\ dBc$。

（5）f_c 激励信号输出功率为 12 dBm±1dB，f_{L1} 本振信号输出功率为 10 dBm±1 dB。

（6）跳频控制方式：手控、自动循环、双跳频、遥控。

4.2 基于单片集成锁相环 Q3036 的数字式频率源

早期的数字锁相环是由几块集成电路组成的，功能并不完善，工作频率也不高，一般在几百兆赫兹以下。到 20 世纪 80 年代末，推出了单片集成锁相环，代表产品为 Q3036，其性能完善，工作频率高，但其缺点是功耗较大，约 2 W 左右。几年后，一些性能更好的单片集成数字锁相环相继推出，如 Q3236、PE3236、PE3336、ADF4002、ADF4106 等。这些锁相环的主要特点是工作频率提高了，功耗大大下降，其他方面则大同小异。例如，PE3336 的电源电压为 3.0 V，电流为 25 mA，功耗仅为 75 mW，工作频率最高可到 3 GHz，ADF4106 的工作频率可到 6 GHz。所以本节主要介绍单片集成锁相环 Q3036 的性能指标和电路结构，同时就如何基于 Q3036 设计频率源做分析与计算，给出设计方法与注意事项。使用现在更新型的单片集成锁相环来设计数字式频率源时大同小异，这些分析和设计方法、注意事项都一样，都可以套用。Q3036 的平衡输入、结构安排，对我们研究电路系统的电磁兼容问题也有很大的帮助。

4.2.1　单片集成锁相环 Q3036

Q3036 是美国 Qualcomm 公司于 1989 年推出的高性能单片集成数字锁相环,除 VCO 和环路滤波器外,含有数字锁相环的全部组成部分,工作频率高达 1.6 GHz,由+5 V 供电。使用 Q3036 可以方便灵活地组成高性能的频率源,可用于仪表、通信系统中。

1. Q3036 的性能指标

Q3036 可用于 1.6 GHz 以下的锁相环中,也可用于小步进、宽频带、快速跳频、低相位噪声的频率源。Q3036 的主要性能指标如下:

(1) 最高工作频率可达 1.6 GHz。

(2) 采用+5 V 电源供电。

(3) 输入电压驻波比小于 2∶1。

(4) 输入动态范围大,输入灵敏度高(−10 dBm～+10 dBm)。

(5) 有 16 位 TTL/CMOS 兼容的可编程输入接口或 8 位数据总线接口。

(6) 鉴相/鉴频灵敏度高(302 mV/rad),并设有失锁指示。

(7) 前置分频器(÷10/11)工作频率能达到 1.6 GHz。用前置分频时,连续分频次数为 90～1295;不用前置分频时,分频次数为 2～128,工作频率从 DC 到 300 MHz;还设有基准频率分频器,分频次数为 1～16。

(8) 基底相位噪声低,在偏离 20 kHz 处优于−150 dBc/Hz。

(9) 采用 44 脚、四面直插式封装,其外形如图 4.2 所示。

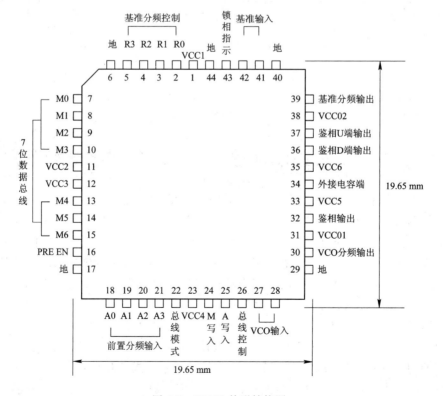

图 4.2　Q3036 外形结构图

2. Q3036 的电路组成

Q3036 的集成度较高,其电路和结构设计合理,使用方便。

Q3036 的内部组成框图如图 4.3 所示,以 Q3036 为核心组成的锁相式频率源如图 4.4 所示。由图 4.3 和图 4.4 可以看出,Q3036 是由高速差分输入电路、分频器、鉴相/鉴频器及接口电路等组成的。下面分别简介各种电路的主要性能。

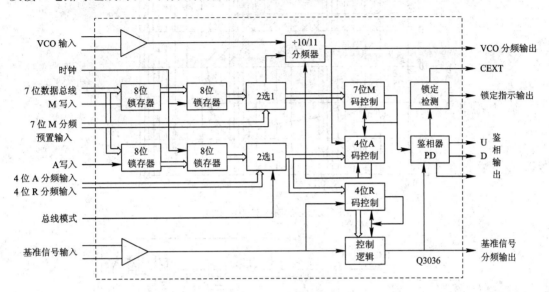

图 4.3 Q3036 的内部组成框图

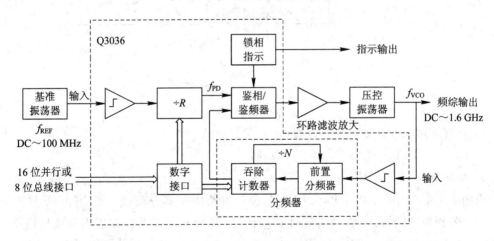

图 4.4 Q3036 组成的锁相式频率源

1) 高速差分输入电路

由图 4.4 可以看出,无论是基准信号还是来自于 VCO 的信号均需先经过高速差分输入电路的处理,然后再进入 Q3036 中的分频器。

高速差分输入电路的输入通过交流耦合进入集成电路,工作方式可以是双端驱动,也可以是单端驱动,这里不使用直流到地的方式。这样可以保证基准正弦信号以及 VCO 正弦信号在 40 MHz~1.6 GHz 带宽内均有优于 -10 dBm 的灵敏度,其电压驻波比小于

2∶1。图 4.5 给出了高速差分输入电路正弦输入时的灵敏度。图 4.6 给出了输入灵敏度测试电路。

当输入信号频率低于 40 MHz 时，建议使用方波信号输入，以确保相位精度和输入灵敏度，使 Q3036 能正常工作。

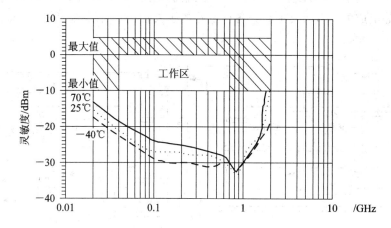

图 4.5　正弦输入时的灵敏度

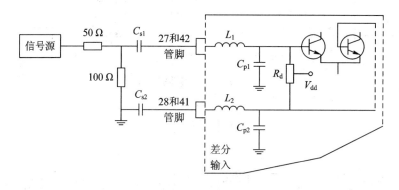

图 4.6　输入灵敏度测试电路

注：① 对于 1600 MHz 输入，27、28 脚的 $C_{s1}=C_{s2}=0.01\ \mu\text{F}$；

② 对于 100 MHz 以下输入，$C_{s1}=C_{s2}=0.1\ \mu\text{F}$。

2）分频器

由图 4.3 和图 4.4 可以看出，Q3036 的分频电路由 5 部分组成，即 ÷10/11 前置分频器、7 位 M 程序分频器、4 位 A 吞除计数器、4 位 R 分频器以及控制逻辑和接口电路。其中，÷10/11 前置分频器、7 位 M 程序分频器、4 位 A 吞除计数器共同作用以完成对 VCO 输出频率 f_{VCO}(27 脚)进行分频，分频到鉴相频率 f_{PD}。它们可以组合成两种分频模式：一种是当 16 脚 PRE EN 为低电平时，组成吞除脉冲分频器；另一种是当 PRE EN 为高电平时，组成程序分频器。

用吞除脉冲分频器时，对 VCO 的频率 f_{VCO} 分频 N 次，M 程序分频器和 A 吞除计数器的二进制编程值 M 和吞除计数值 A 由下式确定：

$$N=\frac{f_{\text{VCO}}}{f_{\text{PD}}}=10(M+1)+A \qquad (4.1)$$

$$A \leqslant M+1$$

由式(4.1)可以看出,吞除脉冲分频器可产生下列分频次数:20~22,30~33,40~44,50~55,60~66,70~77,80~88,90~1295。

连续整数分频次数从 90~1295,给定一个 N 值时,M、A 值可由下式求得:

$$M = \left[\frac{N}{10}-1\right] (取整数) \tag{4.2}$$

$$A = N - 10(M+1) \tag{4.3}$$

求出 A、M 值后,就可按设计要求进行编程,通过接口电路的控制来实现 $\div N$ 分频。

当 PRE EN 为高电平时,$\div 10/11$ 前置分频器短路,VCO 频率直接由 7 位 M 程序分频器来分频,分频次数为 2~128,分频器工作频率可以达 300 MHz。以这种模式工作的分频次数由下式求得:

$$\frac{f_{VCO}}{f_{PD}} = M+1 \tag{4.4}$$

式中,$M=1$~127,由 M 分频器中 M_0~M_6 输入的二进制码控制。此工作模式与 A 计数器的输入无关。

对 VCO 的分频输出信号由 Q3036 第 30 脚送出,其输出电平为 ECL 电平,所以需要两个约 510 Ω 的下拉电阻。其输出波形是频率为 f_{PD} 的脉冲,在吞除脉冲分频模式时的占空比为 $10/N$,非吞除脉冲分频模式时的占空比为 $1/N$。

由 4 位 R 分频器与部分接口电路组成的基准分频器,用来把 Q3036 的 42 脚输入频率分频到鉴相频率 f_{PD}。R 分频器最高工作频率为 100 MHz,分频次数为 1~16。具体分频次数由下式确定:

$$\frac{f_{REF}}{f_{PD}} = R+1 \tag{4.5}$$

这里的 $R=0,1,\cdots,15$,为二进制编码,分频结果从 39 脚输出。

4. 数字鉴相/鉴频器(PFD)

Q3036 鉴相器的灵敏度为 302 mV/rad,鉴相灵敏度高有助于抑制环路有源滤波器的基底噪声,对展宽环路带宽、缩短锁相环路的相位稳定时间、提高频率转换速度等均有好处。f_{VCO} 和 f_{REF} 经过分频之后送到 PFD,PFD 是边沿触发型电路,有 4 路输出,如图 4.7 所示。

由图 4.7 可知,第 37 脚 U 端与第 36 脚 D 端构成了 PFD 的双端输出。当 f_{VCO} 分频信号的相位或频率滞后于基准分频输出的相位或者频率时,PFD 的第一路输出 U 端(37 脚)有一串峰-峰值低于 1.9 V 的脉冲,脉冲宽度由 PFD 输入的两路信号前沿决定;而当 f_{VCO} 分频信号的相位或频率超前于基准分频输出的相位或者频率时,PFD 的第二路输出 D 端(36 脚)有一串峰-峰值低于 1.9 V 的脉冲,脉冲宽度取决于 PFD 的输入信号前沿。这样,就把相位差或者频率差变成了不同脉冲宽度的调制波形,其直流的大小与脉冲占空比成正比。U 端和 D 端这两路鉴相器输出可通过差分运算放大器组成的有源环路滤波器积分为直流分量,去控制 VCO。

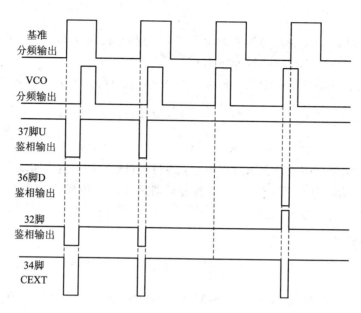

图 4.7　鉴相/鉴频器波形

鉴相/鉴频器(PFD)的第三路输出(32 脚)是单端鉴相输出，标准输出电平是 $V_{cc}\sim 1.9$ V。当 VCO 的频率和相位滞后于基准信号时，输出是低于标准电平的脉冲，脉冲宽度由鉴相输入信号的两个前沿决定。当 VCO 的频率和相位超前于基准信号时，输出是高于标准电平的脉冲，脉冲宽度取决于输入信号前沿。第三路输出用于单端输出，可以用该端驱动无源环路滤波器，此时的鉴相灵敏度为双端应用的一半。

鉴相器的第四路输出为 43 脚，用作失锁指示。失锁指示原理如图 4.7 所示，CEXT(34 脚)在失锁时永远输出负脉冲，这些脉冲被 34 脚外接的电阻和电容积分，产生出比 V_{cc} 低 1.14 V 的电平，该电平使集成器件内部的比较器工作，在 43 脚吸收 25 mA 电流，来指示环路失锁。环路锁定时 34 脚无脉冲输出，积分出的电平比 V_{cc} 高 1.14 V，43 脚无电流输入。用发光二极管指示，不亮为锁定，亮为失锁。

5. 接口电路

Q3036 的接口电路是 16 位数字编码。$M_0\sim M_6$ 为 7 位，$A_0\sim A_3$、$R_0\sim R_3$ 各为 4 位，PRE EN 占 1 位，共计 16 位。Q3036 的接口电路有两种工作模式，通过 22 脚总线模式(BUS MODE)的输入电平来选择。

当 22 脚(BUS MODE)为高电平时，接口每个端的信号均可以从外部直接输入，这种工作模式允许 Q3036 用硬件与外部电路进行连接和控制。

当 22 脚(BUS MODE)为低电平时，8 位数据总线连接到 7 位 M 码的编程输入。数据在 MWR(24 脚)和 AWR(25 脚)用上升沿编程写入两个 8 位寄存器，在 HOP CLOCK(26 脚)输入的下一个上升沿到来之前，寄存器中的数据被送到分频器和前置分频器。

4.2.2　基于 Q3036 的频率源设计

使用 Q3036 与环路滤放器、VCO 和基准频率源相连，可组成一个频率源。

本设计要求锁相式频率源的输出频率为(800～1600)MHz，输出频率步进为 1.25 MHz，基准频率源为 10 MHz。因为步进为 1.25 MHz，所以要求鉴相频率亦为 1.25 MHz。用 Q3036 实现上述要求的频率源的输出信号的频谱如图 4.8 所示。这个实例将说明用 Q3036 组成锁相式频率源的主要优点是输出相位噪声低，使用灵活方便。

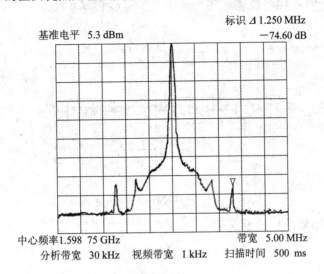

标识 Δ 1.250 MHz
−74.60 dB
基准电平 5.3 dBm

中心频率1.598 75 GHz   带宽 5.00 MHz
分析带宽 30 kHz 视频带宽 1 kHz 扫描时间 500 ms

图 4.8 输出频谱图

1. VCO 和基准源与 Q3036 输入信号的连接

无论是 VCO 信号还是基准信号，它们往往都是单端输出的，与 Q3036 连接时可按图 4.6 所示那样，把 VCO 或者基准源输出分别通过隔直流电容 C_{s1}、C_{s2} 与 27 脚、28 脚或者 42 脚、41 脚相连，本例中 C_{s1} 和 C_{s2} 均用 1000 pF 高频电容。28 脚与 41 脚必须通过电容器交流接地。又因为 27 脚、28 脚两端的输入阻抗约为 80 Ω，所以输入口外电路接 100 Ω 电阻与输入 50 Ω 阻抗匹配。如果 VCO 是平衡 50 Ω 输出，则通过电容 C_{s1}、C_{s2} 耦合到 27 脚、28 脚即可。

2. 二进制可编程分频器的设计

设计中要求频率源的输出频率 $f_{VCO} = 1598.75$ MHz，分频次数 N 可通过式（4.1）求得，即

$$N = \frac{f_{VCO}}{f_{PD}} = \frac{1598.75}{1.25} = 1279$$

再根据式（4.2）、式（4.3）、式（4.5）可求得 M、A 和 R 之值：

$$M = \left[\frac{N}{10} - 1\right]（\text{取整数}）= 126$$

$$A = N - [10(M+1)] = 1279 - 1270 = 9$$

$$R = \frac{f_{REF}}{f_{PD}} - 1 = \frac{10}{1.25} - 1 = 7$$

由这些数值的二进制码，取

$$R_3 R_2 R_1 R_0 = 0111$$

$$M_6 M_5 M_4 M_3 M_2 M_1 M_0 = 1111110$$

$$A_3 A_2 A_1 A_0 = 1001$$

3. 环路滤波器的设计

一个二阶锁相环反馈控制系统的框图如图 4.9 所示，它有两个积分环节：一个环节是 VCO，其输出频率随着控制电压变化，实现对相位的积分；另一个环节是有源积分滤波器，其传递函数可写为

$$F(s) = \frac{1 + sT_2}{sT_1} \tag{4.6}$$

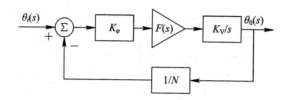

图 4.9　锁相环反馈控制系统框图

据图 4.9 可写出闭环传递函数：

$$\frac{\theta_0(s)}{\theta_t(s)} = \frac{N(T_2 s + 1)}{\frac{NT_1 s^2}{K_V K_\varphi} + T_2 s + 1} \tag{4.7}$$

式中：K_V 为 VCO 的压控灵敏度；K_φ 为鉴相灵敏度；N 为分频次数；$T_1 = R_1 C$，$T_2 = R_2 C$，分别为有源滤波器的时间常数。

用环路参数代替电路参数，式(4.7)可写为

$$\frac{\theta_0(s)}{\theta_t(s)} = \frac{N(T_2 s + 1)}{\frac{s^2}{\omega_n^2} + \frac{2s\xi}{\omega_n} + 1} \tag{4.8}$$

式中：

$$\omega_n = \sqrt{\frac{K_U K_\varphi}{NT_1}} \qquad\qquad \xi = \frac{\omega_n T_2}{2} \tag{4.9}$$

在上述例子中，VCO 的压控灵敏度为 50 MHz/V，即

$$K_V = 2\pi \times 50 \times 10^6 \text{ rad/V}$$

Q3036 的鉴相灵敏度：

$$K_\varphi = 302 \text{ mV/rad}$$

应合理选取 ω_n 和 ξ，使之对噪声性能、环路稳定性及环路锁定时间等不至于有很大的影响。在这个例子中，设：

$$\omega_n = 2\pi \times 20 \times 10^3 \text{ rad/s}$$

即

$$f_n = 20 \text{ kHz}$$

并设 $\xi = 0.85$，在输出频率为 1600 MHz，$N = 1280$ 时，取 $C = 4700$ pF，由此计算得：

$$R_1 = \frac{K_V K_\varphi}{\omega_n^2 NC} = 1000 \text{ } \Omega$$

$$R_2 = \frac{2\xi}{\omega_n^2 C} = 2878 \ \Omega$$

4. 环路稳定性分析

对于锁相环路的稳定性分析，通常采用伯德图分析法，即通过分析开环传递函数得到闭环的稳定性能，一般希望相位裕度大于 $40°$。

然而，在实际的设计中，运算放大器限制了增益和带宽。另外，为了降低鉴相频率引起的杂散而要增加附加滤波器，这样就势必增加了环路的延迟，又使得二阶锁相环路不再是理想二阶环。以上的几个措施都是以牺牲环路的稳定性来取得某些指标的提高。限于篇幅，这里不做详细介绍。

4.2.3　基于 Q3036 设计频率源时的注意事项

1. 电磁兼容问题

要设计一个用于通信的高性能的频率源，对馈电电源、地线分布等电磁兼容问题都有着较严格的要求。这是因为，电源和数据总线的噪声能耦合到锁相环系统中，使得相位噪声和杂散变坏。同时，锁相环的开关噪声、鉴相脉冲等也能耦合到电源干线，对其他电路产生干扰。

Q3036 在上述方面有良好的设计考虑，所有的高速数字电路均在一个区域内，其结构和管脚排列的设计都考虑到了这一问题。它有效提供了各路电源馈电端子和多个接地端子，只要正确运用就可获得低的相位噪声性能。

当使用数据总线对锁相式频率源进行编程时，应注意分频、鉴相电路与数据总线的隔离，以避免总线给频率源带来附加相位噪声。Q3036 总线接口有两路缓冲器，数字信号的输入端管脚均封装在器件的一边，使得设计印制板时数字信号与模拟信号以及它们的地线得以分割开。

Q3036 有多路电源管脚，每路 VCC 都可很方便地单独外加滤波电路。一般应接 $0.1 \ \mu F$ 电容到地，同时串联一只能承受 $300 \ mA$ 电流的扼流圈，构成 LC 去耦滤波电路。对分频器、鉴相器、电源 VCC1 和 VCC2（见图 4.2）更应注意，应加特殊滤波措施，有效地滤除所有纹波，建议使用 $100 \ \mu H$ 电感和 $47 \ \mu F$ 电解电容与 $0.01 \ \mu F$ 的高频电容或者铁氧体环结合起来，以便有效地抑制各种干扰和噪声，降低频率源的相位噪声和杂散。

Q3036 的输出端有 5 路射随器输出：VCO 分频输出（30 脚）、单端鉴相输出（32 脚）、双端鉴相输出（36、37 脚）和基准分频输出（39 脚）。这些输出端每路均应在外管脚与地之间接 $510 \ \Omega$ 左右的电阻，它们向电源送出 $9 \ mA$ 的电流。这 5 路供电电源的纹波与开关噪声会对系统的输出相位噪声和杂散带来不利影响，因此要对它们的电源 VCC01 和 VCC02 单独采取滤波措施。

2. 散热问题

在对 Q3036 的使用中，散热问题也是很重要的。在常温 $25℃$ 时，不用其他任何措施，器件可以正常地工作。而在高温环境下，器件外壳表面应该采取适当措施降温，例如强制冷却或者外壳底面加散热导热材料等。最简单的情况下也应设法消除器件外壳底部与印制板之间的空气间隙，可采用金属材料，把热量顺利传导出去，以改善热性能。

3. 高速差分输入电路最低输入边沿速度

当输入信号频率低于 40 MHz 时，输入灵敏度下降到 200 mV，因此，要求输入幅度的峰-峰值不小于 200 mV。另外，40 MHz 正弦波半个周期的上升沿为 12.5 ns，所以只要上升时间大于 12.5 ns，都应该先对输入信号整形，将其变成方波后再输入。

分频器是一种边沿触发电路，输入波形的前后沿易引起随机相位抖动，应引起重视。

4. 鉴相/鉴频器的非线性

Q3036 的鉴相也存在非线性，会产生一个鉴相"死区"，设计时应该引起注意。也可使用 Q3036 基准分频输出和 VCO 分频输出来驱动外接鉴相器。

5. DDS 驱动的锁相式频率源

在频率源设计中，要求实现宽频带、小频率分辨率、低相位噪声、低杂散及快速稳定时间，还要求合成方法简单、功耗低等，以上这些指标往往是互相矛盾的，难以解决。使用单个锁相环组成频率源时，虽然合成方法简单，但带来的问题是稳定性、相位噪声及杂散变坏，在高频小步进工作时，相位噪声会更差。而用多环组成频率源时，可以完成小步进，但是合成方法复杂，增加了功耗、体积与重量，并且会使频率转换时间变长。

解决上述问题的有效方法是利用直接数字式频率源与锁相环相结合的方法，例如，使用 Qualcomm 公司的 DDS 器件 Q2334 与 Q3036 相结合，可以使输出频率高、相位噪声好、频率步进小、跳频时间短等。这样，用较少的元件就可以实现有较好性能的频率源。

4.3　低相位噪声数字锁相环频率源

4.3.1　间接数字式频率源的分析

前文已述及，频率源分为直接式和间接式，每种类型又可分为模拟式和数字式。用锁相环来合成频率的频率源叫间接式频率源，该方法的电路结构比直接式方法简单，但合成原理和分析理论较复杂，本节只围绕数字锁相环的低相位噪声问题进行一些实际的工程讨论，并给出工程设计调试的结果和一些设计要领。

1. 数字锁相环的基本工作原理

图 4.10 所示为数字锁相环的基本原理框图，它与模拟锁相环所不同的是在 VCO 与鉴频/鉴相器之间加入了可变分频器，来实现 VCO 频率的跳变。另一不同是模拟锁相环一般使用正弦鉴相器，而数字锁相环使用数字式的鉴频/鉴相器。

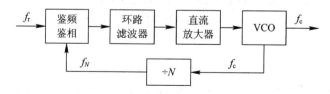

图 4.10　数字锁相环原理框图

由图 4.10 可以看出，VCO 的振荡频率 f_c 经过可变分频器除以 N，通过控制 N 的大小，把 f_c 分频到 f_N，并使 f_N 等于或接近频率 f_r，再经过锁相环的控制作用把 f_c 锁定。

2. 数字锁相环的优缺点

数字锁相环的优点是便于实现集成，所以可使频率源具有体积小、重量轻、成本低、可实现小步进的跳频、频率分辨率高、锁相环带宽宽、不易失锁、应用方便可靠、频率源输出频带宽、跳频控制方便等优点。

数字锁相环的缺点是，由于使用了可变分频器，使整个频率源输出相位噪声受到限制。从锁相环的传递函数可以看出，分频次数 N 对输出相位噪声的影响在分子上，即 N 越大，输出相位噪声将变坏。从物理意义上可以解释成 N 越大，把 VCO 的相位误差变小了，送给鉴相器的相位误差被除了 N，所以锁相环对 VCO 的相位误差的校正跟踪能力差了 N 倍，必然使输出相位噪声变坏了 N 倍。

4.3.2　低噪声数字式频率源的设计

数字式频率源一般由可变分频器、鉴频/鉴相器及环路滤波器、VCO 等电路组成，如图 4.10 所示。为了缩小体积，目前往往除 VCO 外，将其余部分均集成在一块集成电路里，环路滤波器都用有源低通滤波器。在很多应用中，频率源的输出相位噪声都受到限制，达不到最佳状态。

我们在大量工程应用的基础上，对该部分进行了改造，使用无源低通比例积分滤波器来替代有源低通滤波器，使锁相环的输出相位噪声改善了 10 dB 左右，达到了低相位噪声的目的。

一般使用数字式频率源都是为了满足输出频带宽、频率步进小、多点频率工作的要求。如果要求在一个频率点工作，或者在几个频率点、频率步进大的情况下使用，则采用直接合成方案可能更好。下面分析一种低相位噪声、宽频带输出、小频率步进锁相环的设计。若要求输出频带宽，则 VCO 的输出频带必须宽，同时 VCO 压控灵敏度的线性必须好。这样 VCO 压控灵敏度很高，使得整个锁相环路的增益很高，可满足高增益环路的要求，所以不需要再用有源滤波器。大量资料提供的环路滤波器均为有源滤波器，所以使整个环路的相位噪声没有设计到最佳状态。近几年来，大量设计均使用了无源低通比例滤波器外加低增益直放的方案，使数字锁相环的输出相位噪声大大改善。

数字锁相环内插的分频器的分频次数往往都很高，使锁相环的基底相位噪声抬起，所以对基准晶振的相位噪声要求往往也并不严格了。

4.3.3　L 波段数字锁相环

我们使用集成锁相环 Q3236 设计了多种数字式频率源，将有关数据介绍如下。

第一种频率源要求输出频率为 1000 MHz～1556.25 MHz，频率步进为 6.25 MHz，共跳 90 个频率点；第二种频率源要求输出频率为 900 MHz～1500 MHz，频率步进为 8.333 MHz，共跳 73 个频率点。输出功率均大于 30 mW，输出杂散均优于 -65 dBc，在 L 波段各点频率输出相位噪声如表 4.2 所示。该频率源使用了无源环路滤波器。

表 4.2　L 波段数字式锁相环频率源输出相位噪声

偏离载频/kHz	0.1	1	10	100	1000	2000
输出相位噪声/(dBm/Hz)	-95	-105	-105	-103	-110	-115

4.4　C 波段多环数字锁相频率源

随着微波电子技术的发展，对频率源技术指标的要求越来越高，特别是对相位噪声和输出杂散的要求。因为相位噪声和杂散的好坏直接影响着系统整体的性能指标，如在通信系统中会直接影响误码率及选择性，在雷达系统中会影响动目标检测能力，所以频率源低相位噪声、低杂散设计就显得尤为重要。

本节通过一个具体的设计实例来分析、归纳出此类低相位噪声、低杂散、小步进频率源设计实现的一般规律。

4.4.1　技术指标要求

对频率源的技术指标要求如下：

工作频段：C 波段；

相对带宽：8%；

频率间隔：125 kHz；

输出频点数：4001 点；

输出功率：+13 dBm；

杂散抑制：≤-70 dBc；

谐波抑制：≤-50 dBc；

相位噪声：≤-85 dBc/Hz@10 kHz，≤-90 dBc/Hz@100 kHz；

工作温度：-20 ℃～+60 ℃。

4.4.2　设计方案

1. 方案选择

由于频率合成方式大致可分为直接模拟式合成、直接数字式合成(DDS)、间接模拟式合成和间接数字式合成四种，且不同的合成方式有其各自的特点，因此具体选用什么样的合成方式主要由输出频率、频率间隔、相位噪声、跳频时间和杂散抑制等决定，但实际中频率源的成本以及实现的复杂程度也应在考虑之内。

按本设计指标要求，频率间隔为 125 kHz，所以选用直接数字式合成(DDS)方案较好，但直接数字式合成方案不能满足杂散≤-70 dBc 的要求。考虑到本设计对跳频时间要求不太苛刻，因此可选用一个小步进的数字锁相环和一个大步进的数字锁相环去锁定一个混频锁相环，这样既克服了 DDS 杂散大的缺点又实现了小步进。通过三个锁相环合理地套用，在确保频率小步进的情况下又降低了分频次数，保证了低相位噪声，而且混频锁相环提高了鉴相频率，从而提高了对鉴相频率的抑制。详细方案框图如图 4.11 所示，图中的 R_1、R_2、R_3、K_1、K_2 及 N_3 为固定分频次数，N_1、N_2 为可变分频次数。

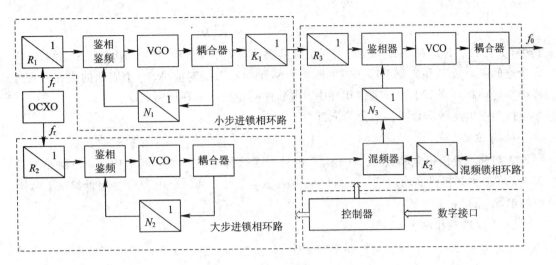

图 4.11 C 波段频率源方案框图

1) 低杂散设计

间接式频率源的杂散主要取决于混频器和鉴相频率的设计。设计中采取的措施有：正确选择混频比，使混频器产生的无用交互调分量都能用滤波器滤除；合理设计鉴相频率，使锁相环路的低通滤波器易于滤除鉴相频率的干扰；巧妙地安排固定分频器的位置，合理地进行电磁兼容设计。这样才能有效地保证低杂散的实现。

由图 4.11 可以看出，本方案小步进锁相环的输出频率被固定分频 K_1 次，分频输出去作混频锁相环的鉴相基准。这样既实现了小步进，又使混频锁相环的鉴相基准信号相位噪声和杂散得到大大改善。混频锁相环的鉴相频率在几十兆赫兹左右，使得锁相环路的低通滤波器易于滤除鉴相频率的干扰。

2) 低相位噪声设计

由图 4.11 可以看出，本方案的小步进依靠小步进锁相环和 K_1 分频器来实现，再由另外两个锁相环套用来实现频率跳变，这样每一个锁相环的分频次数都不太高，只有小步进锁相环分频器次数 N_1 较高，对锁相环输出相位噪声不利。但该信号又被 K_1 分频，使相位噪声和杂散得到了改善，从而确保了锁相环最终有较好的输出相位噪声。

3) 跳频时间设计

本方案对跳频时间也采取了多项优化设计，以确保能够实现快速频率跳变。设计中采取的措施有：提高鉴相频率，使锁相环的环路带宽加宽，以提高环路速度，使频率跳变时间加快；对锁相环的 VCO 采用数字精确预置跳频电压，将 VCO 预置到锁相环的快捕带内，以有效缩短频率转换时间。

4) 电磁兼容设计

低相位噪声和低杂散的实现与电磁兼容设计密切相关。合理的地线设计、正确的电源滤波、良好的屏蔽设计都是必不可少的。

2. 方案实现

由图 4.11 可知，最终输出频率为

$$f_0 = N_2 \frac{K_2 f_r}{R_2} + N_1 \frac{N_3 K_2 f_r}{R_1 K_1 R_3}$$

其中，R_1、R_2、R_3、K_1、K_2 及 N_3 为固定分频次数，N_1、N_2 为可变分频次数，N_2 用来调节大步进间隔点，N_1 用来调节小步进间隔点，N_2 的每次改变对应 N_1 一个周期的变化。通过将小步进锁相环嵌套于大步进锁相环中，由软件同步控制实现所需频率输出。

按功能可将频率合成器划分为五部分：

1）基准源

此部分主要由恒温晶振、二功分器、内外参考选择电路和校频网络构成。恒温晶振是关键部件，主要提供高稳定度、低相位噪声的参考信号，其供电电源应使用低纹波、低噪声的电源。

2）小步进锁相环

此部分主要由一个数字锁相环路和一个 K_1 分频器构成，既保证了最终要求的小步进输出，又提高了鉴相频率，同时 K_1 分频又大大降低了混频锁相环鉴相基准频率的杂散和相位噪声。这种方式比采用 DDS 和小数分频锁相方式好。

3）大步进锁相环

此部分主要由一个数字锁相环路构成。经过混频器将输出频率向下搬移，从而降低了分频次数，改善了输出相位噪声。

4）混频锁相环

此部分主要由一个数字锁相环路和一个混频器构成。该部分是联系小步进和大步进锁相环的纽带，通过它将两个环路结合起来。

5）控制器

此部分主要由单片机、高速 D/A、液晶显示模块和键盘模块构成。通过同步控制小步进锁相环、大步进锁相环和混频锁相环的预置电压，实现跳频输出。

3. 结构实现

盒体采用轻质铝合金材料，经精密加工而成，其外形尺寸为 210 mm×136 mm×48 mm。

4.4.3　实验结果及分析

通过以上分析，设计出了具体的电路。本节使用三个数字锁相环实现了输出频率步进 125 kHz 的 C 波段频率源，并做到杂散优于 −70 dBc，相位噪声优于 −85 dBc/Hz（偏离载频 10 kHz 处）。产品体积小，重量轻，工作稳定可靠。利用频谱分析仪可测出该频率源的输出相位噪声，图 4.12、图 4.13 给出了 C 波段输出相位噪声曲线。

由图 4.12、图 4.13 相位噪声曲线可以看出，测量数据完全符合理论分析。影响本方案相位噪声的关键是大步进锁相环，因为环内含有 750 次分频，使得相位噪声恶化 57.5 dB，加上混频锁相环内的 2 分频，总的相位噪声恶化 63.5 dB。而本产品晶振相位噪声为 −154 dBc/Hz（偏离载频 10 kHz 处），理论计算最终输出相位噪声值为 −90.5 dBc/Hz（偏离载频 10 kHz 处），实测为 −88.1 dBc/Hz（偏离载频 10 kHz 处），环路恶化了 2.4 dB，是较为理想的结果。

参考电平: 14.4 dBm　　　　　　衰减: 30 dB

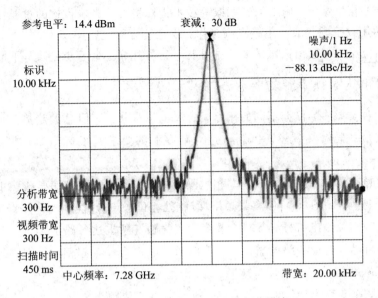

噪声/1 Hz
10.00 kHz
−88.13 dBc/Hz

标识
10.00 kHz

分析带宽
300 Hz

视频带宽
300 Hz

扫描时间
450 ms

中心频率: 7.28 GHz　　　　　　带宽: 20.00 kHz

图 4.12　偏离载频 10 kHz 处相位噪声

参考电平: 14.4 dBm　　　　　　衰减: 30 dB

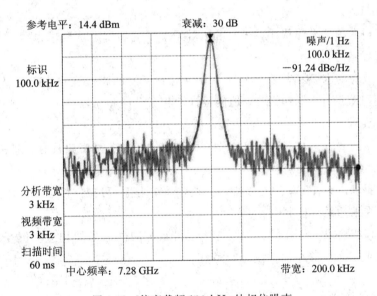

噪声/1 Hz
100.0 kHz
−91.24 dBc/Hz

标识
100.0 kHz

分析带宽
3 kHz

视频带宽
3 kHz

扫描时间
60 ms

中心频率: 7.28 GHz　　　　　　带宽: 200.0 kHz

图 4.13　偏离载频 100 kHz 处相位噪声

4.5　S 波段直接式气象雷达用频率源

　　气象雷达可实时监测风云的变化，准确预报自然灾害，极大地降低了灾害对国民经济造成的损失，同时也提高了现代兵器的使用精度，在交通管理、空情管理等诸多方面同样发挥着重要作用。而频率源是多普勒气象雷达系统中的重要分系统，它给雷达系统提供发射机激励信号、接收机本振信号、相参基准信号、接收机测试信号及定标信号等各种高精度的信号，决定了气象雷达中的很多关键性能指标，在整机系统中突显其"心脏"的核心作用，尤其是它的相位噪声、输出信号杂散等技术指标将直接影响雷达的重要性能。

气象雷达用频率源一般为单一点频工作，或者装订固定频率工作，一般不要求频率捷变。但是对相位噪声和输出杂散的要求往往比一般军用雷达频率源还高，下面详细分析。

4.5.1　气象雷达对频率源的要求

气象雷达种类繁多，根据不同的用途，要求也不尽相同，但总的趋势是向全相参多普勒体制方向发展。全相参多普勒体制雷达对频率源的要求是很苛刻的，主要有以下几个方面：

（1）要求频率源必须有极低的近端相位噪声。例如 S 波段要求偏离载频 1 kHz 处相位噪声应优于 −110 dBc/Hz，而偏离载频 1 MHz 处相位噪声应优于 −140 dBc/Hz。

（2）要求频率源输出信号必须是全相参。多普勒气象雷达各路输出信号应该是全相参的，通常由一台晶振合成各路所需信号。若用两台晶振合成各路信号，则必须保证接收机混频后与鉴相基准信号的相参性。

（3）要求频率源输出杂散低。目前，一般要求偏离载频正负几兆赫兹内的输出杂散应小于 −80 dBc，正负几百兆赫兹内的输出杂散应小于 −70 dBc，正负相参中频处的输出杂散应小于 −90 dBc。

（4）要求频率源功率起伏小。气象雷达对频率源的功率起伏要求也很严格，因为经常用功率对某些参数进行标定。

（5）电磁兼容要求。因为多普勒气象雷达对频率源的相位噪声、杂散要求都很严格，所以频率源的屏蔽设计、传输设计、地网设计、电源设计和元器件的位置排列设计等都应满足电磁兼容要求。

（6）故障检测要求。为了提高可靠性、可维修性，要求频率源具有自动故障检测性能和故障指示性能。

（7）接口要求。要求频率源必须维修方便，可靠性高，可操作性强，一般通电即能正常工作，同时应受雷达系统控制。

（8）精确移相要求。发射激励信号与接收机系统测试信号的相位能够受移相器控制，一般受 7 位以上的数控移相器控制 360° 移相。

4.5.2　设计方案

多普勒气象雷达用频率源的设计方案框图如图 4.14 所示，基准晶振用 100 MHz 恒温晶振，使用直接合成方法产生 30 MHz 相参基准信号，再产生 2600 MHz 和 250 MHz 信号，相加后得 2850 MHz 本振信号。仍采用直接合成方法产生 150 MHz 信号，用作 DDS 移相器时钟。经 DDS 产生 30 MHz、12 位数控移相信号，最大移相 360°，用该信号与 250 MHz 信号相加得 280 MHz 信号，该信号功分二路，分别经电子开关调制，得 280 MHz 高频脉冲，再分别与 2600 MHz 信号相加得二路相互独立的 2880 MHz 信号，一路为激励信号送发射机，另一路为测试信号去接收机。

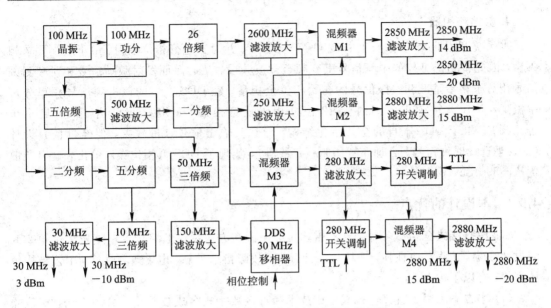

图 4.14 多普勒气象雷达用频率源方案框图

4.5.3 主要技术指标

S 波段直接式全相参气象雷达用频率源达到的主要技术指标如下:

1. 输出频率和功率

(1) 激励信号和测试信号频率均为 2880 MHz,功率为 30 mW,功率起伏均小于 ±0.3 dBm,调制通断比大于 90 dB。

(2) 接收机本振信号频率为 2850 MHz,功率为 30 mW,功率起伏小于 ±0.5 dBm。

(3) 相参基准信号频率为 30 MHz,功率为 3 dBm。

2. 输出杂散和谐波

各路输出信号杂散低于 −80 dBc,±30 MHz 处杂散低于 −95 dBc,各路输出信号谐波均小于 −40 dB。

3. 输出相位噪声

S 波段直接式全相参多普勒气象雷达用频率源的相位噪声如表 4.3 所示。

表 4.3 S 波段频率源输出相位噪声

偏离载频/kHz	0.01	0.1	1.0	10	100	1000
本振 2.85 GHz $L(f_L)/(\text{dBc/Hz})$	−70	−95	−120	−125	−130	−141
激励 2.88 GHz $L(f_C)/(\text{dBc/Hz})$	−70	−95	−120	−125	−130	−143
测试 2.88 GHz $L(f_R)/(\text{dBc/Hz})$	−70	−96	−121	−124	−130	−142

4. 数控移相器

本系统利用 DDS 技术产生中频 30 MHz 信号，并对其进行相位控制。由于系统要求相参性，因此将相位可控的中频信号上变频至微波频段，从而保证发射激励信号和射频测试信号相对于相参基准和本振信号的初始相位全相参。经 DDS 产生的该中频信号频率分辨率极高，并在 $0° \sim 360°$ 范围内受 12 位移相码任意控制，最高移相可达 $180°$，最小步进 $0.089°$。由于 DDS 本身的全数字化结构，导致其输出信号杂散较差，但经过精心设计（如合理选择时钟信号、合理布置印制板走线等），实现了 DDS 低相位噪声输出，输出杂散优于 -80 dBc。

4.5.4　本设计的优点

S 波段直接式全相参多普勒气象雷达用频率源在方案设计上综合了多年来雷达频率源的设计经验，工程适应性强，模块化设计合理，故障指示可靠，电磁兼容性好，工艺结构设计完善，有以下优点：

（1）本方案采用了直接模拟式合成技术和直接数字式合成技术相结合的方法，相位噪声好，稳定可靠。

（2）本设计模块化程度高，模块划分合理，结构屏蔽设计合理，电磁兼容设计完善。

（3）输出杂散低，关键频率杂散均达到 -100 dBc 以下。

（4）输出相位噪声低，在 S 波段输出相位噪声为

$$L(1 \text{ kHz}) = -120 \text{ dBc/Hz}$$
$$L(1 \text{ MHz}) = -140 \text{ dBc/Hz}$$

（5）功率稳定性高，常温功率起伏小于 0.3 dB。

（6）系统工程性好，各路信号之间隔离度高，信号的通断比高，有自动故障指示。

4.6　天气雷达用频率源

随着国民经济的发展，在许多方面和许多场合下都要求对天气有准确的预报和精确的测量。例如，在飞机航行及机场的上空都必须要求准确预报出雷雨及气旋的情况和位置，以避免不必要的伤害；在现代武器系统中为了准确射击目标，必须知道风向、风速及风云变幻情况；在人民生活和工农业生产中希望准确预报强气旋、冰雹、风暴、雷暴、沙暴、龙卷风、洪水等发生的时间、地点及覆盖范围、发展情况等，以减少损失。

以上分析说明了天气雷达在国民经济中的重要性，为此我国多年来研制了多种新一代的多普勒天气雷达，它打开了大气天空探测的新窗口，能够预报和测量各种天气风云的变幻，而实现这种雷达的关键技术之一就是必须要有一个性能优良的雷达用频率源。这种频率源必须输出相位噪声很低，杂散也很低，同时提供全相参发射激励信号和接收本振信号及相参中频基准信号和定时基准信号。要满足这些要求，除了有正确的方案外，还必须进行各种工程优化设计，例如电磁兼容设计、可靠性设计等。下面简介几种天气雷达用频率源的设计方案、研制过程中的工程问题及解决这些问题的方法，供同行参考。

4.6.1　方案设计

现代雷达对频率源的相参性、低相位噪声等主要指标都有明确要求，因为它直接影响现代雷达的主要指标，所以频率源是现代雷达的重要分机之一。

1. 方案分析

因为频率源的输出相位噪声直接影响雷达改善因子，相位噪声的积分面积与雷达改善因子直接相关，所以对频率源输出相位噪声的要求是非常严格的，一般要求在 X 波段输出相位噪声 $L(1\ \mathrm{kHz})$ 优于 $-100\ \mathrm{dBc/Hz}$，在 S 波段输出相位噪声 $L(1\ \mathrm{kHz})$ 优于 $-110\ \mathrm{dBc/Hz}$。

另外，为满足全相参要求，方案中均采用标准的 100 MHz 恒温低相位噪声晶振，用直接合成方法产生发射激励信号、接收机相参基准信号和定时基准信号。而接收机本振信号，根据要求分别用直接式和间接式合成方法产生。经过多年的使用验证，两种方法均可使频率源稳定可靠工作，详见下面分析。

2. S 波段全相参雷达用频率源方案设计

根据要求，基准晶振选 100 MHz 低相位噪声晶振，定时基准为 20 MHz 或 10 MHz，由 100 MHz 分频产生；30 MHz 相参基准频率由 100 MHz 三倍频产生 300 MHz 再十分频产生 30 MHz。激励信号频率也用直接式方法产生，接收机本振信号频率分别用直接式和间接式产生，其详细框图如图 4.15 和图 4.16 所示。

因为要求在 S 波段相位噪声 $L(1\ \mathrm{kHz})$ 优于 $-110\ \mathrm{dBc/Hz}$，所以 100 MHz 晶振相位噪声 $L(1\ \mathrm{kHz})$ 必须优于 $-145\ \mathrm{dBc/Hz}$。S 波段 VCO 在高低温范围内可能漂移几十兆赫兹，所以间接式中的锁相环需加搜捕电路，使锁相环的同步带大于温漂范围，以保证频率源可靠稳定工作。混频器设计应严格控制交调频率及各种杂散频率，所选频率均经过科学计算，使交调频率最少并远离滤波器带宽。锁相环采用宽带锁相，使工作稳定不失锁，同时对 VCO 近端相位噪声有良好的抑制能力。

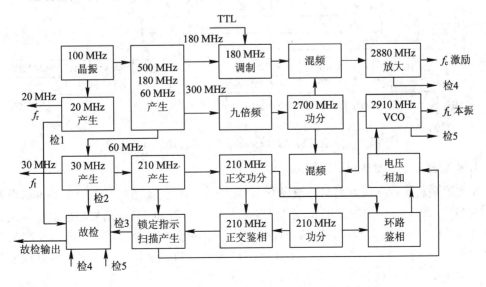

图 4.15　S 波段全相参间接式雷达用频率源方案框图

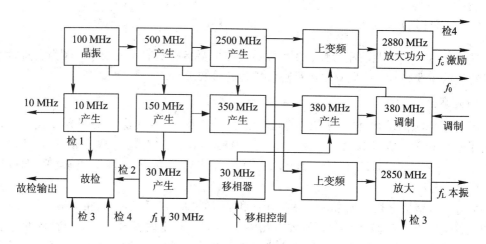

图 4.16　S 波段全相参直接式雷达用频率源方案框图

3. C 波段直接式全相参雷达用频率源方案设计

C 波段直接式全相参频率源方案框图如图 4.17 所示。从图 4.17 中可以看出，基准晶振选 100 MHz。相位噪声要求、设计原则与 S 波段直接式全相参频率源相同，这里不再分析。

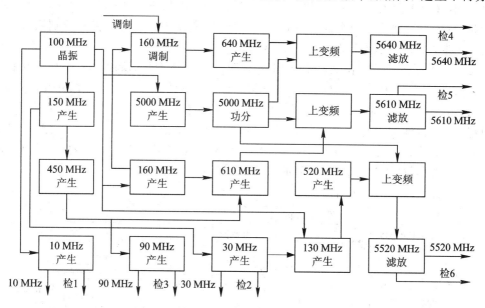

图 4.17　直接式 C 波段全相参雷达用频率源方案框图

4. X 波段全相参雷达用频率源方案设计

X 波段全相参频率源方案与 S 波段基本相同，方案框图如图 4.18 所示，基准晶振仍采用 100 MHz；20 MHz 定时基准和 30 MHz 相参基准及 3120 MHz 信号均采用直接式合成方法产生；3110 MHz 信号可以采用直接法产生，也可使用间接法产生，具体方法与 S 波段基本相同。然后，将 3120 MHz 与 3110 MHz 信号分别三倍频到 X 波段，通过滤波放大产生出激励信号和本振信号。

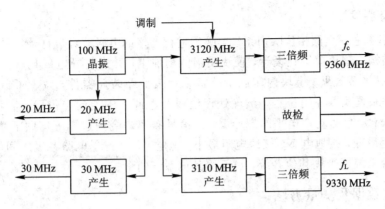

图 4.18 X 波段全相参雷达用频率源方案框图

4.6.2 工程优化设计

一个满意的产品不仅需要有一个合理的方案，而且必须有良好的工程设计，例如结构设计、故障检测设计、可靠性设计及电磁兼容设计等，缺一不可。

1. 结构设计

整个频率源为一个模块，模块内分别装有 10 块左右的印制电路板，电路板之间严格屏蔽，结构盒体使用铣削加工或者精密铸造而成。电路板采用表面贴装元器件和表面贴装工艺，大大提高了电气性能和可靠性，减少了电磁干扰，缩小了体积，减轻了重量。

2. 故障检测设计

频率源有完善的故障检测设计，能自动报出有无故障，并设有 LED 指示。无故障时输出 TTL 高电平，发光二极管亮；有故障时，输出 TTL 低电平，发光二极管不亮。全系统设有 4～6 处检测点，其中定时基准信号输出、相参基准信号输出、激励信号输出、本振信号输出、锁定指示均设有故障检测点，且均设计为高电平时正常，低电平时故障，并有发光二极管指示，以给维修调试人员提供方便。将这些电平汇总为一路故障输出信号，送雷达系统。

3. 可靠性设计

现代电子设备对可靠性的要求愈来愈高，本频率源设计采用了一系列提高可靠性的措施，例如：选用的电路和各种元器件均为多年使用验证过的很可靠的电路和元器件；设计中对电压、电流、功率等均进行降额设计；小批量生产时对使用的元器件均经过严格筛选，对每台产品都进行严格验收实验，不允许有任何不合格指标漏检；对间接锁相环电路均加有自动搜捕电路，设计调试的同步带大于温漂频率范围，以确保任何时候均不失锁。

设计过程中，均进行可靠性分析和计算，根据《电子设备可靠性设计手册》，采用应力分析法进行计算分析，计算结果如下：

（1）X 波段 MTBF 优于 45 000 h；

（2）C 波段 MTBF 优于 29 000 h；

（3）S 波段 MTBF 优于 51 000 h。

4. 电磁兼容设计

整个频率源是一个低相位噪声系统,必须进行严格的电磁兼容设计才能达到电气性能指标。因此结构上采用模块化设计,模块用铝铣削加工,并进行导电氧化,这种结构有 80 dB 以上的电磁屏蔽效果。模块内印制电路板采用表面贴装元器件,减少了器件的电磁干扰,同时合理布置元器件的位置,正确处理地线及电源线的走向和位置。信号线的屏蔽、匹配及隔离设计,信号功率电平的最佳设计,信号频率的合理选择等均做了精心设计,使电磁干扰降至最低,接地电感、接地电阻最小,地电流不闭合,电路各级之间的耦合最小,以确保频率源系统不干扰其他系统,也不受其他系统的干扰。

4.6.3　实验数据及测量方法

通过上述分析设计,我们研制出了多种天气雷达用频率源,通过使用证明其性能可靠、指标先进,现给出具体数据如下。

1. 实验数据

输出频率、输出功率当然是频率源的主要性能参数,一般是容易满足的指标。而输出杂散、相位噪声比较难以满足要求,本频率源输出杂散一般低于 -60 dB,输出相位噪声如表 4.4 所示。

表 4.4　频率源输出相位噪声

偏离频率/kHz		0.01	0.1	1	10	100	1000
S 波段/(dBc/Hz)	直接式	-60	-91	-110	-125	-130	-132
	间接式	-60	-91	-110	-118	-120	-120
C 波段直接式/(dBc/Hz)		-54	-84	-105	-115	-124	-124
X 波段/(dBc/Hz)	直接式	-50	-80	-100	-110	-120	-120
	间接式	-50	-81	-100	-110	-110	-110

2. 测量方法

在测试过程中,功率测量是用小功率计,频率测量是用数字式频率计,杂散测量是用频谱分析仪,相位噪声测量是用相位噪声测量系统,所用测量仪表必须是经过鉴定并在合格有效期内。

4.7　基于 DDS 的频率源

从 DDS 电路的优缺点可以看出,DDS 适合使用在频率步进小、跳频时间快、杂波抑制要求不高的场合。另外,DDS 产生的频率源可再与锁相环相结合,与倍频器、上变频器相结合,产生小步进微波频率源。本节将介绍几种基于 DDS 的频率源设计方案,供专业技术人员参考。

4.7.1　DDS 作为中频信号产生源

采用 AD9858 集成电路,配合由晶振与谐波发生器产生的 1 GHz 信号,作为 DDS 的基准信号，可以产生低相位噪声的复杂调制中频信号，如下所述。

输入基准源：100 MHz/0 dBm；

基准源的相位噪声：≤−145 dBc/Hz@1 kHz；

输出频率：(150∼250)MHz；

输出功率：(0∼3)dBm；

杂波抑制：≤−50 dBc；

谐波抑制：≤−30 dBc；

相位噪声：≤−115 dBc/Hz@1 kHz；

信号模式：线性跳频信号、相位编码信号、脉冲调制信号。

可以看出，用 DDS 设计中频波形发生器还是比较方便的。

4.7.2　DDS 变频式 L 波段频率源

以前的 DDS 受限于工作时钟频率，其直接输出频率一般在 300 MHz 以下，但可以通过混频或倍频的方式合成输出频率较高的快速跳频、小步进频率源，如下例所述。

1. L 波段快速跳频、小步进频率源的主要技术指标

输出频率：(1.13∼1.33)GHz；

频率间隔：1 kHz；

输出功率：(+13∼+15)dBm；

相位噪声：≤−115 dBc/Hz@1 kHz；

杂散抑制：每个输出频率 30 MHz 带内杂散＜−60 dBc，其余地方杂散＜−50 dBc；

谐波抑制：≤−40 dBc；

跳频时间：≤1.5 μs(含频率计算转换时间)；

外基准晶振输入：100 MHz/0 dBm。

2. 设计方案

综合考虑技术要求中杂波抑制指标不高、频率间隔较小、跳频时间较快等特点，我们采用 DDS 上变频的合成方式。这种方式是将 DDS 作为中频信号发生器，与微波频标混频来产生微波信号输出，频率控制电路采用 FPGA，方案框图如图 4.19 所示。由方案框图可以看出，DDS 使用 1 GHz 时钟，产生出(130∼230)MHz 步进 1 kHz 信号，再分别与 1 GHz 和 1.1 GHz 混频，取和频得(1.13∼1.33)GHz 步进 1 kHz 的 L 波段小步进频率源。

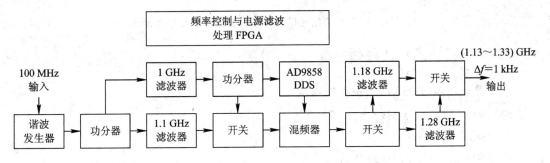

图 4.19　DDS 变频式 L 波段频率源方案框图

4.7.3　DDS 与锁相环相结合的 L 波段频率源

用 DDS 产生中频信号源，频率步进很小，再用中频源作为鉴相基准，通过锁相环锁定各种频段的 VCO，可设计出微波小步进频率源。下面给出 L 波段小步进频率源的设计方案。

1. L 波段小步进频率源的主要技术指标

输出频率：$(1.05\sim1.10)$GHz；

频率间隔：1 kHz；

输出功率：$(+10\sim+13)$dBm；

相位噪声：$\leqslant-85$ dBc/Hz@1 kHz；

杂散抑制：<-60 dBc；

谐波抑制：$\leqslant-40$ dBc；

跳频时间：$\leqslant50$ μs；

外基准晶振输入：100 MHz/0 dBm。

2. 设计方案

综合考虑技术要求中杂波抑制指标不高、频率间隔较小、跳频时间较慢等特点，我们采用 DDS 驱动锁相环的合成方式，这种方式是将 DDS 作为锁相环的基准信号，微波信号通过分频或混频去鉴频鉴相，从而达到锁定的目的，方案框图如图 4.20 所示。100 MHz 基准输入经 AD9954 内部集成的锁相环倍频器十倍频后作为 DDS 的时钟，DDS 输出$(105\sim110)$MHz 步进 100 Hz 信号，再经 HMC440 构成的十倍频锁相环，输出 L 波段的频率，频率控制电路采用 FPGA。

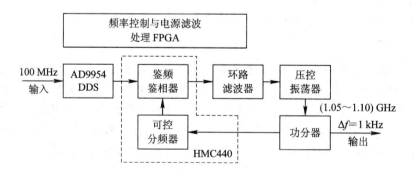

图 4.20　DDS 与锁相环相结合的 L 波段频率源方案框图

4.7.4　DDS 内插式 C 波段频率源

1. C 波段小步进频率源的主要技术指标

输出频率：$(4\sim8)$GHz；

频率间隔：1 kHz；

输出功率：$(+10\sim+13)$dBm；

相位噪声：$\leqslant-80$ dBc/Hz@10 kHz；

杂散抑制：＜−60 dBc；

跳频时间：≤100 μs；

外基准晶振输入：100 MHz/0 dBm。

2. 设计方案

采用 DDS 内插锁相环的合成方式，这种方式是使用 DDS 去微调压控振荡器反馈支路的信号，然后再通过分频或混频与一固定的基准信号鉴频鉴相，从而达到锁定的目的，方案框图如图 4.21 所示。100 MHz 基准输入经锁相环倍频器十倍频后作为 DDS 的时钟，DDS 输出（200～210）MHz 的频率，与压控振荡器反馈支路的信号混频和可变分频后与 100 MHz 基准信号鉴频鉴相，锁定输出 C 波段的频率，频率控制电路采用 FPGA。

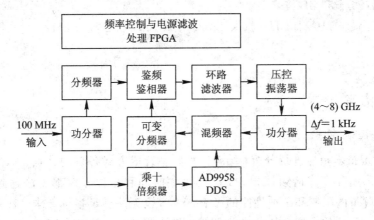

图 4.21　DDS 内插式 C 波段频率源方案框图

4.7.5　DDS 小数分频式 X 波段频率源

这种方案是将 DDS 用在压控振荡器的反馈支路中充当小数分频器，压控振荡器的频率作为 DDS 的时钟，方案框图如图 4.22 所示。

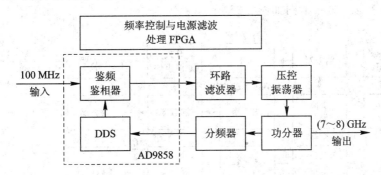

图 4.22　DDS 小数分频式 X 波段频率源方案框图

4.8　DDS 与直接模拟式合成相结合的频率源

本节介绍一种 DDS 与直接模拟式合成相结合的频率源。该频率源实现了快速跳频、小步进、低杂散、低相位噪声的频率输出，克服了 DDS 工作频带窄、杂散抑制差的缺点。

4.8.1 技术指标要求

工作频段：S 波段；

相对带宽：15%；

频率间隔：10 kHz；

输出频点数：30001 点；

跳频时间：≤1 μs；

输出功率：+13 dBm；

杂散抑制：≤−65 dBc；

谐波抑制：≤−50 dBc；

相位噪声：≤−110 dBc/Hz@1 kHz，≤−120 dBc/Hz@10 kHz，≤−125 dBc/Hz@100 kHz；

工作温度：−20℃～+60℃。

4.8.2 设计方案

1. 方案选择

通过对关键技术指标进行分析，结合四种频率合成方式各自的特点，本设计采用直接合成方式。若采用分频或倍频锁相方式，则跳频时间和相位噪声都无法达到技术指标要求。由于工作频带的限制和杂散性能的影响，DDS 也无法满足指标要求。若完全采用直接模拟合成方式，虽然技术指标均能满足要求，但实现的复杂程度、制造的成本、最终产品的体积都让人难以接受。

综合以上分析，我们选用 DDS 与直接模拟式合成相结合的混合合成方案。该方案是利用 DDS 保证 10 kHz 的频率步进，用谐波发生器产生的频标保证工作带宽，其实现是由 DDS 提供的小频率步进带宽通过混频方式来填充谐波发生器产生的大频率步进带宽，从而覆盖整个输出频段，方案框图如图 4.23 所示。

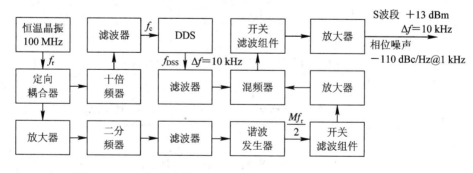

图 4.23 DDS 与直接模拟式合成相结合的 S 波段频率源方案框图

1）低杂散设计

该频率源的杂散主要取决于 DDS 杂散和混频后的交互调分量。其中 DDS 杂散产生的原因主要有以下三个方面：一是相位截断误差；二是波形存储器数据位数的限制；三是 DAC 的非理想特性。在窄带信号输出时，由器件手册可知杂散抑制可达到−75 dBc。根据实际测试频谱也可看出在所选频段(150 MHz～200 MHz),杂散抑制可达到−70 dBc。

当 DDS 输出信号与开关滤波组件经放大器输出去混频器混频后,通过正确选择混频比,可使混频器产生的无用交互调分量都能用滤波器滤除,从而有效地保证低杂散的实现。

2) 低相位噪声设计

由图 4.23 可以看出,该方案的相位噪声主要取决于 DDS 和谐波发生器产生频标中较差的部分。对于其中的 DDS 相位噪声,由原理可知,它实际上是个分频系统,分频输出的相位噪声(不受分频器噪声基底限制时)比输入参考信号改善 $20\lg(f_c/f_{DDS})$。通过对 DDS 器件的技术资料进行分析可以看出,其基底噪声在方案所选频段优于−130 dBc/Hz@1 kHz。

DDS 参考时钟由晶振信号(假设 100 MHz 晶振信号的相位噪声优于−145 dBc/Hz@1 kHz)直接倍频产生,理论相位噪声为−125 dBc/Hz@1 kHz,经过 DDS 分频输出后理论相位噪声为−139 dBc/Hz@1 kHz。频标由晶振信号分频后经谐波发生器直接倍频产生,最大倍频次数为 25,理论相位噪声为−117 dBc/Hz@1 kHz。所以,最终输出理论相位噪声约为−117 dBc/Hz@1 kHz。通过精心设计各级放大器的增益和电平,优化设计低相位噪声的倍频器,可保证相位噪声恶化控制在 5 dB 以内,从而满足相位噪声≤−110 dBc/Hz@1 kHz 的指标要求,实现低相位噪声设计。

3) 跳频时间设计

跳频时间由频率代码处理时间、DDS 芯片响应时间和 PIN 开关切换时间构成。控制采用高速 FPGA 芯片,该方案中数据处理时间约为 400 ns。DDS 芯片响应时间和 PIN 开关切换时间可在同一时段完成,时间小于 200 ns,可满足跳频时间小于 1 μs 的指标要求。

4) 电磁兼容设计

低相位噪声和低杂散实现与电磁兼容设计密切相关。合理的地线安排、正确的电源滤波、良好的屏蔽设计都是必不可少的。

2. 方案实现

由图 4.23 可知,最终输出频率 $f_{out} = f_{DDS} + \dfrac{Mf_r}{2}$,其中 M 为谐波发生器的倍频次数。为了得到小步进频率覆盖,要求 DDS 输出带宽必须大于或等于晶振信号频率的一半,即 $BW_{DDS} \geqslant f_r/2$。其工作过程如下:当频率源在同一 BW_{DDS} 内进行频率转换时,通过控制 DDS 芯片实现;若频率源频率转换已超过同一 BW_{DDS} 的范围,则必须通过控制开关滤波组件来改变 M 值,从而实现整个输出频带的覆盖。

该频率源按功能可划分为以下四部分:

1) 基准源

此部分主要由恒温晶振、二功分器和校频网络构成。恒温晶振是关键部件,主要用于提供高稳定度、低相位噪声的基准信号,其供电应使用低纹波、低噪声的电源。

2) DDS 模块

此部分主要由参考时钟电路和 DDS 电路构成,以实现最终要求的小步进输出。

3) 频标模块

此部分主要由谐波发生器、开关滤波组件和混频器构成,主要用于将 DDS 输出频率和频标频率搬移至所需频段。

4）控制器

此部分主要由高速 FPGA 芯片构成，通过同步控制 DDS 模块和频标模块实现跳频输出。

3. 结构实现

盒体采用轻质铝合金材料，经精密加工而成，其外形尺寸为 200 mm×100 mm× 48 mm。

4.8.3　实验结果及分析

通过以上分析，设计出具体的电路。采用 DDS 与直接模拟式合成相结合的方式，实现了输出频率步进 10 kHz 的 S 波段频率源，并满足了杂散优于 −65 dBc，相位噪声优于 −110 dBc/Hz（偏离载频 1 kHz 处），跳频时间小于 1 μs 的技术要求。产品体积小，重量轻，工作稳定可靠。利用相位噪声测试仪可测出该频率源的输出相位噪声，图 4.24 给出了 S 波段相位噪声测试曲线。

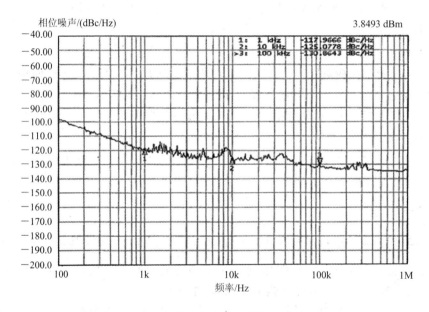

图 4.24　S 波段输出信号相位噪声测试曲线

由图 4.24 相位噪声曲线可以看出，测量数据完全符合理论分析。影响本方案相位噪声的关键是频标模块，其最大倍频次数为 25，使得相位噪声恶化 28 dB。而本产品晶振相位噪声为 −145 dBc/Hz（偏离载频 1 kHz 处），理论计算最终输出相位噪声为 −117 dBc/Hz（偏离载频 1 kHz 处），实测为 −115 dBc/Hz（偏离载频 1 kHz 处），电路附加相位噪声恶化了 2 dB，这是较为理想的结果。

跳频时间通过下变频至中频由示波器进行测试，约为 536 ns。

4.9　DDS 与间接数字式合成相结合的频率源

本节介绍一种宽带频率源的设计与实现，通过采用 DDS 与间接数字式合成相结合的

混合合成方案，对具体的设计实例进行分析，给出了超宽带、小步进、低杂散、低相位噪声
频率源的一种设计方法。

4.9.1　技术指标要求

工作频段：$(2\sim8)$GHz；

频率间隔：1 kHz；

跳频时间：$\leqslant100$ μs；

输出功率：$\geqslant+13$ dBm；

杂散抑制：$\leqslant-65$ dBc；

谐波抑制：$\leqslant-30$ dBc；

相位噪声：$\leqslant-95$ dBc/Hz@1 kHz，$\leqslant-100$ dBc/Hz@10 kHz。

4.9.2　设计方案

1. 方案选择

通过对指标进行分析，结合实际成本及实现的复杂程度，我们采用 DDS 与间接数字式
合成相结合的混合合成方案。该方案在保证指标实现的前提下，又兼顾了小型化设计。

本方案通过两次混频，将四分频后的压控振荡器频率搬移到较低的频率，再与参考源
进行鉴频鉴相。其中，第一次混频是由频标环将四分频后的压控振荡器频率搬移至
100 MHz 带宽内；第二次混频是由 DDS 产生的 100 MHz 带宽小步进频率将第一次混频后
的中频频率搬移至固定频率，再与参考源进行 50 MHz 鉴频鉴相，从而控制最终输出频率。
该方案在确保小步进的前提下，有效地降低了分频次数，保证了低相位噪声的实现，而且
混频锁相环提高了鉴相频率，从而降低了鉴相杂散的抑制难度。方案框图如图 4.25 所示。

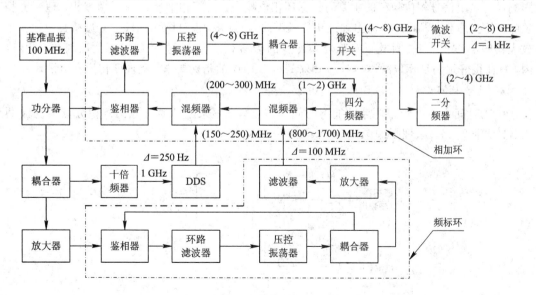

图 4.25　DDS 与间接数字式合成相结合的宽带频率源方案框图

1）低杂散设计

该频率源的杂散主要取决于 DDS 杂散、鉴相杂散和混频后的交互调分量。其中，DDS

杂散产生的内部原因主要有以下三个方面：一是相位截断误差；二是波形存储器数据位数的限制；三是 DAC 的非理想特性。在实际使用时，除了合理地设计电路以抑制杂散外，还需巧妙地利用 DDS 的特点以有效地避开杂散。该方案中 DDS 产生的频率与第一次混频后的中频频率的差频去鉴相器与参考源同频鉴相，由于锁相环路带宽较窄（一般选取 200 kHz），因此 DDS 远端较差的杂散可以被环路滤波较好地抑制。而 DDS 在所选频段信号输出时，器件资料给出的窄带（±1 MHz）杂散抑制为 −84 dBc。根据实际测试频谱也可看出，在所选频段窄带（±1 MHz）杂散抑制可达到 −80 dBc。通过以上分析可以看出，DDS 杂散可以在该方案中得到很好的抑制。

鉴相杂散主要通过环路滤波抑制，由于混频锁相环提高了鉴相频率，因而降低了鉴相杂散的抑制难度。通过合理地设计环路带宽可有效地抑制鉴相杂散。

混频后的交互调分量反串会影响最终输出频率的纯度，增大信号通路的反向隔离可很好地保证指标实现。

2）低相位噪声设计

由图 4.25 可以看出，影响最终输出相位噪声的因素主要有三部分：一是 DDS 输出信号相位噪声，二是频标环输出信号相位噪声，三是相加环附加相位噪声。对于其中的 DDS 相位噪声，由原理可知，它实际上是个分频系统。分频输出的相位噪声（不受分频器噪声基底限制时）比输入参考信号改善 $20\lg(f_c/f_{\text{DDS}})$。通过对 DDS 器件的技术资料进行分析可以看出，其基底噪声在方案所选频段优于 −130 dBc/Hz@1 kHz。DDS 基准时钟由晶振信号（100 MHz 晶振信号的相位噪声优于 −145 dBc/Hz@1 kHz）直接倍频产生，理论相位噪声为 −125 dBc/Hz@1 kHz，经过 DDS 分频输出后理论相位噪声为 −137 dBc/Hz@1 kHz。

频标环采用高鉴相频率锁相环芯片设计，最大倍频次数为 17，理论相位噪声为 −120 dBc/Hz@1 kHz。通过比较 DDS 输出信号相位噪声和频标环输出信号相位噪声可知，影响最终输出信号相位噪声的主要为频标环相位噪声。由于相加环采用同频鉴相，理论上相位噪声不会恶化，因此最终输出理论相位噪声约为 −108 dBc/Hz@1 kHz。通过精心设计各级放大器的增益和电平，优化设计低相位噪声的倍频器，可保证相位噪声恶化控制在 5 dB 以内，从而很好地满足相位噪声≤−95 dBc/Hz@1 kHz 的指标要求，实现低相位噪声设计。

3）跳频时间设计

跳频时间主要由锁相环路的捕捉时间决定，本方案采用低通有源比例积分低通滤波器构成的二阶环路，原理图如图 4.26 所示。

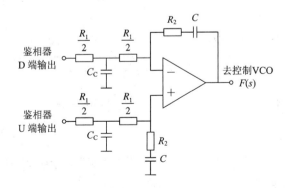

图 4.26　有源比例积分低通滤波器

由环路分析可知：

$$\omega_n = \sqrt{\frac{K_V K_\varphi}{N T_1}}, \ \xi = \frac{\omega_n T_2}{2}.$$
$$T_1 = R_1 C, \ T_2 = R_2 C$$

环路捕获时间：

$$T_f \approx 4.15 \frac{\Delta f_0^2}{B_1^3}$$

式中：Δf_0 为起始频差；B_1 为环路带宽。

由此可见，为了缩短环路捕获时间，可采取增加环路带宽和减小起始频差的方法。若环路带宽取为 300 kHz，起始频差小于 1.5 MHz，则环路的捕获时间小于 346 μs。由于本锁相环采用具有鉴频鉴相功能的鉴相器，因此其快捕带为 $4\pi\omega_n$。同样选取环路带宽为 300 kHz，可得环路的快捕带为 3.76 MHz，若起始频差在快捕带内，则环路的快捕时间为 $4/(\xi B_1) \approx$ 13 μs。采用辅助捕获措施使跳频时起始频差小于 3.76 MHz，只要辅助捕获电路的运算时间、开关的延迟时间和滤波器的延迟时间之和小于 50 μs，即可满足跳频时间小于 100 μs 的要求。

4) 电磁兼容设计

低相位噪声和低杂散的实现与电磁兼容设计密切相关。合理的地线安排、正确的电源滤波、良好的屏蔽设计都是必不可少的。

2. 方案实现

由图 4.25 可知最终输出频率是由 (2~4)GHz 和 (4~8)GHz 两段组成的。其中：(2~4)GHz 输出频率表达式为

$$f_{out} = \left(\frac{f_r}{2} + f_{DDS} + f_{频标环} \right) \times 2$$

(4~8)GHz 输出频率表达式为

$$f_{out} = \left(\frac{f_r}{2} + f_{DDS} + f_{频标环} \right) \times 4$$

通过准确地控制 DDS 模块、频标环模块和相加环模块可实现 (2~8)GHz 跳频输出。

频标环在降低分频比的同时保证了输出带宽，DDS 输出保证了小步进的实现。为了得到小步进频率覆盖，要求 DDS 输出带宽必须大于或等于频标环步进，即 $BW_{DDS} \geqslant \Delta f_{频标环}$。其工作过程如下：当频率源在同一 BW_{DDS} 内进行频率转换时，通过控制 DDS 芯片实现；若频率源频率转换已超过同一 BW_{DDS} 的范围，则必须改变频标环频率，从而实现整个输出频带的覆盖。

该频率源按功能可划分为以下五部分：

1) 基准源

此部分主要由基准晶振、二功分器和校频网络构成。基准晶振是关键的部件，主要用于提供高稳定度、低相位噪声的基准信号，其供电应使用低纹波、低噪声的电源。

2) DDS 模块

此部分主要由基准时钟电路和 DDS 电路构成，以保证最终要求的小步进输出。

3) 频标环模块

此部分主要由高鉴相频率锁相环芯片、压控振荡器和放大器构成，主要用于将压控振

荡器频率搬移至所需频段。

4）相加环模块

此部分主要由数字鉴相器、压控振荡器、混频器、滤波器和放大器构成，主要用于将两次混频后的中频信号与基准源进行同频鉴相，从而控制最终频率输出。

5）控制器

此部分主要由高速 FPGA 芯片构成，通过同步控制 DDS 模块、频标环模块和相加环模块实现跳频输出。

3. 结构实现

盒体采用轻质铝合金材料，经精密加工而成，其外形尺寸为 150 mm×100 mm×80 mm。

4.9.3　实验结果及分析

通过以上分析，设计出具体的电路。采用 DDS 与间接数字式合成相结合的混合合成方案，实现了(2～8)GHz 宽带小步进输出，并满足杂散优于 -65 dBc，相位噪声优于 -95 dBc/Hz（偏离载频 1 kHz 处），跳频时间小于 100 μs 的技术要求。产品体积小，重量轻，工作稳定可靠。利用相位噪声测试仪可测出该频率源的输出相位噪声，图 4.27 给出了相位噪声测试曲线。

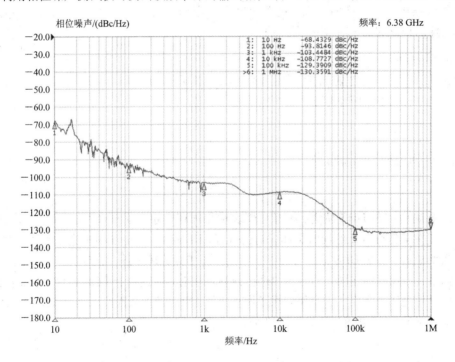

图 4.27　相位噪声测试曲线

由图 4.27 相位噪声曲线可以看出，测量数据完全符合理论分析。影响本方案相位噪声的关键是频标环模块，其最大倍频次数为 17，使得相位噪声恶化 25 dB，加上 12 dB 的倍频相位噪声恶化，共恶化 37 dB。而本产品晶振相位噪声为 -145 dBc/Hz（偏离载频 1 kHz 处），理论计算最终输出相位噪声为 -108 dBc/Hz（偏离载频 1 kHz 处），实测为 -103 dBc/Hz（偏离载频 1 kHz 处），电路附加相位噪声恶化为 5 dB，满足设计要求。

跳频时间测试是将输出频率通过下变频至中频再由调制域分析仪进行测试，跳频时间约为 87 μs。

4.10 直接式超宽带频率源

通过采用直接数字式合成与直接模拟式合成相结合的混合合成方案，本节介绍一种直接式超宽带频率源的设计与实现。

4.10.1 技术指标要求

工作频段：(1～18)GHz；

频率间隔：1 kHz；

跳频时间：≤1.5 μs；

输出功率：≥+13 dBm；

杂散抑制：≤−50 dBc；

谐波抑制：≤−25 dBc；

相位噪声：≤−90 dBc/Hz@1 kHz(1 GHz～2 GHz)；≤−85 dBc/Hz@1 kHz(2 GHz～10 GHz)；≤−80 dBc/Hz@1 kHz(10 GHz～18 GHz)。

4.10.2 设计方案

1. 方案选择

通过对关键技术指标进行分析可以看出，该频率源应采用直接合成方式。结合实际成本及实现的复杂程度，我们采用直接数字式合成与直接模拟式合成相结合的混合合成方案。若采用分频或倍频锁相的方式，则跳频时间和相位噪声均无法达到技术指标要求。

该方案先在 S 波段进行频率合成，然后通过多个频标采用三次变频的方式将频率搬移至(1～18)GHz。其中，S 波段频率合成实现是由 DDS 提供的小频率步进带宽通过混频方式来填充谐波发生器产生的大频率步进带宽，从而覆盖输出频段；三次变频是将 S 波段合成好的信号变频扩展至最终输出频段。详细框图如图 4.28 所示。

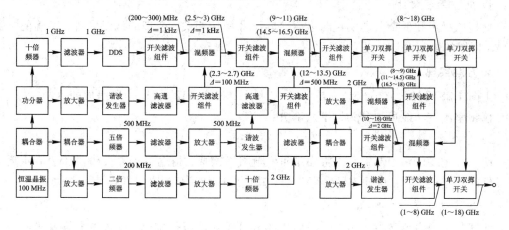

图 4.28 直接式超宽带频率源方案框图

1）低杂散设计

该频率源的杂散主要取决于 DDS 杂散和混频后的交互调分量。其中 DDS 杂散产生的内部原因主要有以下三个方面：一是相位截断误差；二是波形存储器数据位数的限制；三是 DAC 的非理想特性。在实际使用时，除了合理地设计电路以抑制杂散外，还需巧妙地利用 DDS 的特点以有效地避开杂散。在该方案中，DDS 所选频段杂散抑制为 -63 dBc。

对于混频后的交互调分量，通过正确选择混频比，可使混频器产生的无用交互调分量都能用滤波器滤除，从而有效地保证低杂散的实现。

2）低相位噪声设计

可以从四部分对相位噪声进行分析：一是 S 波段信号输出相位噪声；二是一次变频相位噪声；三是二次变频相位噪声；四是三次变频相位噪声。其中，第一部分主要取决于 DDS 和谐波发生器产生频标中较差的部分。对于 DDS 相位噪声，由原理可知，它实际上是个分频系统。分频输出的相位噪声（不受分频器噪声基底限制时）比输入参考信号改善 $20\lg(f_c/f_{\text{DDS}})$。通过对 DDS 器件的技术资料进行分析可以看出，其基底噪声在方案所选频段优于 -130 dBc/Hz@1 kHz。DDS 基准时钟由晶振信号（假设 100 MHz 晶振信号的相位噪声优于 -145 dBc/Hz@1 kHz）直接倍频产生，理论相位噪声为 -125 dBc/Hz@1 kHz，经过 DDS 分频输出后理论相位噪声为 -135.5 dBc/Hz@1 kHz。频标由晶振信号经谐波发生器直接倍频产生，最大倍频次数为 27，理论相位噪声为 -116 dBc/Hz@1 kHz。所以，S 波段合成信号输出理论相位噪声约为 -116 dBc/Hz@1 kHz。经过三次混频后最终输出相位噪声取决于最高倍频次数频标，即 16 GHz 频标。所以最终输出理论相位噪声约为 -101 dBc/Hz@1 kHz。通过精心设计各级放大器的增益和电平，优化设计低相位噪声的倍频器，可保证相位噪声恶化控制在 11 dB 以内。

3）跳频时间设计

跳频时间由频率代码处理时间、DDS 芯片响应时间和 PIN 开关切换时间构成。控制采用高速 FPGA 芯片，该方案中数据处理时间约为 400 ns。DDS 芯片响应时间和 PIN 开关切换时间可在同一时段完成，时间小于 200 ns。因此，可满足跳频时间小于 1.5 μs 的指标要求。

4）电磁兼容设计

低相位噪声和低杂散的实现与电磁兼容设计密切相关。合理的地线安排、正确的电源滤波、良好的屏蔽设计都是必不可少的。

2. 方案实现

由图 4.28 可知最终输出频率是由(1～8)GHz 和(8～18)GHz 两段组成的。

该频率源按功能可划分为以下六部分：

1）基准源

此部分主要由恒温晶振、二功分器和校频网络构成。恒温晶振是关键的部件，主要用于提供高稳定度、低相位噪声的参考信号，其供电应使用低纹波、低噪声的电源。

2）S 波段频率合成模块

此部分主要由谐波发生电路、DDS 电路和开关滤波组件构成，以实现最终要求的小步进输出。

3) 第一次变频模块

此部分主要由谐波发生电路、开关滤波组件构成，以实现所要求的输出带宽。

4) 第二次变频模块

此部分主要由谐波发生电路、开关滤波组件构成，以实现所要求的输出带宽。

5) 第三次变频模块

此部分主要由谐波发生电路、开关滤波组件构成，以实现所要求的输出带宽。

6) 输出模块

此部分主要由开关电路和放大电路构成，以实现(1~8)GHz 和(8~18)GHz 两段合成输出。

3. 结构实现

盒体采用了轻质铝合金材料，经过精密加工而成，其单独模块外形尺寸为 150 mm×100 mm×40 mm，共六个独立模块。

4.10.3　实验结果及分析

通过以上分析，设计出具体的电路。采用直接数字式合成与直接模拟式合成相结合的混合合成方案，实现了(1~18)GHz 超宽带小步进输出，并满足杂散优于−50 dBc，相位噪声优于−90 dBc/Hz(偏离载频 1 kHz 处)，跳频时间小于 1.5 μs 的技术要求。产品体积小，重量轻，工作稳定可靠。利用相位噪声测试仪可测出该频率源的输出相位噪声，图 4.29 所示为相位噪声测试曲线。

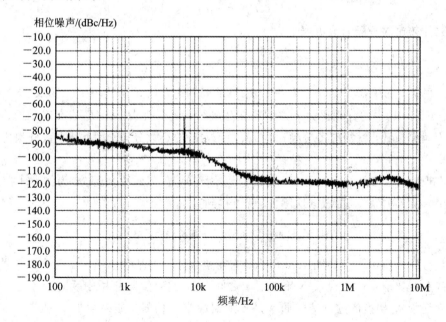

图 4.29　相位噪声测试曲线

由图 4.29 相位噪声曲线可以看出，测量数据符合理论分析。影响本方案相位噪声的关键是高次频标，其最大倍频次数为 160，使得相位噪声恶化 44 dB。而本产品晶振相位噪声约为−145 dBc/Hz(偏离载频 1 kHz 处)，理论计算最终输出相位噪声为−101 dBc/Hz(偏离载频 1 kHz 处），实测为－91 dBc/Hz(偏离载频 1 kHz 处），满足指标要求。

　　跳频时间测试是将输出频率通过下变频至中频再由示波器进行测试，跳频时间约为536 ns。

4.11　基于小数分频锁相环的频率源

4.11.1　小数分频锁相环的基本原理

　　常规单环锁相频率源的基本特性是 $f_{out}=N\times f_r$，当可编程分频器的分频比 N 为 1 时，得到的输出频率为参考频率 f_r。为提高频率分辨力，常用的途径有两种：一是减小参考频率，但这对频率转换时间、相位噪声和杂散等性能指标是不利的；二是将可编程分频器设计成小数分频，每次改变某位小数，就能在不降低参考频率的情况下提高频率分辨力。

　　常规数字分频器本身无法实现小数分频，怎样才能使只有整数分频的数字分频器完成小数分频的任务呢？例如实现 $N=10.5$ 的小数分频，若能控制分频器，使它先除一次 10，再除一次 11，这样交替进行，那么从输出的平均频率看，就完成了 10.5 的小数分频。即只要能控制整数分频器的分频比按一定的规则变化，就能实现小数分频。按上述的概念类推，一般设小数分频式频率源的分频比为 $M_{frac}=N.F$（其中，N 表示整数部分，F 表示小数部分，并以十进制表示），如小数部分 F 的有效位数是 n 位（n 为正整数），则

$$0\leqslant 0.F=F\times 10^{-n}<1$$

那么小数分频比的一般通式可表示为

$$M_{frac}=N.F=N+F\times 10^{-n}=\frac{N\,10^n+F}{10^n}=\frac{(N+1)F+N(10^n-F)}{10^n} \qquad (4.10)$$

　　由此可见，如果在每 10^n 个 $T_r=1/f_r$ 基准周期中，有 F 个 T_r 中的分频比为 $N+1$，其余 (10^n-F) 个 T_r 中的分频比为 N，如此交替进行，那么对 10^n 个 T_r 基准周期而言，从输出的平均频率来看，就实现了分频比为 $M_{frac}=N.F$ 的小数分频。因此，小数分频比实际上是从平均意义上获得的。

　　以实现 $N.F=5.3$ 的小数分频（N 表示整数部分，F 表示小数部分）为例，只要在每 10 次分频中，做 7 次除 5，再做 3 次除 6，就可得到：

$$N.F=\frac{1}{10}\times(5\times 7+6\times 3)=5.3$$

　　小数分频的基本原理如图 4.30 所示，它在整数分频的基础上增加了一个累加器，使该分频器的分频比能在两个整数 N 和 $N+1$ 之间自动切换（实际应用中瞬时分频比可在多个整数之间切换），切换的控制信号通常是累加器的进位信号，如果累加器的进位信号为高电平，则分频器的分频比为 $N+1$，否则为 N。累加器的时钟为分频器的输出信号，在每一个时钟周期内，累加器的累加计数值增加 K（K 为累加器的输入信号）。假设累加器为 k 位，则在 2^k 个周期内，发生溢出（进位信号为高电平）的周期数为 K，剩下的周期均没发生溢出，因此从平均的角度来看，分频器的分频比为

$$M_{\text{frac}} = N.F = \frac{(2^k - K)N + K(N+1)}{2^k} = N + \frac{K}{2^k} \tag{4.11}$$

其中，F 为分频比的小数部分。通过对 K 值的设置，可以选择各种小数分频比。从式 (4.11) 可以看出，小数分频器的输出频率精度为参考频率的 $1/2^k$，因此只要累加器的运算位数 k 足够大，就可以实现任意的输出频率精度。

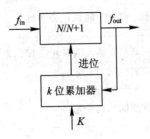

图 4.30　小数分频器的基本原理

利用小数分频技术实现的小数分频锁相频率源见图 4.31，其可以在不降低参考频率的情况下提高输出频率的分辨率，相对常规锁相频率合成具有频率转换速度快、相位噪声优良、电路简洁、体积小和集成度高等优点。

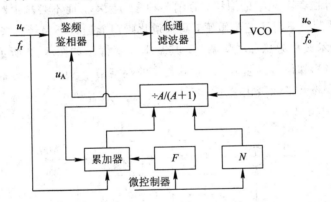

图 4.31　基于小数分频锁相环的频率源基本原理

由于小数分频器的分频比是不断变化的，因此在频率源中，分频器的输出信号与参考时钟信号之间的相位误差也在实时发生变化，整个锁相环路并不会进入真正的锁定状态。另外，由于分频比的跳变是周期性的，因此环路的瞬时相位误差也是周期性的，这会在压控振荡器的控制电压线上产生一个周期交流信号，叠加在所需的直流信号上，对压控振荡器造成频率调制，产生杂散，杂散频率为偏离载波 $F \times f_r$ 处，这就是小数杂散的产生原因。小数部分 F 的尾数越小，杂散的强度越高，对频率源的性能影响越严重。因此，如何减小小数杂散，是设计小数分频频率源的关键问题。

4.11.2　Σ-Δ 调制技术

若小数杂散无法被有效地抑制，则小数分频锁相环就没有任何实用价值。因此，必须设计附加电路来抑制小数杂散。目前已经有很多文献提出了多种杂散抑制技术，表 4.5 给出了几种典型的方法。

表 4.5　小数分频杂散抑制技术

序号	杂散抑制技术	特　　　点	问题
1	电流补偿	使用 DAC 产生补偿电流，叠加到电荷泵鉴频鉴相电路中，抵消杂散	模拟失配
2	随机抖动	外加数字抖动，随机化分频器的分频比	频率抖动严重
3	相位插补	在分频器后，插入瞬时相位延迟电路，补偿小数分频带来的瞬时相位误差	插值引起的抖动
4	脉冲插入	使用脉冲插入进行倍频	插值引起的抖动
5	$\Sigma-\Delta$ 调制	调制分频比及噪声整形	高频量化噪声

在各种杂散抑制技术中，$\Sigma-\Delta$ 调制技术因其良好的综合性能而得到广泛使用，已成为小数分频锁相环的主流技术。$\Sigma-\Delta$ 调制技术的特点是：通过快速的频率转换和非常高的频率分辨率来补偿参考频率的漂移，容纳各种参考频率，而不必减少鉴相鉴频器的比较频率。这种数字调制方案对工艺不敏感，高频量化噪声能通过环路带宽来得到有效抑制。

$\Sigma-\Delta$ 调制技术又称为总和增量调制，其基本原理框图如图 4.32 所示。通过抽样判决来比较输入信号与相邻信号的差值，产生 0 与 1 的数字信号 $y(k)$，积分器的作用是衰减信号中的高频分量以降低过载量化噪声。

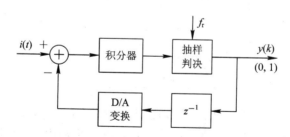

图 4.32　$\Sigma-\Delta$ 调制技术的基本原理框图

$\Sigma-\Delta$ 调制的噪声整形技术已经广泛应用在小数分频锁相环中，其通过反馈的方式，将量化过程中引入的噪声搬移到基带外部的频段，以改进在相同过采样率下采样系统的信噪比性能。噪声整形技术并非减少采样过程中引入的噪声总功率，而是在噪声功率谱上将更多的功率成分搬移到高频部分。当其应用在小数分频锁相环中时，由于环路滤波器的低通作用，使得量化噪声对输出的影响很小。调制器输出一个随机控制码序列，使分频器的分频比随机变化，使得环路相位误差也具有随机性，避免了在压控振荡器的控制电压线上产生低频交流成分，从而能够消除杂散。

一阶 $\Sigma-\Delta$ 调制器的等效模型如图 4.33 所示，调制器的输出是对输入信号的离散预测，将产生一个阶梯状的量化误差。

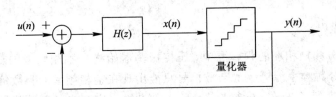

图 4.33　一阶 Σ - Δ 调制器的等效模型

一阶 Σ - Δ 调制器的输出近似为周期的，会产生严重的小数杂散，可以采取以下三种方法减小杂散。

(1) 采用高阶 Σ - Δ 调制器，使瞬时分频比更加无序化，进一步降低低频带内量化噪声，将量化噪声进一步搬移到高频。

(2) 采用多位量化，使 Σ - Δ 调制器可以提供多位输出，提高分频比的变化范围，并使其更加具有随机性。

(3) 在累加器输入信号上引入随机抖动，使调制器的输入不是常数，从而输出频谱上的杂散就会小，通过合理设计，引入的抖动不会影响带内信噪比。

高阶 Σ - Δ 调制器一般可采取两种结构：其一是单环高阶调制器；其二是多级级联结构调制器，也叫多级噪声整形（MASH）结构。其中，单环高阶调制器有比较好的噪声整形功能，高频噪声小，但是存在稳定性问题；MASH 调制器的结构简单，稳定性好，可引入流水线方式实现高速低功耗设计，但其噪声整形性能比单环高阶调制器结构稍差，高频处噪声较高。单环高阶调制器可以根据量化器的量化等级选择是一位输出还是多位输出，而MASH 调制器只能是多位输出，且对鉴相器线性度要求较高。

当 Σ - Δ 调制器的阶数升高时，噪声整形效果变好，然而随着阶数的升高，引入的量化噪声功率总量亦在增加，需要高阶环路滤波器来抑制它的高频噪声。一般而言，为了充分抑制 Σ - Δ 调制器的高频噪声，环路滤波器的传输函数在伯德图上的幅度下降速率必须大于 Σ - Δ 调制器的高频量化噪声幅度上升速率，因此，环路滤波器的阶数通常高于 Σ - Δ 调制器的阶数。一般情况下，2 阶或者 3 阶 Σ - Δ 调制器就足以满足小数分频锁相环的要求，4 阶以上的调制器由于受环路滤波器阶数的限制而很少被采用。

图 4.34 给出了由 Σ - Δ 调制器构成的锁相环框图。

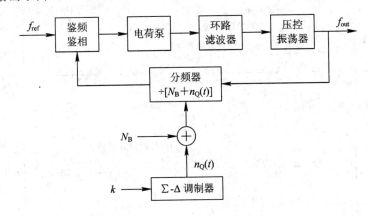

图 4.34　由 Σ - Δ 调制器构成的锁相环

4.11.3　杂散分析

在基于整数分频锁相环的频率源中，压控振荡器始终以鉴相频率的整数倍频率工作。一般而言，整数分频频率源产生的杂散信号只能出现在鉴相频率的整数倍处，常将这些杂散输出简单地称为参考杂散。与参考频率无关的杂散必定源自外部干扰源，外部杂散源可能通过电源、地或输出端口间接调制到压控振荡器上，或者因为环路滤波器隔离不好而形成滤波器旁路。这些杂散都会叠加到频率源的输出上。

在进行频率源设计时，应妥善设计电路板布局，参考杂散电平通常低于 -100 dBc，建议采用具有低噪声和高电源抑制能力的线性稳压电路，以便最大程度地抑制电源带来的杂散源。另外，电路板需要有良好的电源隔离，压控振荡器须与频率源的数字开关相隔离，并且压控振荡器负载须与频率源相隔离。典型电路布局、电源稳压电路设计，可以参照器件厂家提供的评估板和应用信息等。当然，如果应用环境中包含与鉴相频率无关的其他干扰信号，或设计中电路板布局和稳压电路的隔离不充分，那么干扰频率会与所需的频率源输出信号混频，产生更多杂散。这种杂散取决于隔离度和电源抑制能力（PSRR）。

在基于小数分频锁相环的频率源中，由于压控振荡器工作频率与鉴相频率无关，除了存在与整数分频锁相环频率源类似的杂散外，还会因为压控振荡器和鉴相信号之间的交调而引起杂散，当压控振荡器工作频率非常接近鉴相频率的整数倍时，杂散幅度最大。当压控振荡器工作频率恰好为鉴相频率的谐波频率时，则不存在近载波混频产物，杂散最小。

在鉴相频率 f_{PD} 和压控振荡器频率 f_{VCO} 的倍数处总是存在干扰。若使用小数工作模式，则压控振荡器频率与最接近的参考谐波之差 Δ 会引起所谓的"整数边界"杂散。在鉴相频率小数倍数（次谐波）处，即接近 $nf_{PD} + f_{PD}d/m$ 的小数 VCO 频率处，也可能出现更高阶、更低功率的杂散，其中 n、d 和 m 均为整数，并且 $d \leqslant m$。分母 m 为杂散产物的阶数，m 值越高，则在 $m\Delta$ 偏移处的杂散幅度越小；当 $m > 4$ 时，杂散通常非常小，甚至无法测量。小数模式下的最差杂散情况是在 $d = 1$ 且压控振荡器频率相对于 nf_{PD} 的偏移小于环路带宽时，这就是所谓的"带内小数边界"情况。图 4.35 给出了小数分频杂散预计。

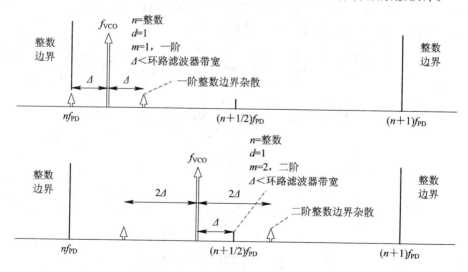

图 4.35　小数分频杂散预计

　　这些杂散电平和阶数的标定与混频器杂散图非常相似，杂散信号的精确电平取决于合成器各部分的隔离设计情况，应采用与整数分频锁相环类似的高隔离设计。

　　在小数工作模式下，电荷泵和鉴相器的线性度对杂散也有至关重要的影响，任何非线性都会导致相位噪声和杂散性能下降。当相位误差非常小，并且一会儿参考信号领先，一会儿压控振荡器信号领先时，鉴相器的线性度会下降。为了减轻小数模式下的这些非线性效应，必须让鉴相器以某一有限相位偏移工作，使得参考信号或压控振荡器信号始终领先。为实现有限相位误差，在集成锁相环电路中，可由寄存器控制使能额外的电流源使电荷泵偏移，以向 V_{DD}（压控振荡器信号始终领先或参考信号始终领先）提供恒定的直流电流路径。电荷泵偏移电流的具体电平由此时间偏移、参考频率和电荷泵电流决定，需要注意的是如果使用了大的、不合理的电荷泵偏移电流，可能引起锁定检测功能错误地指示为未锁定状况。

　　影响小数分频杂散性能的另一个因素是 $\Sigma - \Delta$ 调制器模式的选择。在集成锁相环电路中，厂家会提供多种模式选择：其一是针对较高鉴相频率使用，更容易滤除小数量化噪声；其二是针对较低的预分频频率使用，可以提供更好的带内杂散性能。

　　小数分频锁相环频率源的杂散分析典型实例见图 4.36，杂散信号的频率可以从频率源中所用到的所有信号的频率来估算，见表 4.6。如果两个类型的杂散信号出现在同一个偏移量，则任何一个名称都是正确的，可以将其命名为更主要的原因，也可以简单地通过选择表中接近的名称来命名。

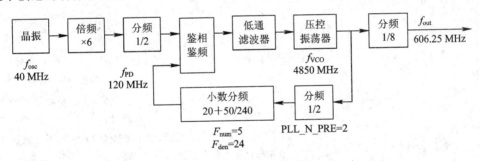

图 4.36　杂散分析典型实例

压控振荡器的输出频率为

$$f_{VCO} = f_{PD} \times PLL\_N\_PRE \times (PLL\_N + F_{num}/F_{den})$$
$$= 120 \times 2 \times (20 + 5/24)$$
$$= 4850$$

表 4.6 中的符号 ％ 是模运算符，意思是与最接近的整数倍数的差值。例如：

$$37 \% 11 = 4, \ 37 = 11 \times 3 + 4$$
$$1000.1 \% 50 = 0.1, \ 1000.1 = 50 \times 20 + 0.1$$
$$5023.7 \% 122.88 = 14.38, \ 5023.7 = 122.88 \times 41 - 14.38$$

表 4.6 杂 散 预 计

序号	杂散类型	频率偏移	图中的频率偏移数据	备 注
1	OSC_{in}	f_{osc}	40 MHz	杂散频率位于 OSC_{in} 信号频率的倍数谐波处
2	f_{PD}	f_{PD}	120 MHz	鉴相杂散很多都位于鉴相频率的倍数谐波处
3	$f_{out}\%f_{osc}$	$f_{out}\%f_{osc}$	$606.25\%40=6.25$ MHz	此杂散是由输出信号与输入信号混频产生的
4	$f_{VCO}\%f_{osc}$	$f_{VCO}\%f_{osc}$	$4850\%40=10$ MHz	此杂散是由压控振荡器信号与输入信号混频产生的
5	$f_{VCO}\%f_{PD}$	$f_{VCO}\%f_{PD}$	$4850\%120=50$ MHz	如果压控振荡器的预分频 PLL_N_PRE$=1$，此杂散会与整数边界杂散的频率偏移一致
6	整数边界	$f_{PD}\times(F_{num}\%F_{den})/F_{den}$	$120\times(5\%24)/24=25$ MHz	
7	主要分数	f_{PD}/F_{den}	$120/24=5$ MHz	
8	次分数	$(f_{PD}/F_{den})/k$ $k=2,3$ 或 6	一阶调制：无 二阶调制：$(120/24)/2=2.5$ MHz； 三阶调制：$(120/24)/6=0.833$ MHz； 四阶调制：$(120/24)/12=0.4166$ MHz	k 的计算： 一阶：$k=1$。 二阶：F_{den} 为奇数时，$k=1$；F_{den} 为偶数时，$k=2$。 三阶：F_{den} 不能被 2 或 3 整除时，$k=1$；F_{den} 能被 2 或 3 整除时，$k=2$；F_{den} 能被 3 整除，但不能被 2 整除时，$k=3$；F_{den} 能被 3 整除，且能被 2 整除时，$k=6$。 四阶：F_{den} 不能被 2 或 3 整除时，$k=1$；F_{den} 能被 3 整除，但不能被 2 整除时，$k=3$；F_{den} 能被 2 整除，但不能被 3 整除时，$k=4$；F_{den} 能被 3 整除，且能被 2 整除时，$k=12$

根据表 4.6，可以预估小数分频频率源中的杂散信号，通过表 4.7 的措施可以将杂散最小化。

表 4.7　杂散信号的抑制方法

序号	杂散类型	杂散信号的抑制方法	缺　点
1	OSC_{in}	（1）使用 PLL_N_PRE＝2； （2）减小 OSC_{in} 信号的幅度，提高信号的上升下降沿，譬如采用 LVDS 信号类型	
2	f_{PD}	（1）减小鉴相器的延迟 PFD_DLY； （2）减小电荷泵电源的噪声和纹波，譬如采用电感电容滤波方式	
3	$f_{out} \% f_{osc}$	减小 OSC_{in} 信号的幅度，提高信号的上升下降沿，譬如采用 LVDS 信号类型	
4	$f_{VCO} \% f_{osc}$	（1）减小数字电源的噪声和纹波，譬如采用电感电容滤波方式； （2）通过改变压控振荡器的工作频率，增加杂散的频率偏移； （3）如多个压控振荡器频率可能产生相同的杂散频率偏移，则选择较高的压控振荡器频率	
5	$f_{VCO} \% f_{PD}$	通过改变鉴相频率（使用可编程参考信号的倍频器或分频器）或改变压控振荡器频率来避免这种干扰。这种杂散在较高的压控振荡器频率下有更好的抑制	
6	整数边界	锁相环控制杂散的方法： （1）尽可能避免最坏的压控振荡器工作频率； （2）如果可能，从战略上选择要使用的压控振荡器内核； （3）确保 OSC_{in} 输入具有良好的转换率和信号完整性； （4）降低环路带宽或为带外杂散增加更多环路滤波器的极点； （5）试着调整 $\Sigma - \Delta$ 调制器的阶数和鉴相器延迟。 压控振荡器控制杂散的方法： （1）尽可能避免最坏的压控振荡器工作频率； （2）减小鉴相频率； （3）确保 OSC_{in} 输入具有良好的转换率和信号完整性； （4）确保 OSC_{in} 输入阻抗接近 50 Ω	如果带宽太窄，降低环路带宽可能会降低总的积分噪声； 降低鉴相频率可能会降低相位噪声，也会降低压控振荡器调谐端口的电容值

序号	杂散类型	杂散信号的抑制方法	缺 点
7	主要分数	（1）增加环路带宽； （2）改变 $\Sigma-\Delta$ 调制器阶数； （3）使用较大的非等值分数	过多地降低环路带宽可能会使带内相位噪声变差，另外，较大的非等值分数并不是都有作用
8	次分数	（1）使用抖动技术； （2）使用 MASH seed 技术； （3）使用较大的等值分数； （4）使用较大的非等值分数； （5）减小 $\Sigma-\Delta$ 调制器阶数； （6）消除分母中 2 或 3 的因子	抖动和较大的分数可能会增加相位噪声。MASH seed 可以设置在 $0\sim F_{den}$ 之间，这将更改次分数杂散的机理。这是一个确定性的关系，并且将有一个种子值为这个杂散提供最佳的抑制结果

4.11.4　相位噪声分析

锁相频率源的相位噪声与多个因素相关：

（1）压控振荡器的频率和鉴相器的工作频率；

（2）压控振荡器的压控灵敏度 k_{VCO}、压控振荡器和参考振荡器的相位噪声；

（3）电荷泵电流、环路滤波器和环路带宽；

（4）工作模式，包括整数分频和小数分频调制器模式。

小数分频锁相环的噪声模型见图 4.37。它与整数分频锁相环中提到的线性相位噪声模型相同。$\Sigma-\Delta$ 调制的小数分频锁相环相位噪声的分析方法与由 Riley 等人提出的分析方法相同。

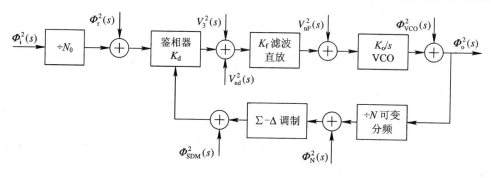

图 4.37　小数分频锁相环的噪声模型

锁相环对输出相位噪声的贡献也可以用锁相环噪声基底和锁相环闪烁（$1/f$）噪声区的品质因数（FOM）来表示和分析，即

$$\Phi_p^2(f_o, f_m, f_{PD}) = \frac{F_{p1} f_o^2}{f_m} + \frac{F_{p0} f_o^2}{f_{fd}} \tag{4.12}$$

式中：Φ_p^2 为锁相环的相位噪声贡献（rad^2/Hz）；f_o 为 VCO 频率（Hz）；f_{PD} 为鉴相器频率（Hz）；f_m 为相对于载波的频率偏移（Hz）；F_{p0} 为相位噪声基底的品质因数；F_{p1} 为闪烁噪声区的品质因数。

图 4.38 给出了锁相环的品质因数噪声模型。

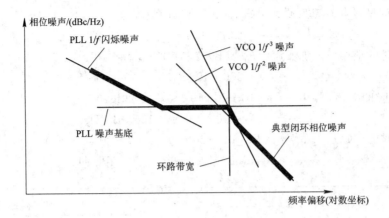

图 4.38　PLL 的品质因数噪声模型

若知道压控振荡器的自由振荡相位噪声，则它也可以通过 $1/f^2$（F_{v2} 区）和 $1/f^3$（F_{v3} 区）的品质因数表示。压控振荡器对相位噪声的贡献如下式：

$$\Phi_v^2(f_o, f_m) = \frac{F_{v2} f_o^2}{f_m^2} + \frac{F_{v3} f_o^2}{f_m^3} \tag{4.13}$$

对于锁相环和压控振荡器，品质因数本质上都是归一化噪声参数，利用它可以快速估计锁相环在所需压控振荡器偏移和鉴相器频率的性能水平。通常，频率源闭环带宽之内以锁相环集成电路的噪声为主，环路带宽之外则以压控振荡器噪声为主。因此，只需将环路带宽设置为锁相环和自由振荡相位噪声相等时的频率，便可快速估计锁相环的闭环性能。对于某一最佳环路设计，近似闭环性能等于锁相环和压控振荡器噪声贡献的最小值。

下面举一个例子来说明如何利用 FOM 值快速估算锁相环性能。

估算一个 8 GHz 高鉴相增益模式（HIK）锁相环的相位噪声。其采用 100 MHz 参考晶振，工作在小数模式 B，压控振荡器工作频率为 8 GHz，并且压控振荡器二分频端口以 4 GHz 驱动锁相环。假设压控振荡器在 $1/f^2$ 区域、1 MHz 偏移时具有 −135 dBc/Hz 的自由振荡相位噪声，在 $1/f^3$ 区域、1 kHz 偏移时具有 −60 dBc/Hz 的相位噪声。

估算结果如下：

F_{v1_dB} = −135　　　　　　　　1 MHz 偏移时的自由振荡 VCO 相位噪声
　　　+20 * lg10(1e6)　　　　　相位噪声归一化到 1 Hz 偏移
　　　−20 * lg10(8e9)　　　　　相位噪声归一化到 1 Hz 载波
　　　= −213.1 dBc/Hz(1 Hz 时)　　VCO FOM

F_{v3_dB} = −60　　　　　　　　　1 kHz 偏移时的自由振荡 VCO 相位噪声
　　　+30 * lg10(1e3)　　　　　相位噪声归一化到 1 Hz 偏移
　　　−20 * lg10(8e9)　　　　　相位噪声归一化到 1 Hz 载波
　　　= −168 dBc/Hz(1 Hz 时)　　VCO 闪烁 FOM

小数模式 A 下的锁相环 FOM 基底和 FOM 闪烁参数见图 4.39，其中：

$$F_{p0}\_dB = -227 \text{ dBc/Hz}(1 \text{ Hz 时})$$
$$F_{p1}\_dB = -266 \text{ dBc/Hz}(1 \text{ Hz 时})$$

在对数坐标的频率图上，每个品质因数方程都产生一条直线。实例产生如下结果：

$$8\ \text{GHz 时的锁相环基底噪声} = F_{p0}\_\text{dB} + 20\lg10(f_{\text{VCO}}) - 10\lg10(f_{\text{PD}})$$
$$= -227 + 198 - 80 = -109\ \text{dBc/Hz}$$

$$1\ \text{kHz 时的锁相环闪烁噪声} = F_{p1}\_\text{dB} + 20\lg10(f_{\text{VCO}}) - 10\lg10(f_{\text{m}})$$
$$= -266 + 198 - 30 = -98\ \text{dBc/Hz}$$

$$1\ \text{MHz 时的 VCO 噪声} = F_{v1}\_\text{dB} + 20\lg10(f_{\text{VCO}}) - 20\lg10(f_{\text{m}})$$
$$= -213 + 198 - 120 = -135\ \text{dBc/Hz}$$

$$1\ \text{kHz 时的 VCO 闪烁噪声} = F_{v3}\_\text{dB} + 20\lg10(f_{\text{VCO}}) - 30\lg10(f_{\text{m}})$$
$$= -168 + 198 - 90 = -60\ \text{dBc/Hz}$$

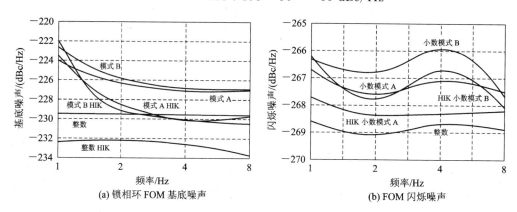

(a) 锁相环 FOM 基底噪声   (b) FOM 闪烁噪声

图 4.39　器件的典型品质因数噪声

这四个值有助于我们想象闭环锁相环中相位噪声的主要贡献因素。在图 4.40 所示的对数频率相位噪声图上，每个值都落在一条直线上。值得注意的是，环路参数会影响环路带宽转折频率附近的实际相位噪声。

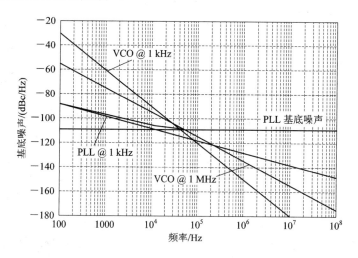

图 4.40　品质因数相位噪声分析实例

4.11.5　频率精度分析

小数分频锁相环的绝对频率精度一般受小数调制器的位数限制。例如，24 位小数调制器的频率分辨率等于鉴相频率除以 2^{24}。假设鉴相频率为 50 MHz，则频率分辨率约为

2.98 Hz，或转换成频率精度为 0.0596 ppm。

　　某些应用必须使用精确的频率步进，即使很小的频率误差也是不能接受的。在一些小数分频频率源中，有必要缩短累加器（分母或模数）的长度，以适应步长的精确周期。缩短的累加器常常导致在通道间隔（$f_{step} = f_{PD}/$模数）的倍数处出现非常高的杂散电平。例如，200 kHz 通道步进和 10 MHz 鉴相频率需要的模数仅为 50。当利用全部 24 位模数实现精确频率步长时，杂散非常低，比较速率很高，并且能保持出色的相位噪声性能。

　　如果 N 能用二进制精确表示（如 $N=50.0$、50.5、50.25、50.75 等），则小数 PLL 可产生精确频率（频率误差为 0）。遗憾的是，某些常见频率无法精确表示。例如，对于模数为 24 位的小数分频来说，$N_{frac} = 0.1 = 1/10$ 必须近似表示为 $round((0.1 \times 2^{24})/2^{24}) \approx$ 0.100 000 024。当鉴相频率 $f_{PD}=50$ MHz 时，这会产生 1.2 Hz 的误差。小数分频集成电路中提供了精确频率模式，可以通过设置 $N_{channels}$ 参数消除量化误差来解决这个问题。一般地，只要预分频器频率 f_{ps} 可以精确表示在一个步进规划上，其中有整数（$N_{channels}$）个频率步进跨越整数边界，那么就能使用此特性。对于给定的 f_{gcd} 间隔，f_{VCO} 是我们可以精确调谐的其他的压控振荡器频率，可用下式表示：

$$f_{VCO}\, mod(f_{gcd})=0，其中 f_{gcd}=gcd(f_{VCO}, f_{PD})$$

$$N_{channels}=\frac{f_{PD}}{f_{gcd}}, \ N_{channels}<2^{24}$$

式中：f_{PD} 为鉴相器频率；f_{VCO} 为所需的输出频率；f_N、f_{N+1} 为鉴相器频率的整数倍；f_{gcd} 为闪烁噪声区的品质因数（FOM）；mod 为求余函数；gcd 为求最大公约数函数。

　　图 4.41 给出了精确频率模式。

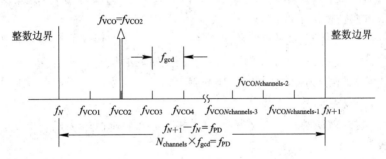

图 4.41　精确频率模式

　　以上分析是假设实现零误差的是单一工作频率。精确频率模式同样适用于需要许多精确频率的情况，所有这些频率均要适合特定的通道间隔。

　　例如，参考频率为 61.44 MHz，实现精确 50 kHz 通道步进，计算 f_{gcd} 和 $N_{channels}$：

$$f_{PD}=61.44 \text{ MHz}$$
$$f_{step}=50 \text{ kHz}$$

对于 $f_{gcd}(61.44 \text{ MHz}, 50 \text{ kHz})$，我们使用欧几里得算法找出最大公分母：

　　　　61.440 MHz＝50 kHz×1228＋50 kHz

　　　　50 kHz＝40 kHz×1＋10 kHz

　　　　40 kHz＝10 kHz×4＋0（余数为 0，算法结束）

从而得到：

$$f_{gcd}(61.44 \text{ MHz}, 50 \text{ kHz}) = 10 \text{ kHz}$$

$$N_{channels} = \frac{61.44 \text{ MHz}}{10 \text{ kHz}} = 6144$$

对于给定应用，为了改善输出信号的频谱性能，即降低杂散并使其位于带外最远处，最好让 f_{gcd} 尽可能高，$N_{channels}$ 尽可能低。

具体设计按小数分频锁相环的产品手册进行即可。

4.12　间接式模块化雷达用频率源

面对现代电子战的严酷环境，雷达用频率源除了对相参性的严格要求以外，还必须具有快速跳频功能，以满足各种现代雷达的广泛要求。

4.12.1　雷达用频率源的分析

1. 雷达用频率源的特点

雷达的性能不同，对频率源的要求也不同，例如，机载、陆用和海用频率源对体积、重量、环境条件等有很大差别。同时，对不同波段的雷达，要求频率源的输出频率、带宽、频率点数、相位噪声水平及频率转换时间等均不相同。尽管如此，雷达用频率源还是有很多共性的，这些共性构成了雷达用频率源的主要特点。

（1）雷达用频率源对相位噪声及近端杂散的要求比其他类型的频率源更严格，尤其是脉冲多普勒雷达、数字动目标雷达等要求得到 50 dB 以上的改善因子，这对频率源的相位噪声和近端杂散往往提出了严格的要求。

（2）对频率捷变时间的要求比其他类型的频率源更短。由于电子对抗的要求，雷达往往要求脉间跳频，这就使雷达用频率源的频率捷变时间必须与之相适应。

（3）输出频率带宽不必要太宽，有 10% 就可以了，这主要受发射高功率器件限制。另外，跳频点数不必太密，有几十点便可。

（4）调制。对发射激励信号要求调制后再输出，并要求有较大的通断比，因为这一点影响雷达的收发隔离。

（5）电源。由于严格的相位噪声和近端杂散要求，迫使模拟间接式雷达用频率源必须使用二次稳压电源，尤其对晶振及 VCO 等使用的电源，必须是低噪声、低纹波电源。

（6）严格的电磁兼容要求。由于对相位噪声和杂散要求很高，迫使雷达用频率源在屏蔽设计、传输设计、地网设计及元器件的位置设计等方面都应符合电磁兼容要求。

（7）结构要求及环境条件。雷达用频率源比其他频率源有更苛刻的结构要求及环境要求，尤其是机载用雷达频率源对体积限制、环境要求以及振动、冲击等方面的要求都很严格。

以上七点构成了雷达用频率源的特点，也是雷达用频率源设计的难点。

2. 雷达对频率源的基本要求

作为现代雷达中的重要分机，频率源必须满足雷达对它的要求。现把雷达对频率源的最基本要求归结如下：

（1）相参性。为了充分发挥现代雷达的性能，往往要求雷达用频率源是相参的。本振信号、发射信号及相检基准信号等均由一个晶振源变换出来，并要求它们具有很低的相位噪声和杂散。

（2）抗干扰性。面对电子对抗，雷达对频率源必然提出捷变频要求，能够按雷达主控台或者某一分机的要求进行各种形式的跳频。

（3）故检要求。为了提高可靠性、可维修性，频率源应有故检子系统，能够定位到模块，并由微机处理上报到雷达系统。

（4）控制与接口。频率源能接收和输送雷达站的控制指令，按其指令工作，能自检、自控、独立工作，可靠性高，维修方便，能在恶劣的环境中正常工作，同时应符合军标要求。

3. 雷达用频率源的关键技术与关键器件

1）雷达用频率源的关键技术

（1）低相位噪声设计技术。

（2）宽带锁相技术。

（3）宽带捕获及工程应用设计技术。

（4）电路与电路系统的电磁兼容设计技术。

2）间接式雷达用频率源的关键器件

（1）低相位噪声、高纯度基准晶振。雷达用模块化频率源确定基准频率为 100 MHz，因为这种频率属国内外基准，既通用，又能做精。通常情况下，要求 100 MHz 晶振输出相噪 L（1 kHz）优于 -150 dBc/Hz。

（2）压控振荡器（VCO）。对于间接式雷达用频率源，输出相位噪声近端由晶振决定，远端由 VCO 决定。锁相环路的设计难易往往也主要取决于 VCO。希望 VCO 的输出功率起伏在 ± 1 dB 以内，压控灵敏度起伏小于 2（最大压控灵敏度比最小压控灵敏度），输出相位噪声低，稳定度高。该器件在模块化中用系列产品覆盖整个频段。

4. 雷达用频率源模块化的必要性及思路

雷达用频率源在现代雷达中是一个十分重要的分机，众多信号都来源于它，而频率源自身又是一种理论较深、涉及知识面广的复杂电路设备，所以要提高频率源的可靠性、可维修性，缩小体积、减轻重量，提高性能、降低成本、节省人力，就必须实现模块化，以满足各种雷达应用，实现通用性、互换性、系列化。

模块化频率源由 L、S、C、X 四个波段对应的四种频率源构成。在每个波段内靠更换系列化的 VCO 和微波电路模块或者更换 f_{L2} 二本振模块来满足各种发射频率的要求。

4.12.2　方案分析

为了能够满足雷达的要求，我们分析了常用的间接式雷达用频率源方案，希望得到一种通用的间接式雷达用频率源方案，以此作为间接式雷达用频率源模块化设计的依据。

1. 谐波混频锁相式频率源

谐波混频锁相式频率源方案框图如图 4.42 所示，它适应 P 波段到 X 波段，不同波段可选用不同频率的晶振。例如 P 波段可选用 10 MHz 晶振，而 L、S、C、X 波段可选用 100 MHz晶振。跳频间隔为基准晶振频率的 1/2。图 4.43 给出了当用 100 MHz 晶振时，VCO 最小步进频率为 50 MHz，鉴相频率为 25 MHz 的理由。

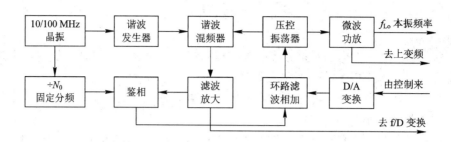

图 4.42　谐波混频锁相式频率源方案框图

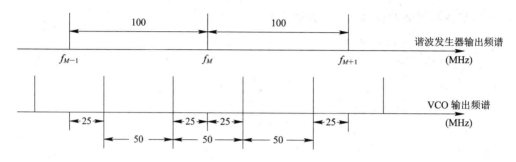

图 4.43　谐波混频谱线图

这种方案的优点是电路简单、体积小、跳频速度快(可小于 20 μs)、相位噪声较低；缺点是频率步进不能太小(否则易错锁)，因此频率点数较少。

2. 混频分频锁相式频率源

混频分频锁相式频率源方案框图如图 4.44 所示，该方案适应 P 波段到 X 波段，P 波段用 10 MHz 晶振，其他波段用 100 MHz 晶振。

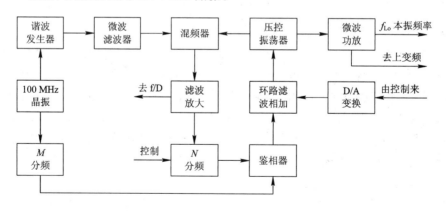

图 4.44　混频分频锁相式频率源方案框图

这种方案的跳频点数较多，频率步进可小于 5 MHz，电路简单，跳频速度快(可小于 30 μs)。其相位噪声与可变分频次数 N 有关，当 N 太大时，频率源的相位噪声变坏。

3. 混频分频环与直接合成相结合的频率源

混频分频环与直接合成相结合的频率源方案框图如图 4.45 所示，它适应 S、C、X 波段，相位噪声较好。因为二次混频将分频次数压得较低，当输出频率较高时，谐波倍频次数较高，所以分频基本上不影响输出相位噪声。它的优点是跳频点数多、跳频速度快(可小于 20 μs)，缺点是电路略显复杂。

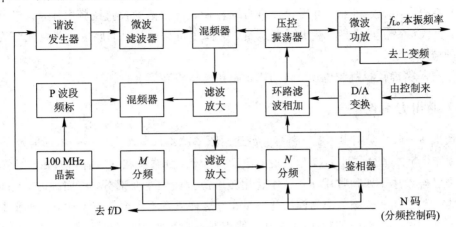

图 4.45　混频分频环与直接合成相结合的频率源方案框图

4. 混频锁相环与直接合成相结合的频率源

混频锁相环与直接合成相结合的频率源方案框图如图 4.46 所示，P 波段可选用 10 MHz 晶振，这时不使用频标 I 及混频器 II、滤波放大 I。其他频段均可用 100 MHz 晶振，频标 I 及频标 II 用直接合成产生，频标 I 为粗调，频率步进为 100 MHz 左右；频标 II 为细调，频率步进为 10 MHz 左右。频标 II 若用 DDS 代替，则可得到更小的频率步进。

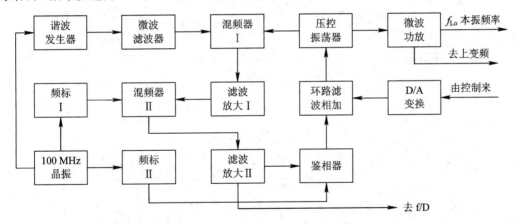

图 4.46　混频锁相环与直接合成相结合的频率源方案框图

这个方案的优点是相位噪声好、跳频速度快(可小于 20 μs)、跳频点数多，缺点是电路复杂。

以上四种方案，输出的杂散不同，输出的相位噪声也有差别，其技术指标可达到如下要求。

(1) 相位噪声低，在 S 波段输出相位噪声为

$$L(1\ kHz)=(-105\sim-115)dBc/Hz$$

$$L(100\ kHz)=(-120\sim-130)dBc/Hz$$

(2) 跳频时间快，均可做到 $(15\sim30)\mu s$。

(3) 杂散电平低，普通杂散均小于 −60 dBc，电源纹波杂散不高于相位噪声 10 dB，与接收机相关的杂散均小于 −100 dBc。

（4）输出频带宽，均可大于 10％，跳频点数可选。

（5）工程应用稳定可靠。可用单片机自动控制，自动精确预置跳频电压，自动修正跳频电压，大大提高了可靠性，减少了调试量，提高了可维修性，彻底解决了锁相环在军事工程上的应用问题。

关于自动精确预置跳频电压、自动修正跳频电压将在第 8 章详述。

4.12.3 通用方案论证

现代雷达一般为全相参体制，它要求雷达用频率源不仅能产生出第一本振信号 f_{L1}，而且还必须产生第二本振信号 f_{L2}，以及发射激励信号 f_c、相参鉴相基准信号 f_r 和定时信号等。

前文已经叙述了四种常用间接式雷达用频率源方案的主要部分，将四种方案综合，可规一化为一种通用的方案，作为模块化的依据。这种方案不仅要保持上述方案的低相位噪声、低杂散、快捷变频等优点，还要求满足通用性。只要取舍方案中的部分内容，就可满足各种雷达对频率源的不同要求，例如相位噪声高低不同，频率点数多少不同，体积、输出频段、带宽、成本等不同。

1. 混频锁相式雷达用频率源通用方案框图

混频锁相式雷达用频率源通用方案框图如图 4.47 所示，除两个微波滤波器外，其余均为通用模块。微波滤波器可根据雷达的总体要求而自行设计。

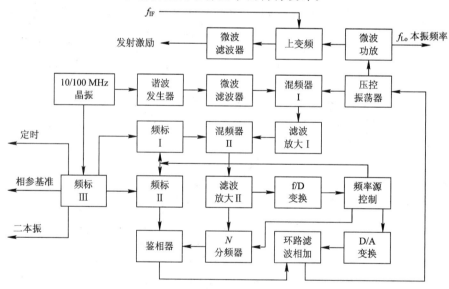

图 4.47　雷达用频率源通用方案框图

其输出频率 f_{L1} 可由下面的公式计算得到：

$$\frac{f_{L1}-Pf_0-f_4}{N}=f_5$$

即

$$f_{L1}=Pf_0+f_4+Nf_5$$

式中：f_0 为晶振频率；P 为倍频次数，$P=0,1,2,3,\cdots$；N 为分频次数，$N=0,1,2,3,\cdots$。

若设:

$$f_4 = \left(\frac{A}{B}\right) f_0$$

$$f_5 = \left(\frac{C}{D}\right) f_0$$

其中 A、B、C、D 均取正整数。

要求:

$$f_{L1} - P f_0 > \left(\frac{A}{B}\right) f_0$$

则输出频率:

$$f_{L1} = P f_0 + \left(\frac{A}{B}\right) f_0 + N \left(\frac{C}{D}\right) f_0 = \left(P + \frac{A}{B} + \frac{NC}{D}\right) f_0$$

2. 方案分析

图 4.47 给出的方案可用于 P 波段到 X 波段,只要更换不同的 VCO,取舍不同的混频器、谐波发生器、滤波器、滤波放大器、频标和 N 分频器便可。

例如工作在 X 波段,带宽为 1 GHz,跳几十个频率点,$L(1\ \text{kHz}) = -100\ \text{dBc/Hz}$,$L(100\ \text{kHz}) = -105\ \text{dBc/Hz}$,频率转换时间小于 20 μs,那么,只要选取 X 波段的 VCO 和谐波发生器,设计一个相应的滤波器,频标 II 置一个固定的频率,环路处在同频鉴相工作,如图 4.45 所示方案即可。

若工作在 S 波段,带宽为 400 MHz,跳频点数为 25 个,$L(1\ \text{kHz}) = -110\ \text{dBc/Hz}$,$L(100\ \text{kHz}) = -125\ \text{dBc/Hz}$,频率转换时间小于 15 μs,那么,只要选取 S 波段的 VCO、谐波发生器和一个相应的滤波器,N 分频器不用,频标 I 从 200 MHz 到 500 MHz 且取 100 MHz 步进,频标 II 从 90 MHz 到 170 MHz 且取 20 MHz 步进,环路处在宽带鉴相工作,如图 4.46 所示方案即可。

若工作在 C 波段,带宽为 600 MHz,跳频点数为 12 个,$L(1\ \text{kHz}) = -100\ \text{dBc/Hz}$,$L(100\ \text{kHz}) = -110\ \text{dBc/Hz}$,频率转换时间不小于 20 μs,那么,可用谐波混频方案,即图 4.45 中的微波滤波器不用,混频器 II、频标 I、滤波放大 I、N 分频器均不用,频标 I 置 25 MHz,方案如图 4.42 所示。

若工作在 P 波段,带宽为 200 MHz,跳频点数为 20 个,$L(1\ \text{kHz}) = -120\ \text{dBc/Hz}$,$L(100\ \text{kHz}) = -130\ \text{dBc/Hz}$,频率转换时间小于 20 μs,那么,则省去谐波发生器、混频器 I、滤波放大 I、N 分频器即可。

3. 方案设计

1) 晶体振荡器的选择

在图 4.47 中,基准晶振选取 100 MHz。因为 100 MHz 的晶振为国内外通用基准晶振,指标很好、订货方便,所以微波波段选取 100 MHz 的晶振为好。要求 100 MHz 晶振的相位噪声 $L(1\ \text{kHz}) \leqslant -150\ \text{dBc/Hz}$,$L(100\ \text{kHz}) \leqslant -160\ \text{dBc/Hz}$,且有良好的抗振性,并可以在 $-55℃ \sim +85℃$ 环境温度中正常工作。

2) 谐波发生器及微波滤波器

谐波发生器可直接订购,100 MHz 输入的谐波发生器国内商品很多,选购便可。

微波滤波器为一非标准器件，可根据不同的要求自行设计或订购。

3）混频器、VCO、功放及上变频器

这些微波电路在技术上均无难关，国内外均有对应的系列电路。如从几十兆赫兹开始到 12.4 GHz 的宽带 VCO 都已成熟，双平衡宽带混频器也已构成了系列产品，既可当双平衡混频器用，又可作上变频器用。各种单片放大器可满足全频段放大输出要求，也可以将单片放大器与 VCO、功分器组合在一起，构成微波系列模块。

4）滤波放大 Ⅰ、Ⅱ

这里的滤波器均为低通滤波器，滤波放大 Ⅰ 一般为 1 GHz 以下，滤波放大 Ⅱ 一般为 300 MHz 以下。目前单片集成式放大器很多，DC～2 GHz 的宽带单片中、小功率放大器已是常见产品。

5）N 分频器、鉴相器

两者均有集成电路，要求分频器的最高输入频率大于 300 MHz，分频数为 1～64（6 位），鉴相器的工作频率大于 300 MHz。

6）频标 Ⅰ、Ⅱ

可用直接合成法产生各种频标，也可用目前推出的 DDS 来代替频标。它们均可制成通用模块。频标 Ⅰ 为几百兆赫兹，100 MHz 步进；频标 Ⅱ 为几十兆赫兹，10 MHz 步进。它们均用直接法产生，相位噪声好，杂散还可由微波锁相环进一步滤除。

7）D/A 变换与电压相加器

可采用 12 位的 D/A 变换器。电压相加器为一块低相位噪声、宽频带的运算放大器。它们可集成在一起，构成一块通用集成电路。

8）f/D 变换与跳频控制

该部分为纯数字电路，可采用大规模集成电路来实现，可将该部分做成专用集成电路，构成通用模块。它不但可同步控制电子开关、可变分频器及 D/A 变换，使锁相环完成跳频功能，同时还利用 f/D 变换，将 VCO 的频率变换成与 D/A 变换输出同量纲的数字量，然后送至微处理器计算出 VCO 的预置频率误差，并给予修正，以确保 D/A 变换输出的预置电压在任何情况下都能预置到锁相环的快捕带内。

经过四种雷达频率源的实际使用，已经证明了这种方案的合理性，其工作稳定可靠，彻底解决了锁相环的工程应用问题。它对于宽温度范围引起的 VCO 的频率漂移，对于更换 VCO 引起的频率误差均能适时修正，有很宽的捕获能力，优于目前的任何捕获方法。在我们所设计的 X 波段频率源中，做到了 ±100 MHz 的自动捕获能力，实现了精确预置，大大提高了锁定速度。

4.12.4　模块化雷达用频率源介绍

经过多方论证，最后模块化雷达用频率源首先在 S 波段实现通用，称之为基本型，再利用倍频器或分频器及上变频器即可把基本型频率源扩展到各种波段频率源。因此，就模块而言又分为通用模块、系列模块和非标准模块。

1. 基本型模块化频率源介绍

图 4.48 所示为基本型模块化频率源方案框图。基准晶振采用 100 MHz，用直接合成法

产生出(200～600) MHz 的频段频率以及(100～190) MHz 的鉴相基准频率，去锁住 S 波段的 VCO，产生出最小频率步进为 10 MHz，50 个频率点的输出频率。同时，用直接合成法产生出 10 MHz、20 MHz、30 MHz、60 MHz、100 MHz 的频率，以及第二本振频率 f_{L2}，用作定时、相参中频、频率监测和第二本振频率。VCO 经放大，功分两路：一路为一本振；另一路与 60 MHz＋f_{L2} 相加，形成发射激励频率。

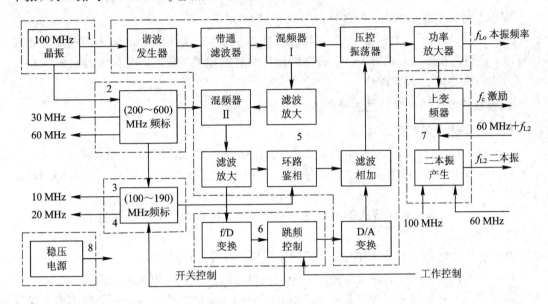

图 4.48 S 波段基本型模块化频率源方框图

图 4.48 中的压控振荡器可用系列 VCO，覆盖(2 ～4) GHz 的频率范围，每种 VCO 带宽均大于 500 MHz，相互重叠覆盖，以满足各种发射频段的要求。

S 波段频率源的输出频率经过二倍频，可得到 C 波段频率输出；经过三倍频，可得到 X 波段频率输出。

2. 模块系列的划分

地面和舰载雷达用频率源可划分为基准模块、FS1～FS6 模块、专用电源模块和母板模块。这些模块的功能如下：

(1) 基准模块：产生 100 MHz 基准频率。

(2) FS1 模块：产生 60 MHz、30 MHz 和 200 MHz～600 MHz(步进 100 MHz)的频率。

(3) FS2 模块：产生 20 MHz、10 MHz 和 110 MHz～190 MHz(步进 20 MHz)的频率。

(4) FS3 模块：产生 100 MHz～180 MHz(步进 20 MHz)的 5 个频率，再与 FS2 产生的 110 MHz～190 MHz 频率经电子开关选择输出 100 MHz～190 MHz(步进 10 MHz)的频率；本模块还产生 60 MHz 的频率。

(5) FS4 模块：产生间隔 10 MHz 的 50 个 S 波段第一本振频率。

(6) FS5 模块：实现对频率源的各种控制功能。

(7) FS6 模块：产生第二本振频率 f_{L2} 和发射激励频率 f_c。

(8) 专用电源模块：提供频率源的各种供电电源。

（9）母板模块：实现各模块供电分配、模块之间的连接和与外部信号的往来，它与各模块一起组成频率源。

另外，频率源控制模块的程序可形成软件模块。锁相环模块中的系列 VCO、功放、滤波器，可根据需要任选一种组成锁相环模块，它们均为通用模块或系列模块。

3. 特制模块

雷达发射频率各不相同，但各种信号频率满足如下关系：$f_c = f_{L1} + f_1 + f_{L2}$，其中，$f_{L1}$ 为第一本振频率，f_1 为相参中频，f_{L2} 为第二本振频率。为使频率源满足任意发射频率的要求，可将产生第二本振频率 f_{L2} 的模块设计为特制模块，使用中可根据发射频率在一定的范围内确定第二本振频率。

4. 模块化雷达用频率源的主要优点

模块化雷达用频率源具有以下优点：

（1）模块划分科学合理，技术指标先进，使用维修方便，易于推广，使用灵活。

（2）相位噪声低。全 S 波段内相位噪声 $L(1\ \text{kHz})$ 优于 $-110\ \text{dBc/Hz}$，$L(100\ \text{kHz})$ 优于 $-120\ \text{dBc/Hz}$。

（3）跳频速度快。在间接式频率源里，从收到跳频指令到完成跳频并进入正常工作的时间小于 20 μs。

（4）系统的电磁兼容设计好，保证了低相位噪声、低杂散的实现。

（5）工程性设计和可靠性设计好。一个高纯度、低相位噪声的系统，要确保在军事工程上可靠使用，必须采用多种有效措施来保障，我们采取的措施在国内外的频率源工程设计中都具有独到之处。

（6）采用直接与间接相结合的方案，输出频带及环路带宽宽，可在 S 波段内任意 500 MHz 实现锁相。

5. 模块化频率源的可靠性、维修性和故障检测情况

1）可靠性设计

由于尽量采用集成电路，优化设计方案，选用经过实践证明的可靠性高的厂家的产品，同类产品中选用成熟系数高、失效率低的产品，电路选用成熟电路，留有最佳应力，因此我们的设计大大提高了频率源的可靠性。使用应力分析元件计数法，分析计算出 MTBF＝7340 小时。

2）维修性设计

本系统在结构及工艺方面也采取了精心合理的设计，采用可以快速拆装的模块化结构。同时，模块用铣削工艺加工屏蔽盒，电路安装采用表面贴装工艺，模块采用直接与母板插拔结构（母板为四层印制板），这样大大缩短了平均修复时间（MTTR），使之小于 20 分钟。

3）故障检测设计

每一块模块均有故障检测指示 LED，绿灯亮为无故障，同时送出 TTL 高电平；LED 不亮为有故障，并送出 TTL 低电平。故障检测可定位到每个模块。

第 5 章 自激振荡频率源的原理分析和工程设计

自激振荡频率源，即自激振荡器(简称振荡器)，有两种类型：反馈型振荡器和负阻型振荡器。这些振荡器有窄带振荡器和宽带振荡器，广泛应用于信号源、调频广播、电视信号、无线通信、雷达、仪器仪表、测控技术等方面。随着科技的发展，对频率稳定度的要求越来越高，自激振荡器一般只能做到 10^{-4}，远远满足不了现代科技发展的要求。而晶体振荡器(简称晶振)的频率稳定度很高，长期频率稳定度可做到 10^{-6} 到 10^{-9}，短期频率稳定度可做到 10^{-12}，晶振的长期频率稳定度不如原子钟好，而晶振的短期频率稳定度往往比原子钟还好。但是，晶振频率一般不高，通常在几百兆赫兹以下，频带也很窄。这就促使了合成频率源技术的迅速发展，因为合成频率源能把晶振的高稳定度和低相位噪声特性保持到任何频率上，所以高稳定、低相位噪声晶振就成为合成频率源的最佳基准源。本章将重点介绍自激振荡频率源中的反馈型自激振荡频率源，即反馈型振荡器。

5.1 概　　述

自激振荡频率源种类很多，这里重点介绍反馈型自激振荡频率源(即反馈型振荡器)。晶体振荡器也是反馈型振荡器。反馈型振荡器能够自动地把直流信号转换成交流信号，输出信号的频率、幅度和波形均由电路自身的参数决定。反馈型振荡器与放大器的区别是不需要外加输入信号。

根据对波形要求的不同，反馈型振荡器可分为非正弦波振荡器和正弦波振荡器。非正弦波振荡器可产生矩形波、三角形波、锯齿形波等振荡信号。正弦波振荡器可产生正弦波，进一步可分为低频振荡器、高频振荡器和微波振荡器，这些振荡器的输出信号可用来给发射机提供激励信号，给接收机提供本振信号，用作信号源等。随着电子技术的迅速发展，特别是在电子对抗、雷达、通信、制导、卫星等领域中，对振荡器的频率稳定度提出了越来越高的要求。例如，短波通信要求 10^{-5} 以上，星际通信要求 10^{-10} 以上，雷达、电子对抗等则要求极高的短期频率稳定度，即低相位噪声。

正弦波振荡器多种多样，一般有 RC 振荡器、互感耦合振荡器、三点式振荡器(LC 振荡器)、石英晶体振荡器等，本章将重点分析三点式振荡器和石英晶体振荡器。

5.2 反馈型振荡器的原理分析

5.2.1 振荡原理分析

电容和电感并联可组成并联谐振回路，该并联谐振回路存在一个自由振荡频率。如图

5.1(a)所示，开关 S 合向 1 端，电源 U_c 对电容 C 充电，使电容 C 充满电荷；再将开关 S 合向 2 端，电容 C 通过电感 L 放电。由于电容和电感都是储能元件，因此电容通过电感放电的过程也是电场能转换为磁场能的过程。电容放电完后，电感再反过来给电容充电，把磁场能又转换成电场能，这种电场能与磁场能的相互转换形成了自由振荡。LC 回路里的电流呈现周期性的振荡波形。因为电容和电感元件都有损耗，可等效为损耗电阻 r，所以 LC 回路的电路为衰减振荡波形，如图 5.1(b)所示。

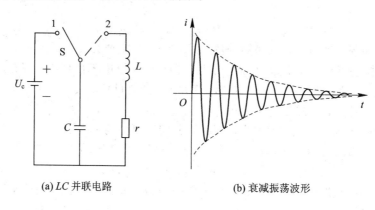

(a) LC 并联电路　　　　　　　(b) 衰减振荡波形

图 5.1　LC 回路的自由振荡

　　为了保证 LC 振荡回路的振荡幅度为等幅振荡，就必须对回路不断地补充能量，让补充能量等于消耗能量，为此必须引入有源器件，把电源能量转换给 LC 回路。有源电路具有正反馈功能，如图 5.2(a)所示。有源器件可以是晶体管，也可以是场效应管或者集成电路；反馈控制电路可以是变压器，也可以是电容、电感；振荡回路可以选用 LC 选频网络，也可以选用 RC 选频网络，或者石英晶体谐振器。图 5.2(b)给出了互感反馈型振荡器电路，振荡回路用 LC 并联谐振回路，有源网络采用晶体三极管，反馈电压由互感回路提供。

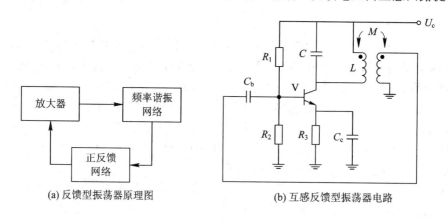

(a) 反馈型振荡器原理图　　　　　　　(b) 互感反馈型振荡器电路

图 5.2　反馈型振荡器原理

　　为了保证振荡器能正常振荡，反馈必须为正反馈，反馈电压与输入电压同相，如图 5.2(b)所示，反馈输出与输入必须为同名端。

5.2.2　振荡条件分析

　　振荡器振荡有三个条件：平衡条件、起振条件和稳定条件。

1. 平衡条件

平衡条件就是保证振荡器能正常振荡并输出等幅振荡波形的条件。平衡条件包括两个方面：振幅平衡条件和相位平衡条件，也就是正反馈幅度等于输入幅度，正反馈输出相位与振荡器输入相位同相。

2. 起振条件

当振荡器闭合电源后，电路中的并联谐振回路产生自由振荡。该自由振荡电压通过反馈网络加到放大器的输入端，若该电压与放大器输入端电压同相，则经放大器放大和反馈的反复循环，就会形成振荡信号。振荡开始时，振荡信号微弱，经过不断地正反馈，放大器的输入端电压会越来越大，这就是振荡器的起振条件。

随着振荡不断增强，如图 5.3(a)所示，振荡幅度不断增强，在反馈信号较小时，晶体管工作在放大区，随着振荡幅度加大，晶体管集电极电流出现饱和、截止现象，如图 5.3(b)所示。这就限制了幅度进一步增大，从而使振荡器趋向稳定，达到幅度平衡状态。振荡器由建立起增幅振荡过程到自动转变为等幅振荡过程就是起振条件。

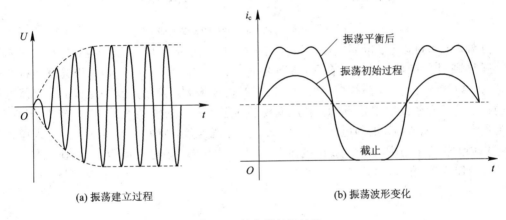

(a) 振荡建立过程　　　　　　　　　　　　(b) 振荡波形变化

图 5.3　振荡器起振过程

3. 稳定条件

振荡器只有平衡条件和起振条件还是不够的，因为平衡条件和起振条件只说明它振荡起来了，并平衡在某一状态，而不保证振荡器能稳定工作且不受外界条件变化的影响，所以振荡器还必须满足稳定条件。稳定条件可分为振幅稳定条件和相位稳定条件。

1) 振幅稳定条件

振荡器振幅稳定条件主要由晶体管的直流工作点来决定，由图 5.3(a)可以看出，起始小幅度振荡时晶体管工作在线性放大区，反馈系数由外电路决定，不受外界干扰影响，所以振幅越来越大；当晶体管工作状态进入截止区或饱和区时，如图 5.3(b)所示，幅度开始出现下截止或上饱和，这时放大器增益迅速下降，反馈幅度变小，幅度再不会增长了，因此起到幅度稳定作用。

2) 相位稳定条件

振荡器的相位稳定条件主要由并联谐振回路来完成，谐振回路的谐振频率由电感和电容值决定。当频率受到干扰而使振荡频率升高时，信号通过谐振回路时阻抗呈容性；当振荡频率降低时，信号通过谐振回路时阻抗呈感性；只有当振荡频率等于谐振频率时，信号通过谐振回路时阻抗才呈现纯阻性，这时没有相移(否则都为负相移)，因此起到相位稳定作用。

4. 振荡器的偏置和工作状态

振荡器的振荡晶体管偏置通常采用固定偏压和自给偏压相结合的方式。下面以图 5.4 所示的互感反馈型振荡器为例，分析固定偏压和自给偏压的产生。

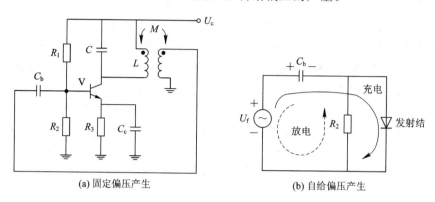

(a) 固定偏压产生　　　　　　　(b) 自给偏压产生

图 5.4　　互感反馈型振荡器的偏置电路

由图 5.4(a)可以看出，固定偏压由直流电源 U_c 通过 R_1、R_2 分压产生。自给偏压由反馈电压 U_f 通过电容 C_b 充放电，在 R_2 上建立，如图 5.4(b)所示，图中的二极管就是振荡晶体管的发射结。在自激振荡初期，因正反馈振幅迅速增大，当增大到一定值时，反馈电压 U_f 的正半周期会使发射结导通，U_f 通过振荡晶体管给 C_b 充电，在电容 C_b 上产生压降。当 U_f 为负半周时，电容 C_b 上的电压并在 R_2 上，电压值为负，使振荡晶体管可能进入截止状态，这时电容 C_b 通过 R_2 放电，放电电流在 R_2 上产生压降，该电压即为自给偏压，图 5.5 给出了自给偏压建立的过程。

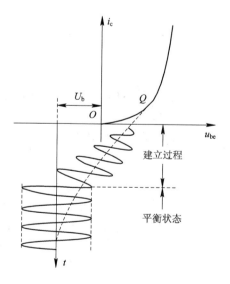

图 5.5　　振荡器直流偏压的建立过程

由图 5.5 可以看出，起振后，R_2 上建立的自给偏压会随着振幅的变化而变化，当振幅稳定时，自给偏压也稳定。在起振初期，振幅小，振荡晶体管工作在甲类状态，自给偏压变化不大，随着正反馈作用，振幅迅速增大，振荡晶体管进入非线性状态，自给偏压也不断增大，使振荡晶体管从甲类进入甲乙类，再变为丙类，振荡晶体管达到稳定工作状态。这种自偏压电路有较强的稳幅作用，一旦振幅增大，则基极电流增大，振荡晶体管偏压就变得更负，从而限制了振幅增大。反之，振幅变小，基极电流也变小，偏压变大，使振幅增大。需要注意的是，自给偏压变化速度必须紧跟振荡幅度的变化才有可能实现稳幅，当 R_2、C_b 数值过大，或者工作点选择不合理时，有可能出现间歇振荡现象。

5.3　三点式振荡器的原理分析

　　前面分析了振荡器的原理和振荡条件，下面分析振荡器电路。LC 三点式振荡器是最简单的一种振荡器。所谓三点式，是指对电流等效电路而言，LC 谐振回路引出的三个端头分别与晶体管的三个电极相连。用电容中间抽头产生反馈电压，可组成电容三点式振荡器，又称考毕兹振荡器；用电感中间抽头产生反馈电压，可组成电感三点式振荡器，又称哈特莱振荡器。下面重点分析这两种振荡器电路和它们的变种电路。

5.3.1　电容三点式振荡器

　　图 5.6 给出了电容三点式振荡器的典型电路。由图可以看出，电感 L 和电容 C_1、C_2 共同构成并联谐振回路，用于决定振荡频率，同时也构成正反馈所需的反馈网络。因为电路把负载阻抗和反馈网络合二为一，所以是最简单的基本振荡电路。

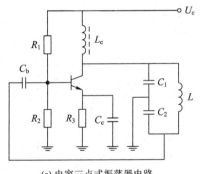
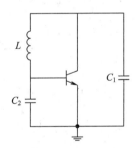

(a) 电容三点式振荡器电路　　　　　　　　　(b) 电容三点式振荡器交流等效电路

图 5.6　电容三点式振荡器

　　根据前面关于振荡条件的讨论，电路必须满足相位平衡条件和振幅平衡条件。晶体管放大器的输入与输出电压相位差 180°，为了使输出端电压经反馈网络到输入端时为同相，则正反馈网络必须再移相 180°，这样才满足同相正反馈要求。由图 5.6(b) 可以看出，晶体管集电极与振荡回路电感 L 和电容 C_1 相连，晶体管基极与集电极本身相位差为 180°，晶体管基极 b 又与振荡回路电感 L 的另一端相连，电感 L 两端差 180°，所以该电路为同相正反馈，满足相位平衡条件。另外，只要合理调节 C_1 与 C_2 的比值即可满足振幅平衡条件。

　　振荡器的振荡频率 f_o 为

$$f_o \approx \frac{1}{2\pi \sqrt{L\, \dfrac{(C_1 + C_o)(C_2 + C_i)}{C_1 + C_o + C_2 + C_i}}} \tag{5.1}$$

式中：C_o 为晶体管的输出电容；C_i 为晶体管的输入电容。

振荡器反馈系数 F 为

$$F = \frac{C_1 + C_o}{C_2 + C_i}, \text{一般取 } 0.1 \sim 0.5 \tag{5.2}$$

振荡器的接入系数 P 为

$$P = \frac{C_2}{C_1 + C_2} \tag{5.3}$$

电容三点式振荡器的主要特点如下：

（1）振荡波形较好。因为反馈电压来自电容，电容对高次谐波呈现低阻抗，使反馈电压中的谐波分量小，所以输出谐波也小，波形失真小。

（2）频率稳定性较好。从振荡频率式(5.1)可以看出，f_o 主要受晶体管输出电容 C_o 与输入电容 C_i 影响。适当提高 C_1 和 C_2 的容值，可减小 C_o 和 C_i 变化对振荡频率的影响，从而可提高频率稳定性。当然 C_1 和 C_2 的取值还受振荡频率的限制。

（3）改变频率不方便。由图 5.6 可以看出，用可变电容器来改变振荡频率，在调节频率的同时，也改变了反馈系数和接入系数，从而引起频率覆盖宽度和输出电压幅度的改变，因此这种电路常用于固定频率振荡器，故晶体振荡器常选用该电路或其改进型电路。

5.3.2　电感三点式振荡器

图 5.7(a)为电感三点式振荡器电路，图(b)为其交流等效电路。由图可以看出，反馈电压从电感抽头取出，故称为电感反馈三点式振荡器。

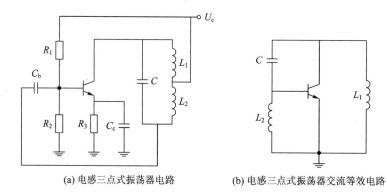

(a) 电感三点式振荡器电路　　　　(b) 电感三点式振荡器交流等效电路

图 5.7　电感三点式振荡器

振荡器的振荡频率 f_o 为

$$f_o \approx \frac{1}{2\pi\sqrt{(L_1 + L_2 + 2M)C}} = \frac{1}{2\pi\sqrt{LC}} \tag{5.4}$$

式中：$L = L_1 + L_2 + 2M$，M 为互感，有些时候 M 可以忽略。

振荡器的反馈系数 F 为

$$F = \frac{U_i}{U_o} = \frac{L_2 + M}{L_1 + M}$$

当忽略互感 M 时，可表示为

$$F = \frac{L_2}{L_1} \tag{5.5}$$

振荡器的接入系数 P 为

$$P = \frac{\omega L_1}{\omega(L_1 + L_2)} = \frac{L_1}{L_1 + L_2} \tag{5.6}$$

电感三点式振荡器的主要特点如下：

（1）由于 L_1 和 L_2 之间存在互感，因而容易起振，且输出电压幅度大。

（2）改变电容 C 调节振荡频率时，振荡器的反馈系数和接入系数均不变，因而调节频率比较方便，故该振荡器常用作信号源宽带振荡器。

（3）因为反馈取自电感支路，电感对高次谐波呈高阻抗，所以振荡波形中含高次谐波成分较多，输出波形不太理想，当振荡频率越高时，波形越差。

5.3.3　改进型三点式振荡器

1. 串联改进型电容三点式电路

串联改进型电容三点式电路又叫克拉泼电路，它克服了电容三点式电路频率调节困难、输入输出分布电容影响振荡频率稳定性这两个缺点。

图 5.8(a) 给出了串联改进型电容三点式振荡器电路，图(b) 为其交流等效电路。由图可知，振荡回路的电感支路上串联了一个小电容 C_3，克拉泼电路振荡回路的总电容为

$$\frac{1}{C_\Sigma} = \frac{1}{C_1 + C_o} + \frac{1}{C_2 + C_i} + \frac{1}{C_3} \tag{5.7}$$

当 $C_3 \ll C_1$、$C_3 \ll C_2$ 时，$C_\Sigma \approx C_3$，因此振荡器的振荡频率为

$$f_o \approx \frac{1}{2\pi\sqrt{LC_\Sigma}} \approx \frac{1}{2\pi\sqrt{LC_3}} \tag{5.8}$$

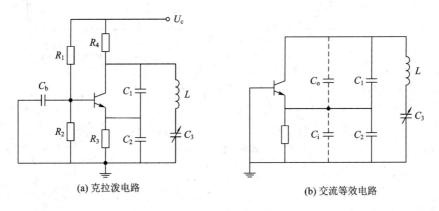

(a) 克拉泼电路　　　　　　　　　　　　　(b) 交流等效电路

图 5.8　克拉泼电路

可见，C_o 和 C_i 对振荡频率的影响大大减小，振荡频率主要由 C_3 决定。C_1 和 C_2 越大，频率稳定性越好。但是 C_1 和 C_2 太大时，影响晶体管与振荡回路内的接入系数，会导致接入系数减小，从而使晶体管的等效负载和振荡幅度降低。

振荡器的接入系数 P 由下式决定：

$$P = \frac{\dfrac{1}{\omega C_1}}{\dfrac{1}{\omega C_\Sigma}} = \frac{C_\Sigma}{C_1} = \frac{C_3}{C_1} \tag{5.9}$$

振荡器的反馈系数 F 为

$$F = \frac{C_1 + C_o}{C_2 + C_i} \tag{5.10}$$

由此可见，调节 C_3 改变振荡频率 f_o 时不影响反馈，改变 C_1 和 C_2 来调节反馈系数时也不影响振荡频率。

克拉泼电路的主要缺点如下：

(1) C_1、C_2 过大时，振荡幅度就会太低。

(2) 减小 C_3 提高振荡频率 f_o 时，振荡幅度显著下降，C_3 减小到一定值时会出现停振。

(3) 该电路作频率可调振荡器时，在振荡频率范围内幅度不平稳，这是因为改变 C_3 调节频率时，接入系数也变化，引起放大器等效负载变化，导致输出电压幅度变化。

2. 并联改进型电容三点式电路

并联改进型电容三点式电路又叫西勒电路，如图 5.9(a) 所示，图 5.9(b) 为其交流等效电路。它在克拉泼电路的基础上，在回路电感 L 上又并联了一个小电容 C_4，通常 C_3 和 C_4 均远小于 C_1 和 C_2，通过改变 C_4 来调节振荡频率 f_o。

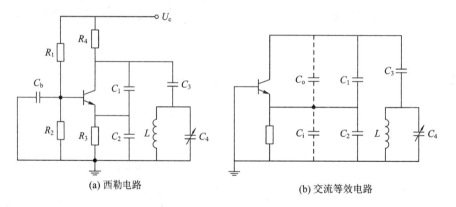

(a) 西勒电路　　　　　　　　　(b) 交流等效电路

图 5.9　西勒电路

西勒电路振荡回路的总电容 C_Σ 为

$$C_\Sigma = C_3 + C_4 \tag{5.11}$$

因为 $C_3 \ll C_1$、$C_3 \ll C_2$，所以振荡器的频率 f_o 为

$$f_o = \frac{1}{2\pi\sqrt{L(C_3 + C_4)}} \tag{5.12}$$

振荡器的反馈系数 F 为

$$F = \frac{C_1 + C_o}{C_2 + C_i} \tag{5.13}$$

振荡器的接入系数 P 为

$$P = \frac{C_3}{C_1} \tag{5.14}$$

　　改变 C_4 可调节振荡频率 f_o，反馈系数和接入系数均不受影响，因而可使频段内输出信号幅度平稳。但是，C_3 不能选择得过大，否则振荡频率 f_o 将主要由 C_3 和 L 决定，这将使 C_4 可调范围变小，振荡频率的可调范围也将变小。另外，这种电路之所以稳定性高，是靠电路中串联的小电容 C_3 实现的，C_3 远小于 C_1 和 C_2。若 C_3 值过大，则电路将会失去频率稳定性高的优点；但是，C_3 值也不能太小，因为 C_3 越小，接入系数也越小，这将使振荡器幅度也变小。

　　西勒电路频率稳定性好，振荡频率较高，作可变频率振荡器时，其频率覆盖范围宽，频段内输出信号幅度也比较平稳。因此，早期的短波、超短波通信及电视接收机等高频设备多选用西勒电路。

3. 振荡器电路的应用

　　图 5.10 给出了 31 cm 黑白电视机高频头中的本振电路，它是集电极接地的西勒电路。因为电视频率较高，C_1 和 C_2 也较小，所以晶体管的输入电容和输出电容必须考虑。因此 C_4 使用负温度系数电容，以补偿其他温度系数的电容。电视机换台靠频段开关变换主振线圈 L 来实现。

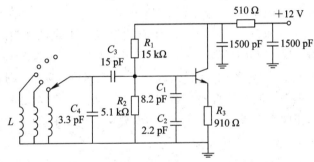

图 5.10　高频头中的本振电路

　　图 5.11 给出了单边带电台频率源中 $(55\sim65)$ MHz 的压控振荡器电路。图中的变容二极管可等效为回路中的可变电容，可以看出该电路也是西勒电路。振荡器应选用低噪声、高频率 f_T、增益较大的硅高频管，为了减小负载的影响，采用松耦合输出，输出接射随器。图中把两个变容二极管背靠背串联连接，是为了使变容二极管的总电容不受偏置电压上叠加的交流信号影响，从而减小寄生调制，但这样连接会降低压控灵敏度。为了提高回路的品质因数 Q 值，回路电感采用了镍锌磁芯，使在工作频率下的线圈空载 Q 值达到 200 以上。

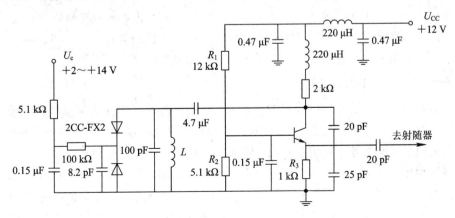

图 5.11　$(55\sim65)$ MHz 的压控振荡器电路

5.4　*LC* 振荡器的工程设计

振荡器中的物理过程比放大器复杂，这是因为反馈系统往往具有非线性，无法用纯数学来描述其设计，所以振荡器的设计除了分析、计算外，还需要合理地选择电路、工作点，选择元件数值，最后还必须调试、测试。下面就 *LC* 振荡器工程设计中的一些问题进行讨论。

1. 振荡器的电路选择

振荡器电路主要根据工作频率范围和频率高低及频段宽度来进行选择。*LC* 振荡器能工作在几百千赫兹到几百兆赫兹。在几十兆赫兹以下的短波范围内，选用电感反馈型振荡器和电容反馈型振荡器均可以。在中波、短波收音机中，为了简化电路，常使用变压器反馈型振荡器作本振源。要求频段较宽的信号源中常使用电感反馈型振荡器。短波、超短波的通信中常用电容反馈型振荡器。

在对频率稳定度要求较高的情况下，对于频段范围又不宽的场合，可选用克拉泼电路、西勒改进型电路。西勒电路调节频率方便，有一定的频段宽度，较多使用。当对频率稳定度要求更高，例如要求到 10^{-6}，甚至要求到 10^{-11} 的频率稳定度时，则必须选用晶体振荡器。晶体振荡器工作频率一般在几百兆赫兹以下，频带很窄。如果要求在微波频段，还要求宽频带，则必须选用频率合成技术，用合成频率源来满足要求。

2. 振荡晶体管的选择

振荡晶体管应选择 f_T 较高的晶体管，f_T 越高，高频性能越好，晶体管内部相移量越小。一般 f_T 应大于 3～10 倍的最大振荡频率。因为振荡器的输出功率一般均为中、小功率，所以选择晶体管输出功率时，应考虑振荡器的效率都很低，应留足够的裕量，这样对晶体管的热设计和频率稳定度都有利。另外，还应选电流放大系数 β 值大一些，这样容易振荡，也可减小晶体管与回路的耦合。

另外，选择低相位噪声晶体振荡器使用的晶体管时，还要求晶体管的噪声系数小，更重要的是晶体管的附加噪声小。这一点比较困难，需要认真测量。噪声系数会影响输出信号远端相位噪声，而几百赫兹到几千赫兹的附加噪声对低相位噪声的晶体振荡器影响更大。往往因附加噪声原因，使晶体振荡器输出信号在这一段的频谱变坏，相位噪声无法满足要求。所以低相位噪声晶体管必须选择附加噪声功率低的晶体三极管。

3. 起始工作点和工作状态

振荡器起始工作点和稳定状态时的工作点不一样。起始工作点是保证起振时需要的条件，由晶体管静态、偏置工作点确定。而稳定工作后的状态，除了与起振工作点有关外，还与振荡器的负载、反馈等外部状态有关，与振荡器的偏置电路有关。

从频率稳定角度来看，往往不希望稳定状态工作在晶体管的饱和区，因为饱和会使振荡器回路的有载品质因数 Q_L 降低，所以通常设计为集电极电流较小，使晶体管静态偏置点在小电流区，振荡器的稳幅需要工作到截止区才能完成。另外，稳定振荡时的集电极直流电流与静态时不同，集电极直流电流比静态直流电流大，这也可以用来判定是否起振。

4. 振荡回路和反馈电路的元件选择

（1）振荡回路的可变电容范围必须与要求的振荡频率范围相对应，满足覆盖最大振荡频率和最小振荡频率的要求。

（2）振荡回路和反馈电路中使用的电感和电容必须考虑元件的 Q 值，选择 Q 值高、高频损耗小的电感、电容。

（3）根据使用温度范围要求，适当选择合适温度系数的电容，即正温度系数或负温度系数的电容，以确保温度频率稳定度好。

5.5　石英晶体振荡器的原理分析

用石英晶体谐振器组成的自激振荡器叫石英晶体振荡器，下面首先分析石英晶体谐振器的物理特性、压电效应特性、等效电路和稳频性能。

5.5.1　石英晶体谐振器

LC 振荡器的频率稳定度主要取决于回路的品质因数 Q。L、C 元件均存在高频损耗和等效电阻，Q 值一般不超过 300，所以 LC 振荡器的频率稳定度在 10^{-4} 数量级。随着科技的发展，很多新技术产品对频率稳定度，尤其是对短期频率稳定度的要求很高。例如脉冲多普勒雷达，要求有 55 dB 的改善因子，希望毫秒级短期频率稳定度达到 10^{-11} 数量级，这是 LC 振荡器无法达到的。但是石英谐振器具有稳定的压电效应特性和极高的品质因数 Q 值，用它控制振荡器频率，长期频率稳定度可达 10^{-5} 到 10^{-9} 数量级，短期频率稳定度可达 10^{-12} 数量级。用石英谐振器来控制振荡频率的振荡器称为晶体振荡器，简称晶振。长期频率稳定度好的晶振一般用作时间、频率标准，输出频率为 5 MHz 或 10 MHz。短期频率稳定度好的晶振用来作合成频率源的基准源，频率多为 100 MHz、120 MHz。

1. 石英晶体的物理特性

石英晶体是 SiO_2 的结晶体，呈六角锥体形状。它有三个对称轴，即光轴（z 轴）、电轴（x 轴）、机械轴（y 轴），如图 5.12 所示。将石英晶体按一定角度切割成薄片，再经过专业加工，引出电极，装在支架上，封装后即为石英谐振器，如图 5.13 所示。早期的高 Q 值谐振器多用抽真空玻璃外壳，随着技术的提高，现在多用金属外壳。

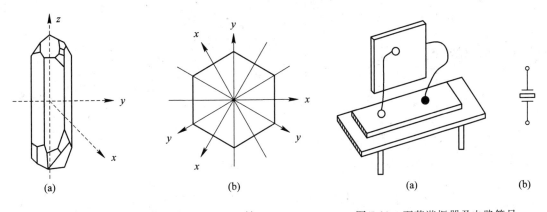

图 5.12　石英晶体形状及 x、y、z 轴	图 5.13　石英谐振器及电路符号

石英晶体的切割方位不同，即角度不同，晶体片特性也不同。一般主要根据使用频率、温度特性和抗振性能来选择切割方位。常用的有 AT、BT、CT、DT、ET、GT、NT 和 X+5°等切割方位，其中最常用的是 AT 切割（$\varphi=35°$）。AT 切割温度稳定性最好，在$-55℃\sim+85℃$范围内频率变化很小，每度不超过$(0.2\sim0.6)\times10^{-6}$。AT 切割的温度-频率变化曲线很陡峭。双边频率温度特性呈三次方上升，因而 AT 切割在$-55℃\sim+85℃$之间频率变化很小，尤其在 60℃ 左右范围，频率基本与温度无关。因此，高稳定石英晶体谐振器的恒温槽温度都设置在$50℃\sim60℃$之间的某一温度值，恒温槽可控制温度变化小于$±1℃$。AT 切割易于加工，晶片体积小，因此被广泛应用。

2. 石英晶体的压电效应

石英晶体谐振器具有极其稳定的压电效应。当机械振动作用于晶片上时，晶片两面产生电荷，呈现出电压，该过程称为正压电效应。而当晶片两面加上电压时，晶片又会发生变形，这个过程称为逆压电效应。若在晶片两端加上交流电压，则晶片将随着交流信号的频率变化而产生机械振动，振动频率与交流频率相同。

晶片加工完成后，本身有一固有机械振动频率，频率的高低由晶片的几何尺寸和结构决定。这样当外加交流信号频率与晶片固有机械振动频率相同时，就发生谐振现象。晶片越薄，其谐振频率越高。因为晶片不可能很薄，所以限制了晶片谐振频率不可能很高。晶片的谐振既是机械共振，又是电谐振，晶片上将产生很大的电流，同时也产生相同频率的振动，电流太大有可能将晶片振破损坏，所以晶片不能激励过强。由此可见，晶片完成了电能和机械能的转换，实现了极稳定的压电效应。

3. 石英晶体谐振器的等效电路及阻抗特性

石英晶体谐振器可等效为一个串并联谐振回路，如图 5.14(a)所示。图中 C_0 为晶体静态电容，包括两电极之间的电容、支架引线等结构电容，大约为几皮法；L_q 为动态电感；C_q 为动态电容，其值很小，约为$(10^{-4}\sim10^{-1})$pF；r_q 为动态电阻，一般在 1 Ω 至几十欧姆。

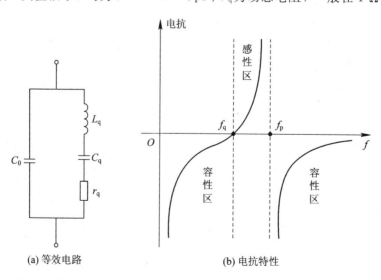

(a) 等效电路　　　　(b) 电抗特性

图 5.14　石英晶体谐振器的等效电路及电抗特性

由图 5.14(b)可以看出：

(1) 石英晶体谐振器的品质因数 Q 值非常高，可达几万到几百万。因为 L_q 值很大，而 C_q 和 r_q 非常小，所以 Q 值很高。品质因数 Q 为

$$Q = \frac{\sqrt{L_q/C_q}}{r_q} \tag{5.15}$$

(2) $C_q \ll C_0$，石英晶体谐振器的接入系数 P 很小。接入系数 P 为

$$P = \frac{C_q}{C_0 + C_q} \approx \frac{C_q}{C_0} \tag{5.16}$$

一般在 $10^{-4} \sim 10^{-3}$ 量级，所以当外电路参数不稳定时，对石英晶体谐振器的影响很小。

(3) 石英晶体谐振器有两个谐振频率。其串联谐振频率 ω_q 为

$$\omega_q = \frac{1}{\sqrt{L_q C_q}} \tag{5.17}$$

并联谐振频率 ω_p 为

$$\omega_p = \frac{1}{\sqrt{L_q [C_q C_0/(C_q + C_0)]}} = \frac{\omega_q}{\sqrt{C_0/(C_q + C_0)}}$$
$$= \omega_q \sqrt{1 + C_q/C_0} \approx \omega_q \sqrt{1 + P} \tag{5.18}$$

因为 $P \ll 1$，所以

$$\omega_p \approx \omega_q \left(1 + \frac{P}{2}\right) \approx \omega_q \left(1 + \frac{C_q}{2C_0}\right) \tag{5.19}$$

由式(5.19)可以看出，串联谐振频率 ω_q 与并联谐振频率 ω_p 相差很小，一般只有几十赫兹到几百赫兹。

研究证明：当 $\omega > \omega_p$ 时，电抗为容性；当 $\omega_q < \omega < \omega_p$ 时，电抗为感性；当 $\omega < \omega_q$ 时，电抗也为容性；当 $\omega = \omega_p$ 时，为并联谐振，电抗为无穷大；当 $\omega = \omega_q$ 时，为串联谐振，电抗为零。振荡器只能工作在 ω_q 与 ω_p 之间的感性区内，因为 ω_q 与 ω_p 之间相差很小，电抗曲线非常陡峭，斜率很大，所以对频率稳定有好处。由于 $\omega = 2\pi f$，ω 和 f 只差 2π 这一常数，为推导公式简化，故有时用 f 有时用 ω。

4. 石英晶体谐振器的稳频原理

如前所述，石英晶体谐振器可等效为 Q 值非常高的串并联谐振回路，在电路中通常等效为一个高 Q 值的大电感，有很强的频率稳定作用，现将其稳频原理总结如下：

(1) 石英晶体的谐振频率 f_q 和 f_p 都很稳定，因为它是由晶体尺寸决定的，所以物理性能不受外界影响。

(2) 石英晶体谐振器的品质因数 Q 值很高，一般都能达到几万，而电感线圈 Q 值相对小一些，约为几百。

(3) 石英晶体谐振器在电路中等效为一个大电感，该电感值随频率变化很大，所以感抗随频率变化也很大，因此对频率有很强的补偿能力。这里还需指出，石英晶体谐振器的等效电感与石英晶体的等效电感 L_q 不是一个概念。电路中的等效电感是频率的函数，随频率变化，数值很大。等效电感 L_q 与频率无关，数值也很小。

(4) 因为石英晶体的接入系数 P 很小，所以与振荡器晶体管和振荡回路的耦合很松，大大减小了外界因素对振荡频率的影响，从而提高了振荡器的频率稳定性。

5.5.2　石英晶体振荡器电路

石英晶体振荡器的常用电路主要有两种,一种是将谐振器接在振荡回路中,作为电感元件使用,称为并联晶体振荡器;另一种是把谐振器串联在电路中,谐振器工作在串联谐振频率上,等效为短路使用,称为串联晶体振荡器。

1. 并联晶体振荡器电路

并联晶体振荡器的振荡原理和反馈式 LC 振荡器相同,只是把晶体谐振器接在振荡回路中,等效为电感元件使用,与回路电容组成三点式振荡电路,再和晶体管三个电极相连。图 5.15 给出了两种常见类型的等效电路图。

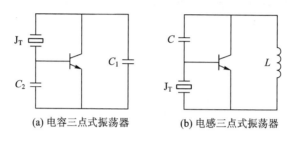

(a) 电容三点式振荡器　　　　　　(b) 电感三点式振荡器

图 5.15　并联晶体振荡器等效电路

图 5.16(a)给出了电容三点式晶振实用电路,图(b)为其交流等效电路。晶振的振荡频率由谐振器和外接电容器 C_1、C_2 和 C_3 决定,C_1 和 C_2 都大于 C_3,因此 C_3 可以调节频率。振荡频率 f_o 为

$$f_o = \frac{1}{2\pi\sqrt{L_q\dfrac{C_q(C_0+C_3)}{C_q+C_0+C_3}}} = f_q\sqrt{1+\frac{C_q}{C_0+C_3}} \tag{5.20}$$

由式(5.20)可以看出,振荡频率在串联谐振频率 f_q 与并联谐振频率 f_p 之间,谐振器等效电感的感抗系数变化率很大,所以稳频效果很好。串联电容 C_3 越小,振荡频率越接近谐振器的并联谐振频率 f_p,这时的等效电感变化最陡峭,稳频效果最佳。

C_3 可以用来调节晶体管与回路之间的耦合度,还可以微调振荡频率。

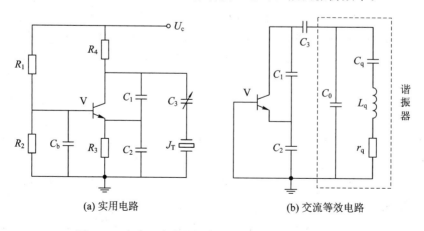

(a) 实用电路　　　　　　　　　　(b) 交流等效电路

图 5.16　电容三点式晶振实用电路及其交流等效电路

2. 串联晶体振荡器电路

串联晶体振荡器电路是将谐振器接入正反馈支路中，当谐振器工作在串联谐振频率时，等效为短路，反馈最强，满足振幅振荡条件。谐振器相当于一个极窄带滤波器，偏离串联谐振频率的频率信号和噪声信号被衰减，所以晶体振荡器输出频率谱好，即相位噪声低、短期频率稳定度好。图 5.17(a) 给出了一种串联晶体振荡器实用电路，图(b)为其交流等效电路。

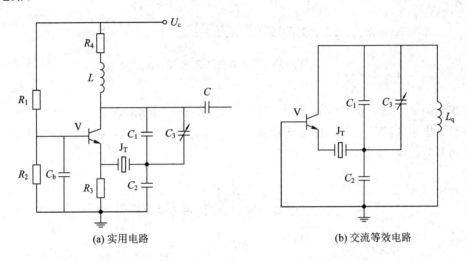

(a) 实用电路　　　　　　　　　　　　　(b) 交流等效电路

图 5.17　串联晶体振荡器实用电路及其交流等效电路

由图 5.17 可以看出，该电路是电容三点式振荡电路，只是在反馈电路的晶体管发射极接入了一个晶体谐振器。当振荡器工作在谐振器的串联谐振频率 f_q 时，等效为短路，阻抗为零，满足起振条件。串联晶振的振荡频率和频率稳定度均由晶体谐振器的串联谐振频率决定，只要振荡回路的固有谐振频率与串联谐振频率一致便可，所以，电路不需要外加负载电容器，这种晶体谐振器通常将负载电容标示为无穷大。在实际工作中，可以通过回路电容 C_3 来微调频率 f_q。

3. 晶体振荡器的温度控制

1) 温度补偿晶体振荡器

为了进一步提高晶体振荡器的频率稳定度，还广泛使用温度补偿晶体振荡器，简称温补晶振(TCXO)。图 5.18 给出了温补晶振的原理图。图中变容二极管 V_D 与晶体谐振器串联，可以小范围内调谐振荡器频率。当谐振器受温度变化引起频率变化时，变容二极管的电容跟随变化，对消温度变化引起的频率变化。因为谐振器的温度-频率变化是有规律的，所以可在变容二极管上加一个随温度变化的偏置电压，以改变变容二极管电容，补偿谐振器受温度影响的频率变化，这样可提高频率稳定度。图 5.18 中 A 点的电压与热敏电阻 R_T 有关联，随温度变化，A 点电压发生变化，使变容二极管电容随之变化，来补偿由于温度变化引起的振荡器频率变化。

温补晶振体积小、重量轻、耗电小，进入稳定工作时间短，广泛应用在小型移动通信设备上。国内生产的温补晶振温度在 $-40℃\sim+70℃$ 之间，频率稳定度优于 5×10^{-6}。

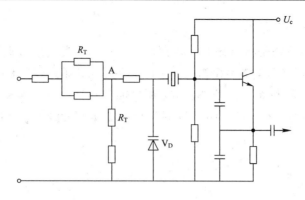

图 5.18　温补晶振原理电路

2）恒温高稳晶体振荡器

当频率稳定度要求在 10^{-7} 以上时，温补晶振无法满足要求，只能采用恒温晶振，甚至用双层恒温措施来满足要求。图 5.19 给出了一种恒温晶振方框图，它由晶振电路和恒温控制电路两部分组成。

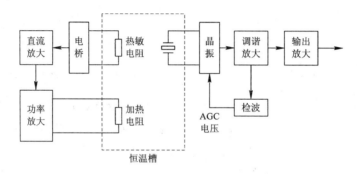

图 5.19　恒温晶振方框图

恒温晶振一般为 5 MHz、10 MHz、100 MHz，5 MHz、10 MHz 用来作时间标准较多（简称时钟），100 MHz 用来作高频基准较多。单层恒温频率稳定度能做到 $10^{-7} \sim 10^{-8}$；双层恒温频率稳定度能做到 $10^{-8} \sim 10^{-9}$，其缺点是电路复杂，消耗功率大，体积大，重量大。

恒温晶振的振荡管偏置电压常用自动增益控制（AGC）电路来提供。如图 5.19 所示，振荡信号经调谐放大，再经检波，检波电压用来控制振荡管直流偏压，这样可保持振荡器反馈电平不变，同时起到输出稳幅作用。振荡晶体管可不工作在截止区、饱和区实现稳幅，对频率稳定有好处。AGC 电路是一个负反馈电路，能提高频率稳定度。

由图 5.19 可以看出，晶振置于恒温槽内，槽内的热敏电阻为电桥的一个臂，当加热温度升到谐振器的拐点温度时，电桥输出直流电压经放大器放大后，对加热电阻加热，维持温度平衡。当环境温度有变化时，通过热敏电阻改变加热电流，补偿恒温槽内的温度变化。提高恒温槽的保温性能、提高热敏电阻的灵敏度、增大直流放大器增益等方法都对恒温有好处。一般恒温槽温度变化可小于 1℃。

4. 石英晶体振荡器的应用

1）应用石英晶体谐振器时的注意事项

（1）石英晶体谐振器产品上均标有标称频率，电路工作在该频率上时输出频率稳定度最高。谐振器在出厂前测试标称频率时需在谐振器上并接一个负载电容 C_L，该电容在石英晶体谐振器的技术条件和产品说明中均有规定数值，一般采用微调电容，高频谐振器往往为几十皮法，低频谐振器为 100 pF，若标注为无穷大则不需要外接负载电容，这种谐振器通常用于串联晶体振荡器中。

（2）石英晶体谐振器的激励功率不能太大，激励功率过大会加速谐振器老化，使频率漂移增大，甚至使晶片被振坏。国产小型金属壳装高频谐振器 JA5 为 4 mW，JA15 为 1 mW，JA9 为 2 mW。

（3）在石英晶体谐振器并联于晶体振荡器中时，必须工作在感性区，绝对不能工作在容性区，否则会出现错误振荡。

（4）对频率稳定度要求高时，应选用恒温晶振或者温补晶振。

2）晶体谐振器的泛音应用

晶体研磨得越薄，谐振频率越高，机械强度越差，越容易振碎。使用特殊工艺，如用粒子研磨机等工艺方法，打磨晶片也只能达百兆赫兹以下，这时频率准确度较差。由于泛音应用可使谐振器的频率达到 500 MHz 以上，因此工作在几十兆赫兹以上的晶体谐振器均为晶体机械振动的泛音使用，一般采用 3~7 次泛音。谐振器工作在泛音上叫泛音晶体。泛音晶体较易加工，老化率小，稳定度高。常用的高频谐振器一般均为泛音晶体。

3）晶体振荡器的用途

早期晶振一般用来作频率标准或时间标准，所以简称时钟，频率稳定度一般在 10^{-5}。如果要求频率稳定度再高一些，则必须选用温补晶振，频率稳定度可达 10^{-6}。如果要求频率稳定度还要高些，则可选用恒温晶振，频率稳定度可达 10^{-7}，双层恒温的频率稳定度能做到 $10^{-8} \sim 10^{-9}$。若要求更高，则只有用原子钟，如铷原子钟的频率稳定度能可达 $10^{-10} \sim 10^{-11}$，铯原子钟的频率稳定度可达 10^{-12}，氢原子钟的频率稳定度可达 10^{-13} 以上。上述频率稳定度均为长期频率稳定度，即测量时间为秒级以上，如小时频稳、日频稳、月频稳、年频稳等，也有的用对应时间的老化率表示。所以频率稳定度的表示方法均用时域表示，测量方法也只能在时域测量。目前还无法测量小时的频域频率稳定度。

随着科技的发展，工程上要求短期频率稳定度越来越高，例如雷达、通信、空间技术等均要求有很高的毫秒级频率稳定度。因其在时域测量时很困难，所以短期频率稳定度常用频域的相位噪声来表示，例如脉冲多普勒雷达要求在 S 波段偏离载频 1 kHz 处相位噪声优于 -110 dBC/Hz，对应时域约为 10^{-11}/ms 量级。满足上述技术指标的晶振一般称为低相位噪声晶振，与满足时钟使用的高稳晶振不同。短期频率稳定度好的晶振，不一定长期频率稳定度好；长期频率稳定度好的晶振，不一定短期频率稳定度好。低相位噪声晶振的短期频率稳定度好，这种晶振一般都是高频晶振，例如 100 MHz、120 MHz 等，常用来作产品的频率、相位基准，产品不同对相位噪声的要求也不同。

5.6　低相位噪声晶体振荡器的工程设计

下面对国产某公司生产的低相位噪声晶体振荡器的工程设计作一简要介绍。

5.6.1　恒温晶体振荡器电路

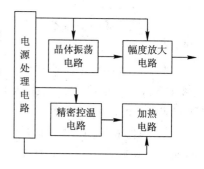

由石英晶体谐振器的频率-温度特性可知，在一个较窄的温度范围内，石英晶体谐振器的频率温度系数较小，为了使晶体振荡器得到高稳定的频率稳定度，必须采用恒温电路将谐振器的工作环境温度与其拐点温度相匹配，一般情况下高稳定度的晶体振荡器都是恒温晶体振荡器。恒温晶体振荡器的原理框图如图 5.20 所示，主要包括晶体振荡电路、幅度放大电路、精密控温电路、加热电路和电源处理电路。

图 5.20　恒温晶体振荡器的原理框图

高稳定度的晶体振荡器一般分为高长期频率稳定度的晶振和高短期频率稳定度的晶振两个品种。长期频率稳定度（以下简称为长稳）好是指晶振的频率老化率低，短期频率稳定度（以下简称为短稳）好是指晶振的相位噪声好。目前老化率最好的已达到 $10^{-12}/d$，已经接近铷原子钟的水平。一般地，将老化率优于 $10^{-8}/d$ 的晶振都看作是低老化率晶振。目前短稳最高的水平大致是 $10^{-12}/ms$、$3 \times 10^{-13}/s$，一般将短稳优于 $10^{-9}/ms$、$10^{-11}/s$ 的晶振都看作是短稳较好的晶振。侧重长稳的晶振和侧重短稳的晶振，在设计上既有相同之处，又有不同之处。相同之处是：都要求石英晶体谐振器有高的 Q 值。不同之处是：长稳好的晶振是将电路引入到谐振的损耗降到最小，即谐振器有尽可能高的负载 Q 值，另外电路对环境温度和工作电源的敏感度最低；短稳好的晶振要求电路中的噪声尽可能低。长稳晶振要求恒温槽内温度的定向漂移和槽温随环境温度的变化小；短稳晶振要求恒温槽对环境温度变化的响应快，温度控制电路对振荡电路的干扰小。

恒温晶体振荡器常采用冷压焊晶体振荡器和内热式晶体振荡器。冷压焊晶体振荡器是一种常规的恒温晶体振荡器，其优点是加热简单，能保证小尺寸情况下频率温度稳定性达到最佳，其缺点是体积大、功耗高、预热时间长、外壳加工费用高。内热式晶体振荡器采用的晶体谐振器是将用作加热器和传感器的热敏电阻与晶体谐振器一起装在晶体支架金属座上，经清洗后用环氧树脂填充，构成内热式谐振器，由这种谐振器构成的振荡器的优点是预热快、电流损耗小、功耗低、噪声低，缺点是成本高、热模式复杂。

恒温槽分为单槽和双槽。单槽恒温晶体振荡器的日老化率在 $10^{-8}/d \sim 10^{-9}/d$ 之间，双槽恒温晶体振荡器的日老化率在 $10^{-10}/d$ 以上。

5.6.2　晶体振荡电路的设计

振荡电路的稳定性、噪声抑制能力也是恒温晶振设计的关键技术。常用的晶体振荡电路主要有串联反馈型振荡电路和并联反馈型振荡电路，两种电路的主要区别在于晶体谐振器的位置不同。在串联反馈型振荡电路中，晶体谐振器串联置于放大网络与反馈网络之间，起到选频作用，只有在晶体谐振器的串联谐振频率上，才能完成能量反馈，维持振荡，晶体呈纯阻性。在并联反馈型振荡电路中，晶体谐振器工作在串、并联谐振频率之间，晶体呈感性，且置于反馈网络中，与电路中其他电抗元件构成并联谐振回路。

在并联反馈型振荡电路中，晶体作为电感元件直接参与振荡回路，可使用非线性理论分析振荡电路的有载 Q 值，电路参数的理论分析较难；而在串联反馈型振荡电路中，晶体在振荡级与放大级之间起到选频作用，可用线性理论分析电路的有载 Q 值，电路分析更简单。同时，并联反馈型振荡电路设计还必须考虑晶体 B 模抑制网络电路的设计，增加了电路的复杂度，降低了可靠性，同时在晶体谐振器上会形成一定阻抗，不利于有载 Q 值的提高。综上所述，串联反馈型振荡电路有载 Q 值较高，电路结构分析更简单、可靠性高，所以我们采用串联反馈型振荡电路来进行设计。主振电路原理图如图 5.21 所示。

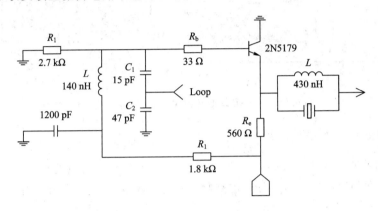

图 5.21　改进型巴特勒振荡电路的原理图

我们对传统巴特勒电路进行改进，将振荡信号直接从石英晶体谐振器引出，充分利用了晶体的高 Q 值选频特性，通过合理的电路及参数设计，可以使输出信号具有极低的相位噪声。由于晶体串联在振荡电路交流通路中，与晶体的阻抗匹配不好会使相位噪声急剧恶化，而离载频较近端的噪声在很大程度上依赖于晶体谐振器，因此对晶体参数的选择也极其重要。在主振电路设计上，为保证产品的老化率指标，在确保起振条件的基础上，可适当降低对晶体谐振器的激励功率。

5.6.3　幅度放大电路的设计

主振电路是低相位噪声晶体振荡器的核心部分，后端的缓冲放大电路则是为了使晶体振荡器的输出信号具有一定的幅度和频谱纯度，同时又要保证对晶体振荡器的性能破坏最小。要获得极低的相位噪声，两者都必须考虑。由于主振电路输出信号的幅度较小，因此需使用放大电路来放大主振信号，使其输出功率满足指标要求，同时又能使主振电路与输出端有效隔离，减小负载变化对主振频率的牵引，以防止短期频率稳定度的恶化。

幅度放大器有调谐放大器、阻容耦合放大器和阻容耦合-调谐混合放大器三种。鉴于设计中对晶振低相位噪声的要求，放大电路采用两级共基极放大输出设计，以有效隔离负载变化。

在放大电路选择上，我们选用具有更低输入阻抗的共基极低噪声放大器作为晶振的输出级，以便能与晶体谐振器更好地实现阻抗匹配，提高有载 Q 值。共基极放大器在同样的截止频率下可工作在更高的频率，从而提高了高频放大能力，实现了稳定输出。

为了提高频谱纯度，滤除信号杂波和谐波，同时使放大器匹配到 50 Ω 的标准阻抗上，我们在输出级加入了滤波电路。因为噪声功率与带宽成正比，而一般调谐放大器的带宽很大，所以加入了一个窄带滤波器，以提高频谱纯度及相位噪声。图 5.22 给出了 100 MHz 低相位噪声晶体振荡器的原理图。

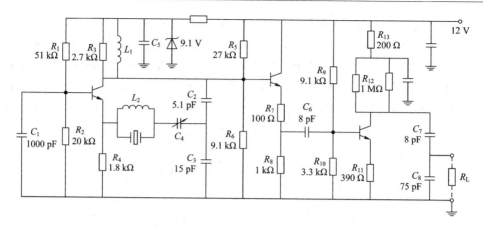

图 5.22　100 MHz 低相位噪声晶体振荡器原理图

5.6.4　电源处理电路的设计

　　振荡电路的噪声主要由振荡电路的参数、晶体谐振器和电源处理电路的噪声共同决定，所以我们必须对晶振的电源处理电路噪声引起足够的重视，选用合适的电路形式，以降低此部分的电路噪声。

　　为保证稳压电路的稳定性，稳压电路采用低噪声线性稳压器，噪声电压可达到 20 μV，1 kHz 处的噪声水平为 40 nV/$\sqrt{\text{Hz}}$。通过将稳压器输出端连接到一个具有大的电源纹波抑制作用而同时又具有低噪声特性的运算放大器来作为供电单元，可以有效减少电源电压变化对器件性能造成的影响，显著降低电源噪声，稳压电路原理图如图 5.23 所示。V_1 提供一个低噪声参考电压，通过 R_1、C_1 组成的截止频率低于 1 Hz 的低通滤波器后，噪声进一步衰减，参考电压输入运放 A，通过 V_2 和反馈电阻（R_2、R_3）来控制最终输出电压。

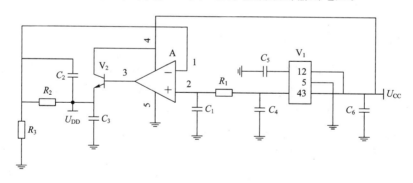

图 5.23　稳压电路原理图

5.6.5　精密控温电路的设计

　　控温电路是恒温晶体振荡器设计的关键技术之一。要提高恒温晶振的频率稳定性和启动特性，就必须要求控温电路的控温精度高、稳定性好，并且抗干扰能力强。控温电路从控温形式上可分为开关断续式和连续式。连续式控温电路最复杂，但控温精度最高。结合本设计的要求，我们选择了成熟的比例积分反馈的连续式控温电路，通过比例积分反馈回路对温度进行精确控制，提高控温电路的灵敏度、控温精度及环境适应性。控温电路的原理框图如图 5.24 所示。

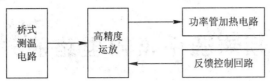

图 5.24　控温电路原理框图

5.6.6　设计结果及分析

低相位噪声晶体振荡器通过采用改进型巴特勒电路，减小了体积，其内部采用双层电路板设计，图 5.25 所示为产品的内部结构示意图。

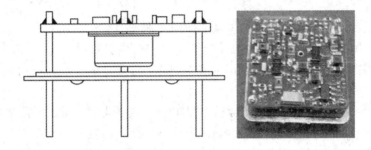

图 5.25　晶体振荡器内部结构示意图

100 MHz 恒温晶体振荡器的相位噪声测试曲线如图 5.26 所示，偏离 1 kHz 处的相位噪声达到 −167 dBc/Hz，其输出相位噪声如表 5.1 所示。

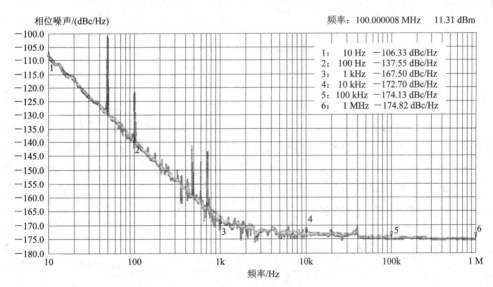

图 5.26　100 MHz 恒温晶体振荡器的相位噪声测试曲线

表 5.1　输出相位噪声

偏离载频/kHz	0.01	0.1	1.0	10	100	1000
相位噪声/(dBc/Hz)	−106	−137	−167	−172	−174	−174

第6章　频率源中常用电路的分析与设计

本章从工程设计需要出发，对频率源中常用电路的重要指标和工程设计问题进行讨论，希望对工程人员在选用这些电路时有所帮助。

6.1　概　　述

任何电子系统、电子产品都是由电路构成的。例如，雷达是由接收机、发射机、频率源、信号处理、数据处理、电源等电路系统组成的。这些电路系统是由各种电子元器件、电子材料及各种集成电路和电子组件等构成的。所以，电路是电子产品中的重要内容，学好电路设计是非常重要的。

频率源中常用的电路包括数字电路、模拟电路、高频电路、微波电路等。考虑到青年工程技术人员参加工作后，缺少工程经验，缺乏解决技术问题的能力，对工程设计考虑不周，故本章总结了我们四十多年的电路设计、分析和调试经验，重点分析相关模拟电路、高频电路和微波电路的物理概念、工程应用和工程设计中的实施方法及重要措施等，希望能对青年工程技术人员有所帮助。本着从工程应用出发的原则，本章中尽量减少数学方面的推导论证。

6.2　电路的分析、设计与测量

6.2.1　电路分析

由电子元器件组合而成的具有一定功能的网络叫电路。例如，用晶体三极管、电阻、电容和电感可组成三极管放大器和三极管倍频器；用三只电阻可组成一个衰减器；用电容、电感可组成谐振回路；用电阻和电容、电容和电感可组成各种滤波器等。由电子元器件可组成电路，由各种电路又可组成电路系统，所以正确合理地设计、分析、使用电路是非常重要的。

早期的电路都是技术人员用电子元器件组合而成的，例如三极管放大器的电路如图6.1所示。在设计此电路时，首先要选择晶体三极管，需考虑使用频段、输出功率、功耗、增益、耐压等。然后设计直流工作点，即根据给出的电源电压，选择 R_1、R_2、R_3 的阻值。能满足直流工作点的阻值有很多组，但不同组的阻值大小对电路的温度稳定性的影响不同。$R_1 + R_2$ 越小，其温度稳定性越

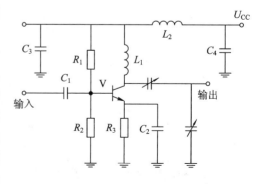

图 6.1　三极管放大器

高，直流能量损耗越大，实际应用中一般取电流为 1 mA 左右。R_3 在电路中起直流负反馈的作用，R_3 越大，电路越稳定，电源电压利用率越低，R_3 由集电极电流和 R_1 与 R_2 的分压比来决定。工作点设计完后，就应该正确选择 C_1、C_2、C_3、C_4，这在电路设计中也很重要，但常被设计者忽视，具体如何选择将在有关章节中详述。

6.2.2　电路设计

在电路设计时应尽量简化，用最少的元器件实现所需功能，这样设计的电路可靠性高。很多技术人员总爱把电路设计得很复杂，这样不仅不经济、成本高，更重要的是降低了电路的可靠性。对电路应提出最低要求，而不是最高要求。若对电路提出过高要求，则为实现这些要求，往往都是以提高成本和牺牲可靠性为代价的。电路设计的关键是如何巧妙地组合电路，用简单的电路实现系统要求，当然特殊情况例外。

在电路设计中，除了要满足各项技术要求，例如频率范围、输出功率、增益大小、噪声系数、相位噪声、杂散大小等，还应注意电路的功率容量（即功耗和效率）、耐压等，功耗过大、功率容量裕度不够、耐压紧张等都会影响可靠性，当然过大的裕量也不一定好，一般功率、电压裕量取 0.5 即可。另外，在电路设计过程中应该严格地进行电磁兼容设计，合理地安排地线、电源线和电源滤波去耦等。在印制板的设计中，必须按电磁兼容要求正确地排列元器件，否则，等到系统联试过程中再采取各种措施解决信号干扰问题，往往非常困难，代价成本都很高。

现在的电路设计已不再像从前那样用分立元器件设计。随着科学技术的发展，电路设计技术也在突飞猛进地发展，尤其是模拟集成电路，近些年发展很快，出现了各种各样的模拟集成电路系列。例如：单片放大器不仅体积小、重量轻、使用方便，而且品种齐全，有各种系列产品可提供选用；同时，也出现了混频器、倍频器、谐波发生器、压控振荡器（VCO）、鉴相器、分频器、各种新型的运算放大器、D/A 变换器、A/D 变换器、电子开关、调制器、滤波器及开关滤波组件等；还有无源电路中的隔离器、功分器、定向耦合器及各种衰减器、负载以及基准晶振、时钟晶振和检波器、电压比较器、故检电路等。除特殊情况外，不再需用分立元器件去设计分离立体电路，而是直接从各项系列电路中选取需要的电路，基本实现了模块化、集成化设计。

6.2.3　电路测量

电路是组成电路系统的基本单元，为确保电路系统设计正确，就必须保证各单元电路设计正确，电路的正确设计与电路的测量密不可分。

对一种电路进行测量，一般先进行直流测量，再进行交流测量，最后进行其他项目测量。直流测量也就是直流工作点的测量，是对电路进行直流电压、直流电流测量，检查直流通路是否正确。直流电压测量一般用高阻电压表测量，这里需要指出，有输入信号和无输入信号时测量的直流电压往往不同，应该以无输入信号时测得的直流电压为准。在电路中直接测量电流不太容易，往往通过测电阻上的电压来计算出电流，这里也是以无输入信号时的测量为准。

在直流测量确定电路中各元器件工作正常的基础上，再进行交流测量。交流测量的方法多种多样，在不同功率和不同频段时使用的仪表也不同。一般高频以下用示波器来测量幅度、波形、直流电平及周期频率等，需要强调的是，示波器有高阻输入和 50 Ω 输入两种方式，不同阻抗时测量结果相差很大。另外，在高频信号测量时，使用示波器探头应注意其插入损耗，为避免探头对测量结果带入很大误差，应使用同轴电缆连接，这样测量结果较为准确。频谱仪可进行频域测试，能较精确地测出信号的功率、频率和波形质量及信号的质量等。频谱仪是一种宽带仪器，价格较昂贵，由于其输入端一般没有隔直电容，因此使用频谱仪时绝对不能带直流输入，否则将会损坏频谱仪。另外，频谱仪是很灵敏的仪器，为确保测量准确，要注意其最大输入功率和和外界干扰的影响。

示波器可对信号进行时域测量，主要是对幅度-时间进行分析。频谱仪可对信号进行频域测量，主要是对幅度-频率进行分析。我们可以用三维空间来描述某信号的立体特性，如图 6.2 所示，用垂直轴代表幅度 A，用水平轴代表时间 t，而用另一轴代表频率 f。$A-t$ 平面用示波器测量，信号为正弦波；$A-f$ 平面用频谱仪测量，信号为一谱线；$f-t$ 平面用调制域分析仪测量，信号为一水平直线。调制域分析仪是测量频率转换时间的重要仪表，还可对信号的相位、频率随时间变化的特性进行分析。

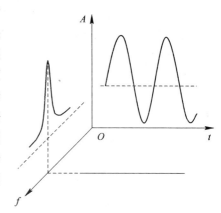

图 6.2　信号的三维测量

除此之外，还可对信号进行其他方面的测量。例如，测功率用功率计，应注意量程和烧毁功率，用功率探头时应注意倍乘和频率范围。频率的精确测量可用数字式频率计，用数字式频率计时应注意闸门时间对测量精度的影响，闸门时间长，测频精度高，如闸门为 1 s 时测频精度为 1 Hz，闸门为 1 ms 时测频精度降为 1 kHz。

上述介绍的均为标量测量，如需矢量测量，应选用矢量网络分析仪进行测量。

6.3　电路之间隔离的分析与设计

电子技术的发展，要求电路系统及电路之间的隔离度越来越高。若接收与发射之间信号隔离不够，将影响接收机的灵敏度；若信号通道之间隔离不够，将造成信道串扰或影响误码率；若电路之间隔离不好，将影响信号质量，使电路性能指标变差（如杂散增高、相位噪声变坏），甚至使电路产生自激，发生锁相环失锁等现象。因此，在现代电路系统中，电路之间的隔离变得很重要。

下面我们根据多年的电路及电路系统设计经验，对电路之间的隔离进行分析，提出提高电路之间隔离度的具体措施和方法，这对合成频率源是非常重要的。

6.3.1　电路隔离分析及常用的隔离器件和隔离电路

1. 电路隔离分析

电路之间的隔离问题往往容易被忽视，例如只重视信号正向匹配隔离和带内匹配隔离。随着技术的发展，对电路之间的隔离要求越来越高，尤其是随着频率合成技术的发展，对杂散提出 −70 dBc 以上的要求时，若不严格控制电路之间的串扰、增加电路之间的隔离及提高信号反向宽带隔离，杂散的指标要求就很难达到。

　　电路之间存在正向隔离、反向隔离、带内隔离、带外隔离和宽带隔离等多种形式，电路用途不同，对隔离的要求也不同。例如，当混频器用于接收机，混频输出为中频信号 f_1 时，往往只要求本振 f_L 对信号 f_R 和本振 f_L 对中频 f_1 之间的隔离，因为本振功率大、隔离高，反串到信号和中频端口的功率就小，本振对它们的影响就小。当混频器用于产生激励信号，输出信号为 $f_R = f_L \pm f_1$ 时，要求混频器的反向隔离即信号 f_R 反向串入本振 f_L 端口的隔离度越高越好。往往靠混频器自身的隔离是不够的，必须在混频器本振端口处再采取措施，使 f_R 向本振反方向的隔离度达 90 dB 以上（因为这种隔离直接影响收发隔离）。下面将分类详细分析各种电路和电路之间的隔离措施。

　　2. 常用的隔离器件和隔离电路

　　1）隔离器

　　高频信号和微波信号常用隔离器来隔离信号反射干扰，隔离器正向插入时损耗小，反向插入时损耗大，可起到带内传输隔离作用。隔离器是由磁性材料制作的，体积略大，重量重，带宽不宽，带外隔离差，对带内信号能起到反向带内隔离作用，而对带外信号则没有隔离作用。

　　2）带通滤波器

　　带通滤波器可让带内信号正常传输，即对带内信号没有隔离作用，而对带外信号有很强的抑制作用，构成了带外双向隔离。但是，若带外信号不匹配或被全反射，则影响电路之间的前后隔离。

　　3）定向耦合器

　　定向耦合器的耦合端与主路的输入端和输出端都有较高的反向隔离作用，其主要缺点是带宽不宽，带外隔离差。

　　4）功分器

　　功分器的功分输出之间有隔离作用，一般在(10~20)dB 左右，缺点是隔离度不高。

　　5）固定衰减器

　　固定衰减器是宽带双向隔离器件，可与单片放大器构成衰减放大电路，缺点是信号损耗大。例如，先衰减 20 dB 再用单片放大器放大 20 dB，这种做法有很好的反向宽带隔离作用，其缺点是增加了功耗，使电路变得复杂，但在一些特殊电路系统中，提高了宽带反向隔离度。

　　6）电子开关

　　电子开关能起到通道隔离和通断隔离作用，但成本高，电路复杂。

　　7）二极管

　　二极管的单向导通性能对直流电压起隔离作用，可控制直流电压的串扰，防止因电源电压串扰引起电路性能变坏和损坏。

　　8）匹配电路

　　匹配电路（不论是宽带匹配还是窄带匹配）对信号传输都有一定的隔离作用。匹配好，则反射小，电路之间串扰小；匹配不好，则反射大，电路之间的干扰增大。

6.3.2 电路之间的隔离

电路与电路之间常常因相互牵制而影响正常工作，例如电路设计均为 50 Ω 阻抗，如不采取隔离措施而是直接相连，则其相互影响还是很大的，这种影响甚至使电路不能正常工作。下面将详细分析这些电路的隔离方法。

1. 滤波器的隔离

带通滤波器的输入、输出阻抗一般为 50 Ω，是指带内阻抗，而带外阻抗不为 50 Ω，因为滤波器在电路中对带外信号反射很大，使与其相接的电路性能变坏，同时滤波器自身性能也变坏。为此，在滤波器的输入端口应加(1～3)dB 的宽带电阻衰减器。该衰减器有两个作用：一是起到宽带匹配作用，二是对电路起到隔离衰减作用。例如，倍频器、谐波发生器、混频器、分频器、放大器等电路的输出端与滤波器的输入端之间都应加一个宽带电阻衰减器，使电路之间更加匹配。这种做法不但对输出信号没有影响，而且输出信号因匹配好，输出功率会更大，这是因为宽带电阻衰减器对带外反射信号起到了宽带匹配作用。

2. 混频器的隔离

混频器工作在 $f_I = f_L - f_R$ 或者 $f_I = f_R - f_L$ 时，应按上面所述，在混频器输出端与滤波器之间加一宽带电阻衰减器用于隔离，以提高电路各项性能指标。如果混频器工作在 $f_R = f_L \pm f_I$，则 f_R 输出端应采取同样措施，同时 f_L 本振端的功率非常重要，因为这时本振 f_L 信号还要给接收机作本振用，f_R 信号反串到 f_L 本振端将会成为一种杂散信号，该杂散信号在接收机的混频器里自混频出中频 f_I 信号，会产生接收机的虚假信号。接收机的灵敏度很高，对本振里的 f_R 杂散要求应低于 -95 dBc，这样混频器工作在 $f_R = f_L \pm f_I$ 时，本振 f_L 支路必须采取高隔离措施，如加 f_L 带通滤波器，使之对 f_R 信号有足够的抑制，或者加隔离衰减放大器，让本振信号先衰减几十分贝，再放大几十分贝来增加本振信号与激励信号之间的隔离。

3. 倍频器和谐波发生器的隔离

倍频器和谐波发生器的输出端一般接滤波器，应按上述方法加宽带电阻衰减器来提高电路性能。尤其是在谐波发生器的输出端提取高次谐波时，滤波器是窄带滤波器，大量谐波都会被反射，这时加隔离器也只能实现带内隔离，对带外谐波还是不匹配，因此必须加固定衰减器。因为固定衰减器是在全频段起作用，所以常常出现加 2 dB 衰减器后滤波器输出谐波功率比不加时还大的情况。在不加隔离衰减器时，电路在常温下往往能正常工作，但在高温或者低温下就会出现各种不正常现象。

4. 分频器的隔离

分频器的输出、输入均存在隔离问题。输出常接滤波器，按上述方法处理即可。分频器的输入对上一级电路常常造成不良影响，例如在放大器与分频器连接或 VCO 电路与分频器连接时，若不采取隔离措施，分频器将会对放大器或 VCO 有不良影响，使放大器输出杂散增加，甚至自激，或者使 VCO 锁定后的相位噪声变坏，甚至失锁等。为此，必须在放大器或 VCO 输出与分频器输入之间加几十分贝的隔离，使分频器的丰富谐波不能反串到放大器或 VCO 等电路。常用的方法是加衰减器再加隔离放大器或缓冲放大器。

5. 压控振荡器(VCO)的隔离

VCO 的输出、输入都存在隔离问题。输出应如上所述，通过加衰减器再加隔离放大器提高与负载电路的隔离。VCO 是容易受到干扰的电路，而分频器和电子开关等是容易产生干扰的电路。VCO 的输入调谐电压更易受到干扰，压控灵敏度越高就越容易被干扰，因此应采取隔离措施。一般要求调谐电压的噪声电压尽量低，否则会影响 VCO 的输出相位噪声。还希望调谐电压为低阻输出，输出阻抗越低，噪声电压及变容管的导通噪声电压对 VCO 的相位噪声影响越小，所以建议使用射随器作隔离电路。射随器将运放的几千欧姆输出阻抗变换为几百欧姆阻抗再去调谐 VCO，这样处理使锁相环的输出相位噪声有明显的改善。目前新型的运放往往已将射随器集成进去，这样的运放就不必再加射随器了。

6. 电子开关电路的隔离

电子开关快速通断切换时对相连电路会造成干扰，尤其是反射式电子开关在通断转换时对相连电路影响更大。例如，VCO 输出直接与开关连接，在快速切换通断时 VCO 输出相位噪声、杂散都变坏，甚至 VCO 失锁。所以，应加衰减器、隔离放大器来隔离 VCO 与电子开关。当开关与滤波器、放大器、分频器、混频器、倍频器等相连时也应加隔离，这种隔离只需几分贝的宽带衰减器即可。

7. 放大器电路的隔离

放大器电路的隔离措施主要是输入、输出匹配，正确的匹配是提高放大器隔离度的最有效方法。因为最佳匹配在电路中不易获得，所以更有效的方法是在放大器输入端增加电阻衰减器，(1~3)dB 即可，这样可提高匹配效果。

6.3.3　电路系统中信号通道之间的隔离

随着技术的发展，对电路系统性能指标的要求越来越高，其中对电路系统中信号通道之间的隔离要求也越来越高，一般少则 60 dB，多则 90 dB 以上。为了满足高隔离的要求，电路中还需要进行特别的设计，下面分析几个典型例子。

1. 单通道的隔离

单通道隔离主要是指信号通道的反向隔离，有两种情况：第一种是频率相同的反向隔离；第二种是对其他频率信号的反向隔离。第一种同频反向隔离可以在输出端加隔离器，要求高隔离时，在电路中间级加衰减放大器可获得良好效果。第二种对频率不同时的反向隔离可在电路中加窄带滤波器，使其他频率信号反向不能通过，从而有效提高反向隔离度。另外，也可以加衰减放大器增大反向隔离度。需要注意的是，同频时滤波器没用，不同频时隔离器可能没用，宽带衰减放大器在任何情况下都有用，但增加了电路复杂度。

2. 多通道之间的隔离

为了实现多通道之间良好的电路隔离，应注意信号输出端的电磁耦合。多通道隔离也存在路间的同频隔离和异频隔离。同频隔离时，滤波器不起作用，只能采用隔离器、衰减放大器、高隔离功分器、高隔离定向耦合器等。异频隔离时可以采用滤波器、衰减放大器等。各通道如能按时间分开控制，可使用多路高隔离电子开关和开关滤波组件进行控制，以有效提高信号通道隔离效果。

3. 收发通道的隔离

收发通道隔离主要是指发射(激励)信号向本振及接收通道的泄漏(下面主要分析电路隔离,不涉及天线及空间等耦合泄漏)。在频率源的设计中,收发隔离主要表现为频率源的本振信号产生支路与激励信号产生支路之间的隔离。如果接收机为二次混频,则频率源比较好处理。如果接收机为一次混频,则收发两路信号相差一个中频频率,这时要求本振信号偏离载频在中频频率处的杂散应优于 -90 dBc,若不进行有效的设计优化,收发信号隔离度就达不到以上隔离要求。由于收发隔离为非同频隔离,因此信号通道内用滤波器和衰减放大器可以有效地提高隔离度。

4. 数字信号与模拟信号之间的隔离

模拟信号往往受各种数字信号的控制,例如数控衰减器的控制码、锁相环内可变分频器的分频码、预置电压 D/A 变换的电压码、A/D 变换的输出信息码、电子开关的频率控制码等。众所周知,数字信号对模拟信号有很强的干扰,所以必须采取隔离措施。

常用的隔离措施是将数字电路系统与模拟电路系统分开处理,那么从电路的什么地方分开最合理,以及怎样才能对数字干扰隔离最好,下面给出一些建议。与模拟电路紧密连接的一些数字电路,如数控衰减器、可变分频器、A/D 变换器、D/A 变换器、电子开关及驱动器等,应严格按电路系统的电磁兼容原则处理地线和电源线,这些电路的数字电路印制板和模拟电路印制板应分开设计,但要置于同一块模拟电路模块里,而这些数字控制码应经过门隔离电路或者缓冲电路再到输入接口电路,输入接口电路应使用光耦合或者平衡电路输入、输出,从而使数字电路地与模拟电路地彻底分开,把数字电路的干扰隔离在模拟电路之外。这样能够大大降低数字信号的干扰,但其缺点是信号线增多。这些信号线和它们的专用地线在排布印制板时也要精心安排,防止受到新的干扰。

5. 故检系统与故检电路之间的隔离

因为故检电路隔离不好会给电路系统带来很多干扰,所以要求故检电路的输出信号必须经过隔离处理再输出,以防止相互干扰。常用的方法是将信号数字化后经隔离门和平衡电路输出,或者经光耦合后输出。应该防止将模拟故检信号直接送往故检系统,这是因为目前各种故检系统基本属于数字电路系统,将模拟信号送过去会给数字电路带来严重的干扰。

6.4　单片放大器电路的分析与设计

在合成频率源的电路设计中,单片放大器的应用是最常见的,但有些工程设计人员对单片放大器的工作原理及应用一知半解,这会给工程设计带来很大的麻烦,不但影响电路的设计功能,而且对产品的整体功能都有很大的影响。所以,了解单片放大器的工作原理及应用是很重要的基础设计知识。

单片放大器是一种较简单的模拟高频集成电路,它体积小,重量轻,使用方便,品种齐全,一般都是宽带放大器。单片放大器的频率可从直流到微波频段,输出功率可从小功率到中功率,P_{1dB} 可从几毫瓦到几百毫瓦,增益和噪声系数也有多种规格。在合成频率源中对单片放大器的选择,一般要求附加相位噪声小,以确保信噪比不变坏;有合理的动态范围,即选择合适的 P_{1dB};在微弱信号放大时,还要考虑噪声系数;在中小信号下工作时,不需考虑噪声系数，但应考虑动态范围和三阶交调。现在国内外很多厂家都有各种系列产品，品种型号很多，功能也越来越强，工作频率也越来越高，使用也越来越方便。

6.4.1　单片放大器的参数定义

1. 三阶交调截取点（IP_3）

三阶交调截取点 IP_3 定义为

$$IP_3 = \frac{P_{dB}}{2} + P_{out}$$

式中，P_{out} 指基波输出功率，P_{dB} 指基波输出功率与交调产物的功率差值。三阶交调截取点用于反映单片放大器线性的好坏。同时还应注意，过高要求三阶交调指标，会使单片放大器的电源电流过大，导致系统过热，影响系统工作性能。

2. 1 dB 压缩点输出功率（P_{1dB}）

1 dB 压缩点输出功率是指单片放大器的增益比线性功率增益下降 1 dB 时的输出功率。

3. 饱和输出功率（P_{sat}）

当单片放大器的输入功率加大到某一值后，再加大输入功率并不会改变输出功率的大小，该输出功率称为饱和输出功率。输出功率在压缩 6 dB 时的测试值为典型值。

4. 线性功率增益平坦度

线性功率增益平坦度是指在整个频段内功率增益的起伏程度。

5. 输入输出驻波比（VSWR）

输入输出驻波比 VSWR 定义为

$$VSWR = \frac{1+\rho}{1-\rho}$$

式中，ρ 指电压反射系数。输入输出驻波比反映阻抗匹配情况。

6.4.2　单片放大器电路的分析与设计

1. 单片放大器电路分析

单片放大器的典型电路如图 6.3 所示，图中，C_1、C_2 为耦合电容，作用是隔断直流，通过耦合信号；C_3 为电源去耦电容，给单片放大器的交流信号提供通路，所以在印制板设计中，C_3 的接地端应尽量靠近单片放大器的接地点，即图中 2 或 4 管脚；U_{CC} 为电源电压，U_c 是单片放大器的直流工作点所对应的电压；I_c 为工作电流，其大小由图中 R 的电阻值确定，即 $I_c = \dfrac{U_{CC} - U_c}{R}$。$R$ 上 的 功 率 $P_R =$

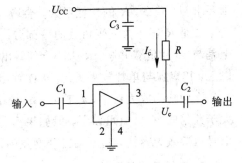

图 6.3　单片放大器典型电路

$(U_{CC} - U_c) \times I_c$。由于 U_{CC} 往往较高，故电阻 R 的功耗就较大，常常会大于 R 的额定功率，可采用多只电阻并联的办法来解决功耗问题，当然多只并联电阻的阻抗应等于 R。

这里还应指出，图 6.3 中 U_c 是直流工作点所对应的电压，即没有输入信号时的电压。而当单片放大器工作在放大状态，输出信号不为零时，U_c 会有变化，放大器型号不同、输入功率大小不同，U_c 的变化也不同，在单片放大器直流工作点的测量中，应以无信号输入为准。

2. 单片放大器的宽带应用

宽带单片放大器的工作频率都在几个倍频程以上，放大器的幅频特性曲线如图 6.4 中的实线所示，为改善幅频特性，使之达到虚线所示曲线，往往采用以下措施。

（1）在图 6.3 电阻 R 与单片放大器的输出管脚 3 之间接一个电感 L，如图 6.5 所示，该电感 L 对低频几乎没有增益提升作用，而对高频将有一定的提升作用。电感 L 的感抗 $R_L = \omega L$，频率低则 R_L 小，频率高则 R_L 大，$R + R_L$ 为单片放大器的交流负载，当频率高时，单片放大器管脚 3 的输出电压得到提升，因此功率增益获得提升。所以，适当选择电感 L 的大小，可使增益曲线靠近图 6.4 中的虚线。

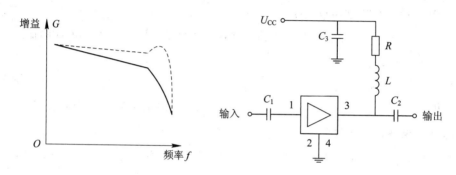

图 6.4　单片放大器幅频特性　　　　图 6.5　单片放大器增益提升电路

（2）控制图 6.3 中 C_1 与 C_2 的容量大小，选择容量合适的 C_1 与 C_2，使 C_1 与 C_2 工作在低频耦合时对信号有一定的电压降，而工作在高频时没有电压降，这样也可以校正幅频特性曲线。

需要注意的是，图 6.3 和图 6.5 中的 R 不应太小，即 U_{CC} 与 U_c 之间的电压差不能太小。因为电阻 R 在此有两个作用：

一是起到直流负反馈作用，用于稳定直流工作点。当 R 小时直流负反馈小，不能起到稳定直流工作点的作用，这时电路若自激可能烧毁单片放大器。R 也不应太大，若 R 大，则要求 U_{CC} 升高，R 的功耗增大，会增大印制板的设计难度。

二是 R 还作为交流负载的一部分。因为单片放大器输出阻抗均为 50 Ω，R 电阻实质上是与 50 Ω 负载并联，R 太小会使输出阻抗小于 50 Ω，影响输出匹配，R 阻抗应大于 100 Ω 以上，以确保与单片放大器的 50 Ω 输出阻抗匹配。

在中功率放大器中，I_c 较大，R 较小，增大 R 很困难，这时可增大电感量，使 $R + R_L$ 大于几倍的 50 Ω 就可以了，但如果 L 过大，这时电感 L 的分布电容也跟着增大，对高频信号可等效为容抗，起不到提升增益的作用。

3. 电感负载的单片放大器

图 6.6 给出了电感负载的单片放大器电路，单片放大器的交流负载为电感 L 的感抗，电阻 R 只提供直流工作点，不作为交流负载。这时放大器的带宽有限，不适合宽带应用。

感抗 ωL 应大于输出负载几倍以上，电感量也不应选择太大，因为电感量太大时其分布电容也增大，对高频放大影响较大，最终增益不一定大，甚至会降低。

4. 单片放大器的窄带应用

多数单片放大器工作在点频或者不太宽的频带范围内。如果工作频率在点频，可按图 6.7 所示电路接成调谐放大器，图中电感 L 与调谐电容 C_5、C_6 构成调谐回路，C_5 与 C_6 分压耦合输出，与负载匹配。C_3 和 C_4 为电源去耦滤波电容，并为放大的频率提供交流地电位，所以 C_4 的接地端应尽量靠近放大器的 2 或 4 管脚。如果工作频率为某一带宽，可按图 6.3 和图 6.5 进行电路设计，并在其输出端加一个相应的带通滤波就可满足要求。

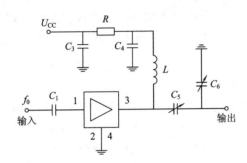
图 6.6 电感负载单片放大器电路

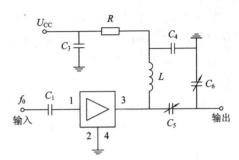
图 6.7 单片调谐放大器电路

5. 单片放大器的级联应用

单片放大器在级联应用时，需注意以下问题：

（1）总增益等于各级放大器的增益和。

（2）增益平坦度根据不同的输入输出驻波比有所不同。

（3）总噪声为

$$F = F_1 + \frac{F_2 - 1}{G_1} + \cdots + \frac{F_N - 1}{G_1 G_2 \cdots G_{N-1}}$$

其中，各级放大器的增益分别为 G_1，G_2，$\cdots$，G_N；各级放大器的噪声分别为 F_1，F_2，$\cdots$，F_N。

（4）放大器可检测最小信号为

$$\text{MDS} = -114\ \text{dBm} + 10\ \log\left(\frac{B}{1\ \text{MHz}}\right) + 10\ \log(10^{\frac{N_F}{10}} - 1)$$

其中，B 为放大器使用带宽，N_F 为放大器的噪声系数。

（5）动态范围为

$$\text{DR} = \text{IP}_3 - G - \text{MDS} \quad （适用于窄带情况）$$

6. 单片放大器设计注意事项

1）单片放大器的基本选择

根据频率范围、输出功率及动态范围选择合适的单片放大器。输入功率与输出功率决定放大器的增益，$P_{1\text{dB}}$ 决定放大器的动态范围。

2）单片放大器噪声系数的选择

输入信号为中、小功率时不必考虑放大器的噪声系数，只有在微弱信号放大时才需考虑放大器的噪声系数。具体来讲，当输入信号中噪声功率与热噪声功率相比拟时，就必须考虑放大器的噪声系数，以提高放大器对微弱信号的检测灵敏度。

3）单片放大器 P_{1dB} 的选择

P_{1dB} 输出功率越大，单片放大器的工作电流就越大，放大器的功耗也越大，因此放大器一定要考虑功耗、散热、电源电流供给等问题。一般只要输入最大功率与放大器增益 G 的乘积达到 P_{1dB} 左右便可，适当饱和可减小高温、低温功率起伏，对相位噪声影响不大。当输入信号是调制信号时，为了实现线性放大，需控制最大输出功率必须小于 P_{1dB}。

4）单片放大器 IP_3 的选择

三阶交调好的放大器，其动态范围必然大，工作电流和功耗也大，应根据要求进行选择，否则电路系统的电流与功耗很大，对系统不利。对点频放大器不需要提三阶交调要求，只提谐波要求即可，对调制信号应有三阶交调要求。

5）附加相位噪声的选择

单片放大器均有附加相位噪声，当输入信号中的噪声功率大于附加噪声功率 10 dB 以上时，可以不考虑单片放大器附加相位噪声的影响，只需注意放大器不要过饱和，因为放大器的饱和信号放大量小，相位噪声放大量大，信噪比变坏，使相位噪声变坏。当输入信号是低相位噪声晶振（例如 100 MHz 低相位噪声晶振偏离 1 kHz 处相位噪声优于 -155 dBc/Hz）或很微弱的信号时，信号中的噪声功率与单片放大器的相位噪声功率相比拟，这时单片放大器在几百赫兹到几千赫兹处的附加相位噪声引起信号相位噪声变坏 $(5\sim6)$dB，故应选择附加相位噪声低的单片放大器来放大信号。

6.4.3   单片倍频放大器的分析与设计

用单片放大器作倍频器的电路如图 6.7 和图 6.8 所示，图 6.7 中的 C_5、C_6 及 L 调谐到 Nf_0 便实现了 N 倍频。从图 6.8 可以看出，只要调整输出匹配电路，使之与输出频率 Nf_0 相匹配，就可实现倍频功能。其原理是让输入频率 f_0 功率略大，使放大器处在饱和放大状态，此时放大器必然产生谐波，输出即可调谐到 N 次谐波上或者与 N 次谐波匹配。该电路对谐波有一定的增益，所以称之为倍频放大器，其倍频效率高、电路简单、成本低、稳定可靠，一般可很方便地实现 $2\sim5$ 次倍频，能实现 X 波段、K_u 波段倍频。因为该倍频器是利用 PN 结的电阻非线性实现倍频，所以可实现宽带倍频，只要选择合适的输出滤波器就可满足电路要求。

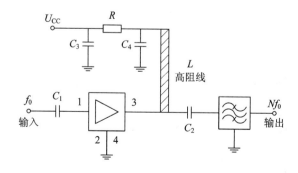

图 6.8   单片倍频放大器

6.5　混频器电路的分析与设计

6.5.1　混频器的基本原理

混频器的作用是实现频率变换,也称变频器(或乘法器)。在接收机里常用混频器把信号频率 f_R 与本振信号频率 f_L 相减,产生较低的中频信号频率 f_I,起到频谱搬移的作用,即将信号频率 f_R 不失真地搬移到较低频率 f_I。在合成频率源中,除上述混频使用外,还常常用本振信号频率 f_L 与中频信号频率 f_I 进行加减,实现频率加减运算,即 $f_L \pm f_I = f_R$,这种混频又称上变频器。本节只从物理意义和工程上分析其特性,提出设计原则及注意事项。

混频器一般有两个输入信号和一个输出信号。两个输入信号中功率较大的称为本振信号,功率较小的称为射频或中频信号。混频器的用途不同,要求本振信号的功率大小也不同,一般从 7 dBm 到 20 dBm,甚至更大。图 6.9(a)给出了混频器的电路原理图,图 6.9(b)所示为上变频器,它们的原理相同,都是利用混频器二极管的电阻非线性产生新频率,只是信号输入端口从 f_R 改到了 f_I,f_R 为输出端口。混频器的本振信号功率大,使混频器二极管导通,这是混频器的能量来源。若二极管不导通,则起不到混频作用;若二极管导通不好,则混频损耗大。只有本振功率将二极管导通才可实现混频功能。本振功率大使二极管工作到线性区,则混频器的动态范围大,同时非线性失真小。大的本振功率给本振信号放大带来了困难,也使电路功率很大。因为在一般合成频率源中对动态范围和非线性失真要求不高,所以混频器选用(7~13)dBm 即可。在通信系统中,f_R 为已调信号,占据一定的频谱宽度,同时 f_R 信号的强弱起伏很大,这时应根据情况选择适当本振功率的混频器,以满足动态范围和失真的要求。

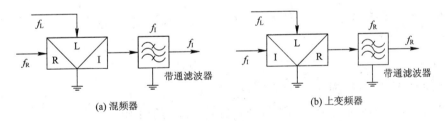

(a) 混频器　　　　　　　　　　　　　　(b) 上变频器

图 6.9　混频器电路原理图

图 6.9(a)混频器的输出为 $mf_L \pm nf_R$(m 和 n 为正整数),而需要的信号只有 $f_L - f_R = f_I$ 或者 $f_R - f_L = f_I$,所以往往使用带通滤波器将其滤波输出,而其他频率成分则称为交互调分量。图 6.9(b)混频器的输出为 $mf_L \pm nf_I$,需要的信号频率为 $f_L \pm f_I = f_R$,使用带通滤波器将其滤波输出,其他交互调分量均被滤波器滤除。这种混频器是微波大信号或中频小信号,输出是微波小信号,因此又叫上变频器,不论取和频还是差频都叫上变频器。

这里还需要强调的是,混频器的本振信号必须是微波频率,不能用中频信号当本振信号。图 6.9(a)中的两个输入信号频率均为微波频率,可以不考虑哪个频率高,功率大的为本振信号。在图 6.9(b)中,也就是在上变频器电路中,本振信号 f_L 必须是微波信号,不能用中频信号 f_I 作本振,其原理如图 6.10 所示。

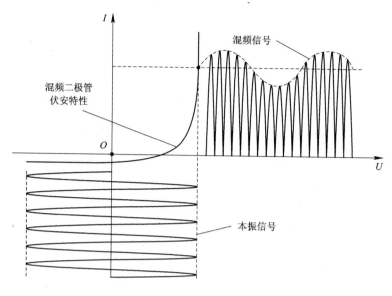

图 6.10　混频器混频原理

当混频器只有本振信号时，混频器可当作检波器，本振信号使混频二极管导通，产生检波电流。当输入混频信号时，混频器的检波电流被混频信号电流调制，实现混频功能，所以混频器又叫相乘器、乘法器，实质上是混频信号调制本振信号，产生众多的交互调频率，混频器电路中由带通滤波器选出需要的信号频率。

当用中频信号作本振时，微波信号去调制中频本振信号，由图 6.10 可以看出，调制效率极低，也就是混频损耗很大，可达几十分贝，因此不能用中频信号作本振。

6.5.2　混频器的主要技术指标

混频器的主要技术指标有频率与功率范围、混频损耗、1 dB 压缩点 P_{1dB}、三阶互调截取点 IP_3、噪声系数 N_F 和隔离度等。

1. 频率与功率范围

混频器的型号不同，对应的 f_L 和 f_R 频率范围不同，f_I 的频率范围也不同，选择满足要求的型号即可。f_I 的频率范围从直流开始的混频器，适用于作鉴相器。

同时，不同型号的混频器对应的本振功率 P_L 也不同，常见的有 7 dBm、10 dBm、13 dBm，甚至 20 dBm 等。本振功率 P_L 大小不同，对应的 1 dB 压缩点 P_{1dB} 和三阶互调截点 IP_3 也不同，可根据使用要求选择合适的型号。

2. 混频损耗

混频损耗为混频器输入信号功率与混频器输出信号功率之比，一般在（6～10）dB 范围，工作在 Ku 频段以上的混频器的混频损耗可能达到 12 dB。而对有源混频器，如三极管混频器、FET 混频器、集成模拟乘法器等，混频损耗则成为了变频增益，混频器型号、电路不同，其变频增益大小也不同。

在混频器的工程应用中，应注意混频器三个端口的阻抗匹配和信号之间的隔离，尤其是与滤波器的匹配和与电路系统中信号间的隔离对整个电路系统影响很大。

3. 1 dB 压缩点 P_{1dB}

1 dB 压缩点 P_{1dB} 是表示混频器动态范围的
一个参数，是混频器的最大线性输入功率。混频
器在小信号工作时一般看成线性器件，如图6.11
所示，混频器在固定本振功率下，输入信号功率
P_{in} 增加，则输出信号功率 P_{out} 按线性增大，当
P_{in} 增大到一定程度时，混频器输出功率 P_{out} 增
加开始减慢，混频器开始进入饱和状态，非线性
失真开始加剧。当输出功率 P_{out} 低于理想的线
性输出功率值 1 dB 时，这时的混频器输入功率
值叫 1 dB 压缩点，常记为 P_{1dB}。输入信号功率
再增加，混频器输出将更加饱和。P_{1dB} 表示了混
频器的线性动态范围。

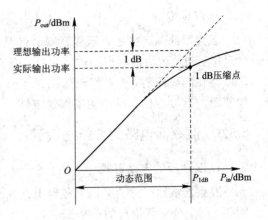

图 6.11　混频器 1 dB 压缩点

4. 三阶互调截取点 IP_3

三阶互调截取点 IP_3 是表示混频器非线性
失真程度的参数，即用于衡量混频器线性好坏
的参量。若 ω_1 与 ω_2 为混频器的两个输入频率，
则在混频器的三阶交互调中 $2\omega_1 - \omega_2$ 和 $2\omega_2 - \omega_1$
这两种频率最有可能进入混频器的输出通带
内，成为接收机的干扰信号，即成为三阶互调
失真干扰，引起接收机输出信号失真。如图6.12
所示，当混频器的输入信号电平足够大时，混
频器进入非线性状态，必然产生三阶交调。因
为三阶交调失真功率是随输入功率的增大呈立
方率增加，即输入功率每增加 1 dB，三阶交调
失真功率将增加 3 dB，所以随输入功率增大，

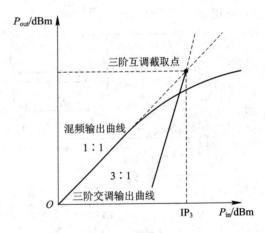

图 6.12　三阶互调截取点示意图

混频器的输出功率和三阶交调的输出功率增长速度不同，一个为线性增长，另一个按立方
率增长，两条增长直线的交点称为三阶互调截取点，这时互调输出功率与混频器理想输出
功率电平相等，电子系统无法正常工作。在三阶互调截取点对应的混频器输入功率情况
下，混频器输出功率的非线性和失真都很大，使得接收机无法正常工作。可见，IP_3 越大，
表明混频器的线性工作范围越大。IP_3 与本振功率电平有关，本振电平高，混频器中二极管
的工作点高，工作线性范围大，所以三阶互调截取点也上升，IP_3 值也大。

5. 噪声系数 N_F

噪声系数 N_F 表示混频器检测微弱信号的能力，也就是混频器电路的噪声电平比热噪
声电平高出多少分贝。对没有低噪声放大器的接收机，混频器的噪声系数很重要，它直接
影响接收机的灵敏度，这时希望噪声系数越小越好。一般二极管混频器的噪声系数都很
低，合成频率源中使用的混频器工作在大信号时，可不必考虑噪声系数问题。但应分析相
位噪声的变化，混频器输出相位噪声等于两路输入信号相位噪声的和，如果两路相位噪声

相等,则输出相位噪声变坏 3 dB。

6. 隔离度

混频器的隔离度是表示混频器电路平衡的指标,即表示三个端口之间的信号泄漏和信号反串程度。因为混频器中的二极管、变压器、三分贝电桥及差分对管等不可能完美对称,所以存在隔离问题,一般都能达到几十分贝。隔离度低,将影响接收机的正常工作,影响频率源的杂散指标和电路的工作稳定性。

6.5.3　混频器电路的分析与设计

1. 混频器的电路形式

混频器电路可分为有源混频器电路和无源混频器电路。有源混频器常见的有三极管混频器、用差分对管组成的单平衡混频器和双平衡混频器。有源混频器有增益,常用于通信系统中。无源混频器常用肖特基二极管构成,有单管混频器、双管平衡混频器和四管构成的双平衡混频器等。图 6.13 给出了有源双平衡混频器和无源双平衡混频器的典型电路。无论有源混频器还是无源混频器,它们都有系列产品,设计者可根据生产厂家的产品目录进行选用。

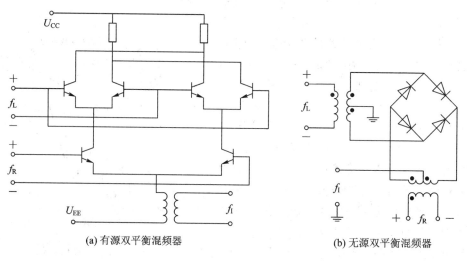

(a) 有源双平衡混频器　　　　　　　　(b) 无源双平衡混频器

图 6.13　双平衡混频器电路

2. 混频器的分析与设计

目前在工程设计中,很少有人再去自己设计混频器,市场上有各种各样的混频器,除了各种双平衡混频器外,还有镜像抑制混频器、三平衡混频器等。混频器是合成频率源和接收机中经常使用的重要电路,在接收机前端使用时一般为变频,由本振信号与接收信号相减产生中频信号。这种混频器偏重的是镜像抑制、动态范围、噪声系数、三阶互调及混频损耗等技术指标。混频器在合成频率源中的主要作用是实现频率的加减,所以偏重的是混频器的隔离度、平衡度及混频比,让产生的杂散频率较容易地被滤波器滤除,以尽量降低杂散分量的产生,且不影响相位噪声指标,对噪声系数、混频损耗、动态范围、镜像抑制等要求并不严格。

混频器的输出有各种互调分量,在合成频率源的设计中,混频器的输出频率纯度非常重要，设计一个合理的混频比可以有效地降低交互调电平，这样混频器输出后所接的滤波器才能容易地滤出所需要的频率，使滤波器带通内没有交互调分量。如果无法实现，也必须保证滤波器带内的交互调分量在六阶以上，这是因为六阶以上的交互调分量一般低于 -80 dB，对合成频率源的杂散指标影响不大。

6.5.4　双平衡混频器的扩展使用

1. 双平衡混频器作鉴相器

中频输出频率从直流开始的双平衡混频器可作为鉴相器，当两个输入频率不同时为混频器，当两个输入频率相同时为鉴相器。双平衡混频器是一个变电阻器件，所以是一个宽带器件，用作鉴相器也是一个宽带鉴相器，鉴相灵敏度约为 0.3 V/rad。当作鉴相器使用时，两路输入信号的功率可以相等，其在合成频率源中被广泛使用。

2. 双平衡混频器作相位调制器

双平衡混频器还可以作 0、π 相位调制器，在中频端口输入一个调制方波或随机码，让被调信号从本振和信号端口通过，则输出信号将成为 0、π 调相信号或者随机码调相信号。因为方波的正、负电平对应信号 $\pm90°$ 的相移，所以就可实现 0、π 相位调制。

3. 双平衡混频器的其他应用

双平衡混频器除了可作调制器和解调器外，还可以作微波开关、二倍频器等。读者可参阅相关文献。

6.6　倍频器电路的分析与设计

6.6.1　倍频器的基础及分析

倍频的实现是以电路的非线性现象为基础的，电路的非线性可分为电阻非线性和电抗非线性。电阻非线性即阻抗可变，也就是直流电流与电压之间具有非线性静态关系，例如 PN 结在射频频率上就呈现这种特性。双极结型晶体管和砷化镓场效应晶体管均可用作非线性电阻倍频器件。

有关资料证明在实现整数倍倍频时，采用正的两端非线性电阻能达到的最高效率是 $1/N^2$（N 为倍频次数）。然而在三端非线性电阻倍频器（如 C 类双极结型晶体管或场效应晶体管放大器）中，把输出电路调谐到输入频率的 N 次谐波时，可实现有增益的倍频。

电路的非线性现象还有电抗非线性。用电抗非线性时，有关资料证明其最高理论效率为 100%。经典的非线性电抗微波器件是变容二极管，它与电压有关的耗尽层电容在负偏压作用下呈现为高 Q 非线性电抗；而阶跃恢复二极管的非线性来自扩散电容。在容抗与电压有关的所有变容管器件中，根本的机理是电荷与电压的非线性关系。

倍频器的形式多种多样，一般用以下七种方法来实现倍频。

（1）用二极管 PN 结的静态非线性 U-I 关系，即非线性电阻产生谐波。

（2）用双极结型晶体管的非线性，即 C 类放大器产生谐波，同时还有增益。

（3）用 GaAs FET 管得到具有增益的倍频。

(4) 用宽带单片放大器的非线性产生谐波，并放大谐波构成宽带倍频。

(5) 振荡器被注入锁定在基准频率的 N 次谐波上，实现倍频。

(6) 用变容二极管的非线性电抗实现参量倍频。

(7) 用阶跃恢复二极管产生谐波，实现高次倍频。

设计倍频器时，还应注意倍频器引起的相位噪声变坏和附加噪声增加等问题。一般来说，当给定一个倍频次数和与之有关的功率效率后，应合理设计输入频率的信号功率，使倍频器输出信号的信噪比不应变坏，以免影响输出相位噪声。为实现此要求，输入功率一般不应太大。但是，对于以获得输出功率为目的的倍频器，其输入功率往往可以达到几瓦，以获得更高频率的输出功率。

以上倍频器各有优缺点，当倍频次数较小时，可以用晶体三极管、FET 管及宽带放大器等方法来实现倍频；当倍频次数较高时，应优先采用阶跃恢复二极管来实现倍频。晶体三极管、FET 管及宽带放大器等倍频电路价格便宜，简单易行，一般为变电阻类型，所以电路稳定、温度特性好；而阶跃恢复二极管为参量倍频，一般电路较复杂，电路稳定性差，温度特性也差，但可实现高次倍频。

6.6.2　参量倍频器

参量倍频器一般是利用非线性电容，即利用电荷与电压的非线性关系来实现倍频，常用的器件有变容二极管和阶跃恢复二极管。图 6.14 给出了简化的非线性等效电路。

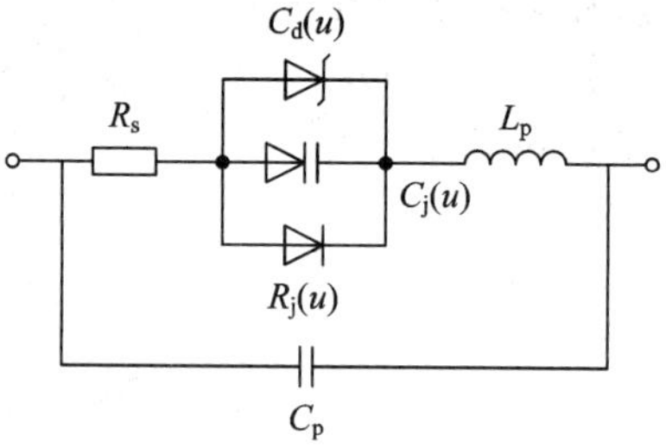

图 6.14　变容管、阶跃恢复二极管的非线性等效电路

图中 $C_d(u)$ 为耗尽层电容，$C_j(u)$ 为扩散电容，$R_j(u)$ 为非线性结型电阻，R_s 为串联电阻，C_p 为管壳和安装结构电容，L_p 为引线电感。一般变容管倍频次数低，以提高效率获得大输出功率为目的。为了有更高的效率，可采用引入空闲电路等措施，但电路较复杂。而阶跃恢复二极管倍频器多用于高次倍频，可产生更高的微波频率。

6.6.3　三极管倍频器

三极管倍频器是利用 PN 结的非线性电阻产生谐波，即将 C 类放大器输出调谐到 N 倍的输入频率上，所以这种倍频器单向性、隔离性好，并有增益。三极管倍频器一般由双极结型晶体管和场效应三极管构成，倍频次数不可能太高，一般 N 小于 7，10 倍以上不太可能。用双极结型晶体管倍频器产生 C 波段以下的输出频率是非常简单的，成本也低，是频率源中常用的电路。

用场效应三极管倍频器可产生高达几十吉赫兹的输出频率，同时可提供较高的效率和较宽的工作频带，不需要空闲电路，对输入功率要求较低。

6.6.4　宽带倍频器

在现代合成频率源中，常常要求宽频带倍频，而参量倍频器很难实现宽带倍频。变电阻倍频器往往受输入输出匹配电路的带宽限制，带宽也不会太宽。在工程研制过程中发现,用单片宽带放大器作宽带倍频器时效果很好,成本低,带宽宽,可达倍频程,并有增益。用单片宽带放大器作宽带倍频器的主要机理是非线性电阻产生谐波,使输出调谐到 N 次谐波上,由于输入输出电路都是宽带的,因此可实现宽带倍频。双平衡混频器也可作宽带二倍频器,其附加相位噪声最低,目前市场上已有系列产品出售。

6.6.5　倍频器中的杂散和相位噪声

倍频器的杂散和相位噪声均按 $20\lg N$ 变坏,在工程实践中也完全证明了这一点。倍频器的附加相位噪声并不大,但应注意的是,当输入相位噪声很低(即输入信噪比很高)时,对输入信号处理不当会使相位噪声变坏,要求输入信号功率不应太小。在高次倍频中,输入信号功率太小,会使倍频后输出信号功率更小,影响输出信噪比,使相位噪声变坏。

6.6.6　常用的倍频电路

二极管倍频电路已广泛应用于各种电子系统中。在低次、高效率倍频电路中,用三极管和单片放大器实现更好。下面推荐一些工程中常用的倍频电路。

1. 双极结型三极管窄带倍频电路

由图 6.15 可以看出,调整发射极电阻值可实现 2 倍频～8 倍频。目前由于晶体三极管性能的提高,输出频率在 2 GHz 以下的电路均可用集总参数来实现。当输入信号较大时,电路变为图 6.16 所示。合理调整发射极电阻值,可提高倍频效率。

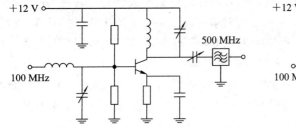

图 6.15　三极管五倍频电路图

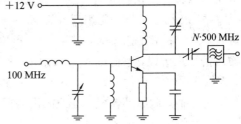

图 6.16　大信号三极管倍频电路

2. 单片放大器倍频电路

单片放大器倍频电路如图 6.17 所示,调整输出匹配电路,可使输出频率匹配。这种倍频器可实现 2 倍频～5 倍频,其输出频率可达 Ku 波段。输出端加窄带滤波器可实现窄带倍频,不加滤波器或加宽带滤波器可实现宽带倍频。

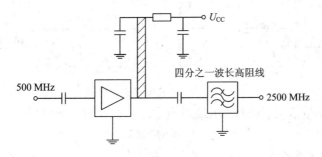

图 6.17　单片放大器倍频电路

多年来的工程设计和工程实践证明，用三极管和单片放大器作倍频器时，倍频效率高，有增益，工程稳定性好，电路简单，成本低，容易实现。本节给出的电路均为工程常用电路，有使用价值。

6.7　谐波发生器的分析与设计

随着合成频率源技术的发展，对相位噪声的要求越来越严格，因此，在合成频率源的设计过程中有一个低相位噪声的微波频率基准是非常重要的。这个微波频率基准的相位噪声在混频锁相环中直接影响锁相环的输出相位噪声。在直接式频率源中，常使用不同频率的微波基准，将低频段（常为 S 波段）合成的信号通过混频器搬移到不同频段上。所以，低相位噪声微波频率信号对合成频率源十分重要。产生该信号的最好办法是把晶振输出信号直接送入谐波发生器，谐波发生器的输出信号经开关滤波器组合，把所需的基准信号滤出。这样产生的微波基准信号具有体积小、相位噪声低和电路简单的优点。

6.7.1　谐波发生器与阶跃恢复二极管

谐波发生器是合成频率源中的常用器件，而谐波发生器中的关键器件是阶跃恢复二极管。

阶跃恢复二极管是一种电荷储存二极管，在负偏压范围内结电容是一个不变的常数，当由负偏压转到正偏压时将产生电容的突变，具有极强的电荷非线性开关特性，产生谐波的效率很高，接近 $1/N$，比用变容管高（一般变容管效率为 $1/N^2$）。阶跃恢复二极管一般用硅材料，因为制造工艺特殊，硅半导体 PN 结中的载流子寿命可达到微妙到毫秒量级，即在输入信号正半周，电荷进入 PN 结中，这些电荷被储存在 PN 结中，为自由电荷，不被复合；当输入信号负半周到来时，这些电荷和负半周的电荷瞬间被提取出来，形成一个极窄的负电流脉冲，此脉冲越窄，脉冲前沿时间越小，产生的谐波分量越丰富，高次谐波功率越大，一般用阶跃时间来表征。

6.7.2　谐波发生器的设计

由阶跃恢复二极管的分析可以看出，设计一个理想的谐波发生器，需先把输入信号放大至$(300\sim500)$ mW，然后通过匹配电路，使信号功率有效地加到阶跃恢复二极管上，这样阶跃恢复二极管才能产生较大的极窄电流脉冲，再把这个脉冲匹配输出，获得丰富的谐波，其原理框图如图 6.18 所示。

图 6.18　谐波发生器原理框图

从图 6.18 中可以看出，功率放大器必须把输入信号放大到 300 mW 以上才能推动阶跃恢复二极管，同时该放大器是谐波发生器附加相位噪声的主要来源。若放大器工作在非饱和状态，则输出功率随温度起伏大；若放大器过饱和，则会对二极管过度激励使相位噪声严重变坏。因此，设计附加相位噪声小并满足输出信号功率要求的放大器是非常重要的。在设计和制造过程中，为了使谐波发生器稳定工作，功率放大器必须具有一定的带宽和动态范围，输入信号频率和功率也应有一定的稳定变化范围。输入匹配电路的作用是把功率放大器的输出功率有效地加载到二极管上，以最大限度地产生更强的极窄电流脉冲，同时使二极管产生的谐波能量不能反串到放大器中。输出匹配电路的作用是把产生的各次谐波高效地传输到负载上，这样谐波发生器才能实现较高的倍频效率。

6.7.3　UCHG 型谐波发生器的实现

以上述理论为基础，采用 ADS 软件进行非线性仿真，设计出的 UCHG 型谐波发生器获得了较为理想的结果。UCHG 型谐波发生器的第一个优点是功耗小（电流 70 mA～200 mA），有多种电源电压可供选择（+5 V、+9 V 和 +12 V 等），不同工作电压或不同工作频率的电流不同，比目前国内外其他型号的电源电流都小；第二个优点是效率高，输出谐波的功率比目前市场上其他型号的输出谐波功率大。

总之，UCHG 型谐波发生器具有体积小、重量轻、功耗小、效率高、输出频谱宽、输出相位噪声好等优点。输入阻抗为 50 Ω，输入输出的 SMA 接头可拆卸。输入功率有 0 dBm 和 10 dBm 两种，输入频率为（20～1000）MHz，可满足绝大多数用户的要求。外形尺寸为 32 mm×17 mm×5.6 mm，与 Herotek 公司的 3A 外形相同，可直接替换。

表 6.1 给出了 100 MHz、250 MHz、1000 MHz 输入频率的最小输出功率情况和性能指标。

表 6.1　UCHG 型谐波发生器性能指标

型　号	输入功率 /dBm	输入频率 /MHz	输入驻波比 （Max）	最小输出功率/dBm				
				≤4 GHz	(4～8) GHz	(8～12.4) GHz	(12.4～18) GHz	(18～26) GHz
UCHG100A	0	100	2∶1	−12	−20	−30	−40	—
UCHG100B	10	100	2∶1	−12	−20	−30	−40	—
UCHG250A	0	250	2∶1	−5	−15	−25	−35	—
UCHG250B	10	250	2∶1	−5	−15	−25	−35	—
UCHG1000A	0	1000	2∶1	+4	0	−5	−15	−30
UCHG1000B	10	1000	2∶1	+4	0	−5	−15	−30

图 6.19 给出了 UCHG 型谐波发生器输出相位噪声的测量方法，用这种方法对输入 100 MHz 谐波发生器的不同输出频率相位噪声进行测量，获得的输出相位噪声如表 6.2 所示。图 6.20 和图 6.21 给出了实际测得的输出频谱图和 3.9 GHz 的相位噪声输出曲线。

图 6.19　UCHG 型谐波发生器相位噪声测量框图

表 6.2　100 MHz 输入时不同微波输出频率的相位噪声情况

dBc/Hz

偏离频率	10 Hz	100 Hz	1 kHz	10 kHz	100 kHz	1 MHz
1.1 GHz	−80	−109	−126	−140	−145	−145
3.9 GHz	−70	−99	−116	−130	−136	−138
5.6 GHz	−68	−96	−115	−125	−130	−134

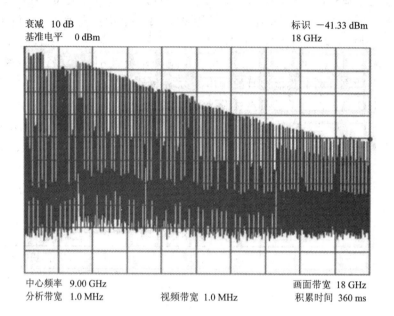

图 6.20　UCHG100A 的输出频谱测试结果

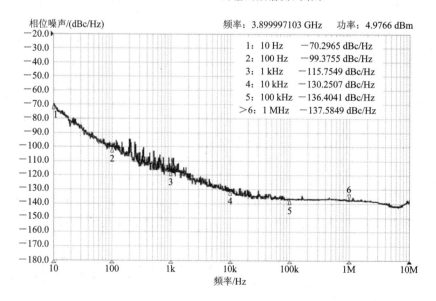

图 6.21　UCHG100A 的输出相位噪声测试结果

6.8　选频电路的分析与设计

在合成频率源中，尤其是在直接式合成频率源中，选频电路被经常使用。混频产生的和频与差频、分频器输出的 f/N 频率、谐波发生器的 N 次谐波频率及倍频器的谐波频率，都得通过选频电路将其选出。选频电路的好坏将直接影响合成频率源的性能指标。最常用的选频电路有各种各样的滤波器、电子开关和开关滤波组件等。当然，锁相环可等效为窄带滤波器，也是一种特殊的选频电路，其设计在其他章节里进行分析。这里主要分析滤波器、电子开关和开关滤波组件。

6.8.1　滤波器

1. 滤波器概述

滤波器是直接频率合成中很重要的部件，是一种优良的选频电路。正因如此，滤波器的发展很快，其体积大大缩小，性能指标大大提高，且有多种类型，常见的有带通滤波器、低通滤波器、高通滤波器和带阻滤波器。合成频率源中最常用的是带通滤波器，下面将重点介绍。

表 6.3 给出了几种常用带通滤波器的优缺点，每种滤波器又分多种形式，如微带滤波器中有微带线、板状线、悬置线等不同形式。在合成频率源中最常用的多为窄带带通滤波器，要求其带外抑制高，一般带外抑制在 80 dB 以上可抑制不需要的杂散分量。电调滤波器有两种带宽：一种为电调带宽，即电调范围，一般较宽；另一种为瞬时带宽，即滤波器停滞在某频率时的滤波器带宽。例如 YIG 滤波器，其电调带宽为 $(4\sim 8)$GHz，而瞬时带宽只有几兆赫兹，这种滤波器的主要缺点是电调谐速度慢，一般在几个毫秒量级。而电调滤波器因一般用变容管调谐，速度很快，在微秒量级，缺点是调谐带宽窄，带外抑制也不高，这是因为宽带变容管调谐电路的 Q 值很难做高。

表 6.3　常用带通滤波器性能指标比较表

滤波器种类	频率范围	相对带宽/(%)	插入损耗	带外抑制	体积	重量
LC 滤波器	$(2\sim 3000)$MHz	$2\sim 100$	大	较好	小	轻
同轴腔滤波器	$(0.8\sim 14)$GHz	$0.5\sim 8$	小	好	较小	重
梳齿滤波器	$(0.8\sim 18)$GHz	$1\sim 30$	小	好	中	重
交指滤波器	$(0.8\sim 12)$GHz	$2\sim 100$	小	好	中	重
波导腔滤波器	$(3\sim 18)$GHz	$1\sim 30$	小	好	较大	重
介质滤波器	$(0.3\sim 14)$GHz	$0.1\sim 8$	小	较差	小	轻
棒状滤波器	$(1\sim 6)$GHz	$3\sim 30$	小	好	长	重
螺旋滤波器	$(0.1\sim 2)$GHz	$1\sim 30$	较小	好	大	重
晶体滤波器	$(10\sim 1000)$MHz	$0.01\sim 3$	大	较差	小	较轻
声表滤波器	$(10\sim 500)$MHz	$1\sim 50$	很大	较差	小	轻
微带滤波器	$(1\sim 18)$GHz	$10\sim 50$	大	较差	大	轻
电调滤波器	$(2\sim 2000)$MHz	$3\sim 10$ 瞬时带宽	较大	较差	小	轻
YIG 滤波器	$(1\sim 18)$GHz	$0.1\sim 1$ 瞬时带宽	小	好	大	重

2. 滤波器的主要技术指标

1）工作频率、滤波器带宽、带内起伏

窄带滤波器的工作频率一般用中心频率 f_0 表示，而宽带滤波器的工作频率一般用最低工作频率到最高工作频率的范围表示，例如工作频率为（4.2～5.4）GHz。滤波器的带宽有两种表示形式，即绝对带宽和相对带宽。绝对带宽用频率值直接表示，如±20 MHz，指滤波器中心频率 f_0±20 MHz 内 40 MHz 的带宽。相对带宽用百分比表示，如带宽3%，即绝对带宽为中心频率 f_0×3%。带宽又常用 1 dB 带宽和 3 dB 带宽表示，不作声明的带宽一般指 3 dB 带宽，即偏离中心频率的幅度衰减到 3 dB 时的频率范围为 3 dB 带宽。另外，在宽带滤波器中，还有带内起伏指标，即在带宽频率范围内滤波器的插入损耗起伏的最大范围，例如带内起伏±0.5 dB。

2）插入损耗

带内信号频率 f_0 通过滤波器的衰减量，即输入信号功率与输出信号功率之比为滤波器的插入损耗。一般 LC 滤波器的插入损耗在 3 dB 以上，腔体滤波器的插入损耗在 3 dB 以下。插入损耗与许多因素有关，如级数越多，插入损耗越大；相对带宽越窄，插入损耗越大；外形尺寸越小，插入损耗越大；工作频率越高，插入损耗越大。

3）带外抑制

带外抑制是指带外信号通过滤波器时的插入损耗，它与滤波器的级数有关，级数越多，带外抑制越高。另外，偏离中心频率越远，带外抑制一般也越高。一般情况下，级数一定时，带外抑制大小是偏离中心频率的函数。

4）输入、输出阻抗及驻波比

为了方便使用，滤波器的输入、输出阻抗一般均为 50 Ω。表示滤波器与 50 Ω 标准负载的匹配好坏用驻波比表示，理想匹配驻波比等于 1，开路时驻波为无穷大。

5）外形尺寸、连接形式及承受功率

滤波器的外形尺寸可根据要求进行设计。一般尺寸大小与承受功率有关，尺寸越大，Q 值越高，功率容量越大，承受功率也越大。目前市场上的滤波器均为中小功率，在几瓦以下使用，大功率滤波器应特殊设计。滤波器有各种连接形式，常见的有 SMA 插头座、N 型插头座、插针及表面贴装等形式，应根据使用条件进行选择。

3. 滤波器使用注意事项

1）阻抗匹配

尽管滤波器的输入、输出阻抗均为 50 Ω，在使用时还应注意与前后电路的阻抗匹配。滤波器的阻抗 50 Ω 是指滤波器带内为 50 Ω，而带外不是 50 Ω，带外的信号往往因不匹配存在严重反射，使连接电路不能稳定工作。在合成频率源中，滤波器常与混频器、谐波发生器、倍频器及分频器相连，这些电路都含有丰富的互调信号和谐波信号输出，滤波器只滤出有用信号，而无用信号往往与滤波器阻抗不匹配被反射回去，使电路受到干扰，工作不稳定，因此在电路与滤波器之间必须加隔离措施。

2）隔离

滤波器与混频器、倍频器、谐波发生器及分频器等电路相连时，常因带外阻抗不匹配影响这些电路的工作,应在二者之间加隔离措施,最简单有效的隔离措施是加宽带衰减匹配,即在电路与滤波器之间加一个宽带 50 Ω 电阻衰减器,一般(2～3)dB 就可以了。

3) 连接、接地

同轴输入、输出的滤波器不存在接地问题。插针式滤波器在使用时接地质量对滤波器的性能影响很大,这是一个电磁兼容问题。滤波器无论是在印制板上还是嵌入在腔体内,都应确保接地良好,尤为重要的是插针周围的地与插针压焊在印制板周围的地应最短,且可靠、合理地接地,该处的印制板应有足够的地孔。另外,应避免产生不合理的地回路,防止地电流不通过滤波器而由地线直通过去。

6.8.2　电子开关

1. 电子开关概述

电子开关是合成频率源中非常重要的器件,它可选择各种不同频率的信号输出,也可选择多路信号的通断输出。电子开关的性能好坏直接影响合成频率源的性能指标,所以近二十多年来电子开关的通断比从 60 dB 提高到了 100 dB。常用的电子开关有两大类型,1 GHz 以下常用场效应管开关,1 GHz 以上常用 PIN 管开关。从输出负载分析,电子开关有吸收式和反射式之分,在合成频率源中用吸收式较好,但吸收式的通断比没有反射式的高,反射式在关断状态时的信号全反射有可能引起与其相连的电路工作不稳定。目前市场上的各种电子开关大同小异,基本都为小功率开关,大功率开关需专门设计。

2. 电子开关的主要技术指标

1) 开关通断比与隔离度

电子开关的通断比为导通时的输出功率与断开时的输出功率之比。早期的电子开关只能做到 60 dB 左右,现在的电子开关一般都能做到 80 dB 以上,甚至 100 dB 以上。开关通断比代表开关关断功率的水平。隔离度是单刀多掷电子开关通路与断路之间的功率之比,即输出支路的功率与其他断开支路的输出功率的比值。合成频率源中所使用的电子开关的隔离度不能低于 60 dB,一般应大于 80 dB。隔离度表征电子开关通路与断路之间的功率泄漏水平。

2) 开关速度

开关速度是电子开关中一项重要的技术指标,一般在几百纳秒,甚至小于几十纳秒。开关速度一般指从发出指令开始到开关导通,输出功率上升到输入功率的 90% 的时间。这里包括了开关驱动器的工作时间、驱动器的延迟时间和微波开关管的导通时间。

3) 插入损耗、驻波比及阻抗

合成频率源中微波器件的输入、输出阻抗一般均为 50 Ω。插入损耗为导通时输入功率与输出功率之比,一般为(1～2)dB,当工作频率在 X 波段以上时能达到 3 dB。工作频率越高,插入损耗越大;路数越多,插入损耗也越大。一般情况下,超过单刀八掷的开关,路间的插入损耗起伏很难控制。驻波比一般在 1.5 左右,频率越高,驻波比越大。

4) 接口、控制、电源

电子开关的输入、输出接口一般都为 SMA 接头,也有插针或表面贴装形式,控制接口一般都为 TTL 电平控制，正逻辑或负逻辑均可实现控制，TTL 高电平导通为正逻辑，TTL 低电平导通为负逻辑。PIN 管开关一般需要±5V 电源。

　　5）开关路数、输入功率、工作频段

开关有单刀单掷、单刀双掷、单刀三掷、单刀多掷等多种形式，当路数超过 8 路时，因路数多，各路走的路径不相同，驻波比、插入损耗等都不相同，给设计带来困难。目前市场上的开关均为中小功率，一般在 2 W 以下。电子开关本身是一种宽带器件，PIN 管开关在 1 GHz 以下频率工作时开关速度变慢，没有场效应管开关快。

3. 电子开关使用注意事项

电子开关在合成频率源中使用时，高速的通断转换可能给电路系统带来电磁干扰，影响前后电路的性能指标。例如压控振荡器（VCO）的输出接电子开关，可能使 VCO 输出杂散变大，甚至使 VCO 失锁。所以，在使用时必须考虑电子开关的电路隔离问题。

6.8.3　开关滤波组件

1. 开关滤波组件概述

随着滤波器、电子开关技术性能的不断提高和电路系统小型化的需求，将电子开关与滤波器集成到一起组成的开关滤波组件应运而生。开关滤波组件可以进一步缩小体积，降低重量，提高性能指标，同时提高了可靠性，甚至还可以把谐波发生器、单片放大器等集成在一起构成频率标准选通模块，如图 6.22 所示。

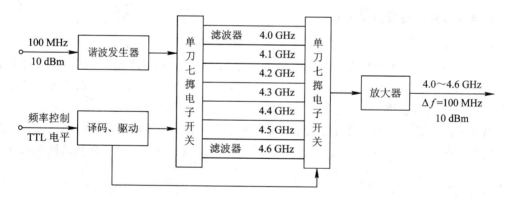

图 6.22　C 波段频率标准选通模块框图

2. 开关滤波组件的性能指标

开关滤波组件的性能指标与滤波器、电子开关的技术指标相同，目前工作频率可做到 10 MHz～18 GHz，开关隔离度大于 80 dB，带外抑制大于 80 dB，开关切换速度为 100 ns 左右。例如某 C 波段频率标准选通模块的框图如图 6.22 所示，输入频率为 100 MHz 基准，功率为 10 dBm，输出频率为（4.0～4.6）GHz，步进为 100 MHz，有 7 个频率点，各路之间的隔离度大于 90 dB，每路±100 MHz 频率抑制大于 80 dB，±50 MHz 频率抑制大于 55 dB，频率转换时间小于 100 ns，输出功率为 10 dBm，功率起伏小于 0.5 dB，频率控制方式为 TTL 电平，输入输出为 SMA-50 接头，电源电压为±5 V。

6.9　鉴频器电路的分析与设计

在合成频率源中，鉴频器是一个重要的组成部分，尤其在频率能自动跟踪的雷达接收机中就更为重要。鉴频器设计的好坏将直接影响自动频率调整（AFC）系统的性能，影响整个雷达系统性能的好坏。

鉴频器实际上是调频信号检波电路，具体来讲就是把输入信号的频率变化转换为振幅的变化。鉴频器的作用是鉴别输入信号的频率偏离程度，产生出与频率偏离量成比例的误差信号电压，并作为自动频率控制的控制电压。鉴频器的输入信号是中频信号，输出电压的极性取决于频率偏离的方向。

6.9.1　鉴频器的主要技术指标

1. S 特性曲线

鉴频器的 S 特性曲线如图 6.23 所示。图中各参数的含义如下：

$\pm \Delta U$：鉴频器的输出电压。

$\pm \Delta f_m$：频率偏离中心频率的最大数值，当 $\Delta f_m > 0$ 时，鉴频器输出电压为正；当 $\Delta f_m < 0$ 时，鉴频器输出电压为负。

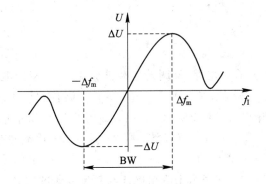

图 6.23　鉴频器的 S 特性曲线

2. 鉴频跨导

图 6.23 所示鉴频器 S 特性曲线中间线性部分的斜率，即为鉴频跨导。它表示每单位频偏所产生的输出电压的大小，单位为 V/MHz。

3. 鉴频灵敏度

鉴频灵敏度是指鉴频器正常工作时所需输入信号的最小频偏，频偏值越小，鉴频灵敏度越高。鉴频灵敏度表示鉴频器对最小频偏的检测能力。

4. 鉴频带宽

图 6.23 所示鉴频器 S 特性曲线中的 $2\Delta f_m$ 为鉴频带宽，一般要求 $2\Delta f_m$ 大于输入频率频偏的两倍，并且有一定的裕量。当输入为一串脉冲调制中频信号时，鉴频带宽 BW$\geqslant \dfrac{1.5}{\tau}$。其中，$\tau$ 为脉冲宽度。

5. 自动频率调整(AFC)

AFC 过程是利用误差信号的反馈作用来控制被稳定的振荡器频率。稳定误差信号由鉴频器产生,并与两个比较源之间的频率差成比例,因而在达到稳定状态时,两个频率不能完全相等,必有剩余频差 $\Delta f = |f_S - f_1|$。AFC 系统的原理框图如图 6.24 所示。

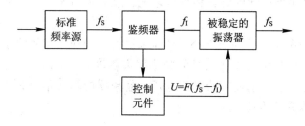

图 6.24　AFC 系统原理框图

6.9.2　鉴频器的种类及理论分析

1. 斜率鉴频器

斜率鉴频器是利用输入信号的中心频率(即载波频率)工作在 LC 并联谐振电路谐振曲线的倾斜部分时,可把调频信号变成调幅信号的原理来实现检波的。其特点是电路简单,但频带不宽,对线性要求不严格。

2. 振幅鉴频器

1)工作原理

如图 6.25 所示,假设谐振电路 A 调谐在载波频率 f_0,谐振电路 B 调谐在载波频率 f_1,谐振电路 C 调谐在载波频率 f_2,且 $f_1 > f_0 > f_2$,而且它们之间的频差不大。谐振电路 B 和 C 的谐振曲线如图 6.26 虚线所示。这时,如图 6.25 中所示把谐振电路 B 和 C 的端电压分别用二极管 V_{D1} 和 V_{D2} 进行包络检波,则 2-K 和 2'-K 端便有检波电流 i_{f1} 和 i_{f2} 流过。该电流在 K 点的方向是相反的,因此输出端 2-2' 上就得出如图 6.26 实线所示的曲线关系,这就是通常的 S 特性,它表示出输出电压与频率变化的关系。

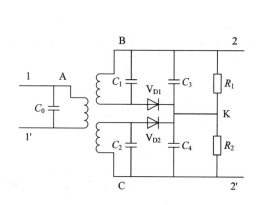

图 6.25　振幅鉴频器电路

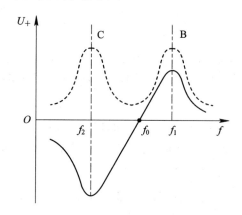

图 6.26　振幅鉴频器的特性曲线

2) 在 AFC 中的应用

在图 6.25 中，若二极管 V_{D1}、V_{D2} 包络检波完全对称，当调谐中心频率偏离时，则 $2-2'$ 间就产生相应变化的正或负电压，把此电压加到 VCO 变容二极管上，就可以控制 VCO 的振荡频率。

3) 参考计算

从图 6.25 中我们可得到五个关系式：

$$f_1 = f_0 + 0.715\mathrm{BW}$$
$$f_2 = f_0 - 0.715\mathrm{BW}$$
$$Q_1 = \frac{f_2}{f_1 - f_2}$$
$$Q_2 = \frac{f_1}{f_1 - f_2}$$
$$C_1 = C_2$$

式中：f_1 为谐振电路 B 的调谐频率；f_0 为载波频率（输入）信号的中心频率；f_2 为谐振电路 C 的调谐频率；BW 为谐振电路倾斜线性部分的带宽；Q_1、Q_2 分别为谐振电路 B 和 C 的品质因数；C_1、C_2 分别为谐振电路 B 和 C 的调谐电容。

3. 相位鉴频器

相位鉴频器的工作原理与斜率鉴频器相同，其特点是鉴频特性的线性比较好。

1) 工作原理

如图 6.27 所示，假如输入端 $1-1'$ 加信号电压 $E_{11'}$，则

$$E_{22'} = \frac{\dfrac{1}{\mathrm{j}\omega C_2}}{r_2 + \mathrm{j}\left(\omega L_2 - \dfrac{1}{\omega C_2}\right)} \times \frac{M}{L_1} E_{11'}$$

其中，r_2 为 $2-2'$ 端口的内阻。当次级调谐电路的谐振频率 f_1 等于输入信号的频率 f_0 时，有

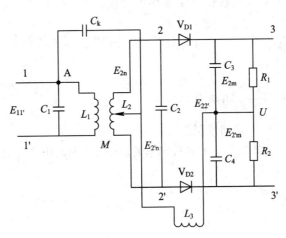

图 6.27　相位鉴频器

$$E_{22'} = -\mathrm{j}\frac{M}{\omega C_2 r_2 L_1}E_{11'}$$

显然 $E_{22'}$ 比 $E_{11'}$ 相位延迟了 90°。同时可知，当 $f_1 < f_0$ 时，延迟小于 90°；当 $f_1 > f_0$ 时，延迟大于 90°。设计时：

$$\omega C_k \gg \frac{1}{\omega L_3}$$

V_{D1} 两端电压为 E_{2m}，V_{D2} 两端电压为 $E_{2'm}$，所以

$$E_{2m} = \frac{E_{22'}}{2} + E_{11'} = E_{2n} + E_{11'}$$

$$E_{2'm} = \frac{E_{22'}}{2} + E_{11'} = E_{2'n} + E_{11'}$$

以上关系式用电压矢量表示，如图 6.28 所示。

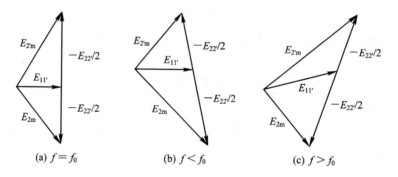

图 6.28　相位鉴频器频率变化的电压矢量图

这时虽然输入信号频率发生变化，$E_{11'}$、$E_{22'}$ 的振幅大体上是一定的，而负载电阻 R_1、R_2 的端电压 U_{3m}、$U_{3'm}$ 分别与 E_{2m}、$E_{2'm}$ 的振幅成正比，有下面关系：

$$U = |U_{3m}| - |U_{3'm}| = |\eta E_{2m}| - |\eta E_{2'm}| = (|E_{2m}| - |E_{2'm}|)\eta$$

即 $f = f_0$ 时 $U = 0$；$f < f_0$ 时 $U > 0$；$f > f_0$ 时 $U < 0$。

与振幅鉴频器相同，相位鉴频器也具有 S 特性。

2）设计要求

（1）跨导尽可能大；

（2）灵敏度越高越好；

（3）鉴频带宽 $\mathrm{BW} \geqslant \dfrac{1.5}{\tau}$，并有些裕量；

（4）对寄生调幅应有一定的抑制能力；

（5）尽可能减小使调频波失真的各种因素的影响，提高对电源和温度变化的稳定性。

3）最佳设计的条件

当 $Q_1 = Q_2 = Q$ 时：

$$KQ = 1.5$$

$$\frac{L_2}{L_1} = 1.77$$

$$[\Delta F]_{\max} = \pm 0.50 \frac{f_0}{Q}$$

$$S = 0.768 \frac{E_{11'} Q \eta}{f_0}$$

$$\frac{E_{22'}}{E_{11'}} = 2 \quad （在中心频率）$$

式中：K 为耦合系数；$[\Delta F]_{\max}$ 为最大频率偏移；f_0 为中心频率；S 为灵敏度；η 为二极管的检波效率。

4. 比例鉴频器

比例鉴频器电路与相位鉴频器电路类似，但有两点不同：一是二极管 V_{D1} 与 V_{D2} 连接为反相；二是在 3 - 3′ 两端接入了大电容（10 μF 左右）。

对于前面所讲的三种鉴频器而言，由于输入信号的幅度变动，在检波输出端也会出现波动，因此前级必须加限幅器。而比例鉴频器不同，这是因为它兼有限幅作用。那么它是如何限幅的呢？因为二极管导向不同，通过 R_1 流过 V_{D1} 的检波电流 i_{f1} 和通过 R_2 流过 V_{D2} 的检波电流 i_{f2}，对于 3 - 3′ 端是同向的。所以，R_1、R_2 的端电压 U_{3m}、$U_{3'm}$ 是同极性而相加，输出端 3 - 3′ 的电压为 $U_0 = |U_{3m}| + |U_{3'm}|$，又由于 3 - 3′ 端接入了大电容，它大于最低调频波的时间常数，即使是输入电压 $E_{11'}$ 幅度发生变化，输出电压 U_0 也能保持一定值。这里，若输入电压的幅度瞬时增加，则向大电容充电的电流也增加，检波电路等效输入电阻变小，从而使输入电压的幅度变小。反之，若输入电压幅度瞬时减小，则向大电容充电的电流也减小，而检波电路的等效输入电阻变大，从而使输入电压的幅度变大，这样就使输入电压的幅度保持在一定值。可见，比例鉴频器的工作原理同相位鉴频器，但比例鉴频器兼有限幅作用，且灵敏度是相位鉴频器的一半。

5. 数字式鉴频器

不同的频率可以用不同的数字表示，精度要求越高，数字越大，当然，转换时间也越长。数字式鉴频器就是将频率转换成数字信号，然后与参考频率对应的数字信号比较，得出一个差值，最后由 D/A 变换得出相应的电压，如图 6.29 所示。

图 6.29　数字式鉴频器框图

数字式鉴频器的优点是：数字化便于集成，鉴频精度高，鉴频带宽宽，易于自动化；缺点是：电路复杂，精度越高则反应时间越长。

6.9.3　鉴频器的电路设计

下面举例说明如何设计一个中心频率为 35 MHz，线性部分为 ±250 kHz 的相位鉴频器。我们这里使用的是双调谐鉴频器，它是利用谐振电路的相位特性来实现鉴频作用的。由前面关于相位鉴频器的分析，可得下式：

$$Q = \pm 0.5 \frac{f_0}{[\Delta F]_{\max}} = \pm \frac{0.5 \times 35 \times 10^6}{250 \times 10^3} = \pm 70$$

$$K = \frac{1.5}{Q} = \frac{1.5}{70} = 0.0214$$

先取 C 值，则由 $f = \dfrac{1}{2\pi\sqrt{LC}}$ 可知 L 值。

双调谐鉴频器是利用谐振电路的相位特性，先把频率变化的中频脉冲信号变成振幅随频率而变化的中频脉冲信号，然后再进行中频脉冲振幅检波，利用检波所得的电压作为误差电压输出。图 6.30 中，C_5、C_6、L_1 调谐电路调谐于额定中频 35 MHz；二极管 V_{D1}、V_{D2} 及其负载 R_3、R_4、C_9、C_{10} 组成双端式中频脉冲检波器；L_2 为高频扼流圈，用于通直流、隔交流，用来构成 V_{D1}、V_{D2} 的直流通路；R_5、C_{11} 可滤除高频分量。

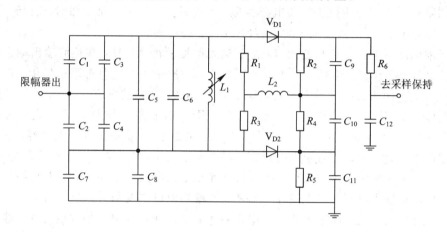

图 6.30　电容耦合相位鉴频器

测试结果如下：

(1) 由 $\tau = 0.8\ \mu s$，可得 $\mathrm{BW} \geqslant \dfrac{1.5}{\tau} = 1.875$ MHz。实测中心频率为 35 MHz，带宽大于 2 MHz，满足跟踪精度大于 ± 300 kHz 的要求。

(2) 在保证鉴频器正常工作的情况下，输入调频信号的幅度可 ± 3 dB 变化，满足设计要求。

(3) 鉴频斜率为每 100 kHz 变化 $(40\sim 30)$ mV，即每 1 MHz 变化 $(0.4\sim 0.3)$ V。

本系统用于某雷达 AFC 系统中，工作稳定可靠，取得了很好的效果，大大提高了雷达的整体性能。

6.10　压控振荡器电路的分析与设计

压控振荡器是间接式合成频率源中的关键部件之一，通过控制变容管的电容量来调谐振荡器频率及相位，达到锁定 VCO 相位的目的，以实现间接式频率合成。VCO 调谐速度快，压控线性差，带宽可宽可窄，是间接式频率源常常使用的器件。在仪器仪表中，常选用 YIG 振荡器，它的主要缺点是频率调谐速度慢，无法实现频率捷变。锁相环中用的 VCO 压控线性起伏不应超过其最大起伏的两倍，否则环路增益起伏太大，会给锁相环的设计带来很多不利之处，甚至无法在整个频段内都实现良好的锁定。使用宽带 VCO 时还应注意幅频特性，VCO 在工作频段内功率起伏不能太大，否则影响锁相环的性能，一般控制在 ± 1 dB 以内。VCO 的相位噪声应尽量低，尤其是远端相位噪声，它将直接输出而不受锁相环控制。

目前国内外均有 VCO 的系列产品，一般不需用变容管和晶体管自行设计，而是直接选用所需的 VCO 便可。现在市场上 VCO 的工作频率范围很宽，既有窄带的，也有宽带的，宽带 VCO 一般可达一个倍频程，输出功率为几十毫瓦，功率起伏、压控灵敏度起伏和相位噪声都较好。

6.10.1　压控振荡器的基本参数

压控振荡器包括下列基本参数：

(1) 工作频率范围：是指满足各项指标要求的输出信号频率调谐范围，常用起止频率表示。由于振荡电路采用的调谐电路不同，故工作频率范围的相对带宽从百分之几到几倍频程，一般情况下相对带宽窄的压腔振荡器的相位噪声（频率稳定度）更好。

(2) 频率稳定度：是指在一定时间间隔内频率的变化。根据指定时间间隔的不同，频率稳定度可分为长期频率稳定度、短期频率稳定度和瞬间频率稳定度。长期频率稳定度主要取决于有源器件、电路元件等的老化特性；短期频率稳定度主要是与温度变化、电压变化和电路参数不稳定性等因素有关；瞬间频率稳定度主要是由于频率源内部的噪声而引起的频率和相位起伏，反映出来的是相位的抖动，用相位噪声来表示。

(3) 输出功率：是指振荡器正常工作时输出信号的功率，输出功率随温度和频率的变化用功率起伏表示。

(4) 谐波抑制：表征的是振荡器在工作频率整数倍频率上的输出功率与基频功率之间的比值。

(5) 杂波抑制：表征的是振荡器在工作频率非整数倍频率上的输出功率与基频功率之间的比值。

(6) 推频系数：表征的是振荡器的工作频率随工作电压变化的敏感程度。

(7) 频率负载牵引系数：表征的是振荡器的工作频率随输出端负载由匹配到指定失配状态的变化。可以用以下公式计算频率随负载驻波比的变化：

$$\Delta f_{\text{peak-to-peak}} = \frac{f_0}{2Q_{\text{EXT}}}\left(S - \frac{1}{S}\right)$$

式中：f_0 为振荡频率，Q_{EXT} 为电路的外部品质因数，S 为负载驻波比。

(8) 频率调谐特性：分为模拟调谐和数字调谐。模拟调谐指标主要有调谐电压范围、调频（调制）灵敏度、调谐线性度、调制带宽和调谐端口电容等；数字调谐指标主要有调谐位数、数字调谐灵敏度、数字最大调谐率等。

(9) 调谐时间：是指振荡器由输出频率初始值调谐到指定终止频率范围所需的时间。

(10) 调后漂移：是指振荡器调谐到频带内某一频率后，在一指定时间段内输出频率漂移的最大值。

(11) 调制带宽：是指用相同幅度的信号对压控振荡器的调谐端口进行调制，改变调制信号的频率，当调制后的信号调频带宽下降 3 dB 时对应的调制信号的频率。

(12) 剩余调频：是指将振荡器调整到稳定的工作频率后，频率变化范围的 3 dB 带宽。

可以把频谱分析仪的接收带宽(RBW)设置为 1 kHz 来测试该参数。

(13) 工作电源与功耗：表征的是振荡器的工作电压、电流及电源纹波大小的要求。

(14) 工作环境条件：表征了振荡器正常工作的温度、湿度、气压、震动等环境条件。

6.10.2　振荡电路的构成形式

构成振荡器必须具备以下三个条件：① 一套谐振电路(两个或两个以上的储能元件)；② 一个能量来源(直流供电电源)；③ 一个控制装置(有源器件和正反馈电路)。

1. 振荡的原理与分析方法

振荡器常用反馈分析法和负阻分析法来进行设计分析，具体设计时可根据便利性进行选择。

反馈分析法是在放大器电路中加入正反馈，当正反馈足够大时，放大器产生振荡，变成振荡器。

负阻分析法是把一个呈现负阻特性的有源器件直接与谐振回路相接，以产生等幅振荡，构成振荡器。若某器件的伏安特性呈现当电压减小 ΔU 时，流过的电流反而增加 ΔI，则器件就呈现出了负阻特性。

二极管振荡器常采取单端口负阻振荡器分析方法，三极管振荡器常采取双端口负阻振荡器分析方法。

2. 振荡器的电路形式与种类

微波固体振荡电路按照采用的半导体器件类型可分为三极管振荡器和二极管振荡器两大类。三极管振荡器频率从几兆赫兹到 50 GHz；二极管振荡器频率可高达 200 GHz 以上。按照采用的谐振电路的不同，振荡器可以分为 RC 振荡器与 LC 振荡器两大类。RC 振荡器主要在频率较低时或在集成电路中使用，LC 振荡器有许多不同的材料和实现方式，应用非常广泛。将振荡回路的电容或电感换成可控器件即可构成调谐振荡器，调谐方式有机械调谐、变容管调谐、偏置调谐、YIG 调谐、参量调谐、数字调谐和光调谐多种方式。

在需要产生很低频率的信号(几十千赫兹或更低的频率)时，理论上也可以采用 LC 振荡器，但这时需要大的电感与电容，这些器件构造笨重、制作困难，因此较低频率的振荡器常采用 RC 振荡电路。常见的 RC 振荡器有 RC 相移振荡器、文氏电桥振荡器、环形振荡器和张弛振荡器等。

在频率不高时常采用反馈型 LC 振荡器，按照反馈耦合元件可分为：互感耦合振荡器、电感反馈三端(哈特莱，Hartley)振荡器、电容反馈三端(考毕兹，Colpitts)振荡器和改进型电容反馈三端(克拉波，Clapp)振荡器。

3. 振荡电路中谐振器的种类

谐振器是振荡器的重要组成部分，是一种储存一定电磁能量的元件，电能和磁能在其中周期性地相互转换，这种转换过程即为振荡，振荡的频率称为谐振频率。在频率不高时可采用集总参数电感 L 和电容 C 组成的串联或并联谐振电路；在微波频率上可采用分布参数谐振电路，由各种传输线构成的开路或短路谐振器及环形、圆形和椭圆形谐振器或介质谐振器等。

1）电感电容谐振器

电感电容谐振器由集总和半集总电感、电容构成。

2）传输线谐振器

端头短路或开路的半波长整数倍的传输线或四分之一波长奇数倍的传输线可以构成谐振器。常用的微带谐振器有终端开路形、终端短路形、终端电容加载形、三角形、正六边形、环形、圆形和椭圆形等几种。同轴腔谐振器有终端开路形、终端短路形、终端电容加载形等几种。螺旋腔可以看成是同轴腔的一种。

3）波导腔谐振器

波导腔常用的有环形空腔、矩形空腔和圆柱空腔等几种。

4）压电陶瓷谐振器

常用的压电陶瓷材料是锆钛酸铅，它的化学成分是 $Pb(ZrTi)O_3$，它与石英晶体一样具有压电特性，作为谐振器使用时，其 Q 值比 LC 谐振器的高，比石英晶体谐振器的低。

5）声表面波谐振器

声表面波材料是一种以铌酸锂、石英或锆钛酸铅等压电材料为存底（基体）的电声元件，馈入一个交流信号将引起衬底振动，并沿其表面产生声波（表面波和体波），当外来信号频率与声波在其表面传播的频率相等时，激起的信号最强，即产生谐振。

6）微波介质谐振器

微波介质材料常采用二氧化钛（TiO_2，金红石）单晶、钛酸锶（$SrTiO_3$）单晶和它们的多晶化合物、醋酸盐、锆酸盐等，选择相对介电常数高、正切损耗小、介电常数温度系数小的材料做成矩形平行六面体、圆柱形和圆环形谐振器。这种谐振器的尺寸要比波导空腔小很多，可构成加载带阻滤波器型振荡器、传输型稳频振荡器和反馈型稳频振荡器等电路形式。

图 6.31 给出了介质振荡器（DRO）、腔体振荡器（CSO）和晶体振荡器（XCO）三者温度稳定性的比较曲线。图 6.32 给出了三者相位噪声的比较曲线。

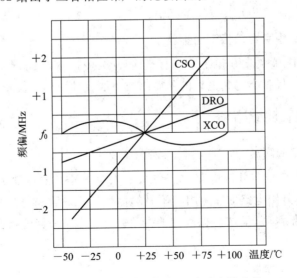

图 6.31　DRO、CSO、XCO 温度稳定性比较

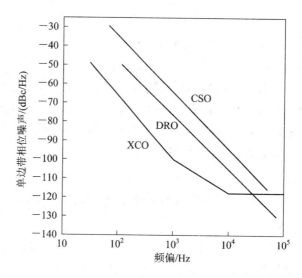

图 6.32   DRO、CSO、XCO 相位噪声比较

7）单晶铁氧体谐振器

单晶铁氧体谐振器常用的材料有钇铁石榴石（Yttrium Iron Garnet，YIG）、掺镓钇铁石榴石、锂铁氧体和钡铁氧体。其特点是具有磁调谐特性，在磁场的激励下能产生旋磁共振，即当作用于其上的外偏置磁场强度改变时，它的谐振频率将连续变化。该类谐振器常制作成小球或薄圆盘形谐振器。

4. 二极管振荡器

雪崩二极管（IMPATT）和耿式二极管（Gunn）的伏安特性都呈现出负阻抗特性，常采用这些二极管来构成振荡器。

二极管振荡器的优点是电路简单、体积小；缺点是输出功率低、与输出电路难以隔离、负载牵引大、频率稳定度和幅度稳定性差。

二极管振荡器的电调谐方式有偏置调谐、变容管调谐和 YIG 调谐三种。

5. 压控振荡电路中变容二极管的种类

在 Ku 波段范围内常采用硅变容二极管作为压控振荡器的调谐元件，当频率高于 12 GHz 时，砷化镓二极管会得到更高的品质因数而取代硅变容二极管。

6.10.3 振荡器设计注意事项

1. 信号输出端口的隔离

振荡电路的输出信号与外围电路之间应采取铁氧体隔离器或放大器衰减方式进行隔离。由于一般情况下外围电路的输入阻抗不是纯阻，若不采取隔离措施，其分布电感或电容会参与到振荡电路中，从而改变振荡器的振荡条件，对振荡器的频率稳定性和准确性产生影响，严重时会停振。

2. 调谐端口的滤波处理

调谐端口可以采用低通或带阻形式的滤波器进行滤波处理。

3. 电源端的稳压滤波

振荡器是敏感器件,工作电压常需要通过线性稳压电路提供,而线性稳压电路能对电源上低频干扰起到滤波隔离作用,而且应采取电感电容滤波电路。

4. 调谐特性的选取

压控振荡器的典型调谐特性是:在电压较低时调谐灵敏度高,在电压较高时调谐灵敏度低。在使用中选择调谐电压在中间部分时的频率作为输出频率,这一段的压控斜率比较平坦,而且变容二极管的 Q 值也比较高,能得到较好的相位噪声。在设计时应尽量选择调谐灵敏度低的器件,这样能得到较好的相位噪声和杂波输出。

当需要高线性调谐特性的压控振荡器时,常在调谐端口采用附加的模拟或数字调谐补偿电路。

5. 可靠接地

振荡电路的接地端与壳体的接触电阻要求非常小,否则与壳体之间产生的分布电容或电感会改变振荡器的工作状态,甚至出现停振。安装时可以采取将振荡器的地与壳体直接焊接的方式。

6. 温度补偿或加热恒温措施

振荡器的输出频率会随环境温度而变化,有时在调谐端需要采取温度补偿措施,或对振荡电路采取恒温措施来减小温度对输出指标的影响。

6.11　其他常用电路的分析与设计

6.11.1　分频器

分频器是合成频率源中不可缺少的重要电路,可分为固定分频器和可变分频器。固定分频器又分为单模固定分频器和多模固定分频器。目前单模固定分频器的工作频率可覆盖从低频到微波的全波段,多模固定分频器的工作频率低,一般在 5 GHz 以下。而可变分频器又可分为程控分频器、吞除分频器和小数分频器,均靠数字电路进行程序控制来实现可变分频,可变分频器是数字锁相环中的重要环节。

分频器的基本原理是用触发器级联并加适当的反馈控制完成各种分频功能。国内外的器件厂商有各种分频器可供选用。

分频器有最低输入频率要求,输入频率太低时分频器不能正常工作;同样也有最高工作频率要求,频率太高时也不能正常工作。不同分频器对输入电平的要求也不同,一般在 $(-10\sim+3)$dBm 之间,例如 ECL 电路构成的分频器输入电平要求 $(0\sim3)$dBm。而输出电平都是固定电平,不同类型的分频器输出电平也不同,例如 TTL 分频器输出 TTL 电平,ECL 分频器输出 ECL 电平,砷化镓固定分频器输出电平一般在 -3 dBm 左右。TTL 分频器的工作频率一般在 100 MHz 以下,ECL 分频器的工作频率在 5 GHz 以下,砷化镓固定分频器的工作频率可达 22 GHz。

分频器对相位噪声有影响,一般分频器的基底相位噪声为 $(-160\sim-155)$dBc/Hz。分频器对输入相位噪声按 $20\lg N$ 降低(N 为分频次数),而基底相位噪声基本上按 $20\lg N$ 升高,其输出相位噪声为二者之和。所以当分频次数较高时,噪声基底的抬高起到主要作用,例如吞除脉冲分频器,分频次数为 1000~2000,基底相位噪声为 -155 dBc/Hz,其分频器输出相位噪声为$(-95\sim-89)$dBc/Hz。另外,分频器输入相位噪声被降低这一点在锁相环中非常重要,当锁相环内含有分频器时,会使锁相环的输出相位噪声变坏。

6.11.2　运算放大器及 D/A 变换电路

运算放大器及 D/A 变换电路也是合成频率源中的重要电路。运算放大器的作用是放大鉴相器输出误差电压,提高锁相环的增益和接收机的视频输出幅度,并把误差电压与调谐电压相加,去控制 VCO 频率。D/A 变换电路是把数字量变换成调谐电压,对 VCO 调谐。由于这两种电路的噪声电压将直接调制 VCO,使 VCO 相位噪声变坏,因此要求这两种电路必须是低噪声电路,甚至它们的供电电源都必须用低噪声电源。除此之外,对这两种电路的速度要求很快,尤其是在宽带捷变频锁相环中,跳频时间主要由这两种电路的电压过渡时间决定,在大步进跳频时更为明显。

对运算放大器及 D/A 变换电路除要求高速外,还要求带宽宽、温漂小、精度高、动态范围大等,同时满足这些指标的电路设计难度较大。

6.11.3　频率源控制电路

无论直接式合成频率源还是间接式合成频率源,要正常工作都需控制电路来进行控制。直接式合成频率源的控制电路较为简单,主要有同步程序控制电子开关等。而间接式合成频率源不仅需对电子开关进行同步程序控制,还需对分频码、D/A 变换频率码及锁相环的频率捕获、频率搜捕及跳频频率码的修正等进行程序控制,比直接式要复杂得多。这些控制电路一般都由数字逻辑电路组成,可用多层印制板来实现,不同产品要求不同,印制板也不一样。随着技术的发展,这些电路可使用可编程逻辑器件(如 CPLD、FPGA 等)实现,大大简化了设计,提高了通用性。

6.11.4　隔离器、功分器、定向耦合器及衰减器

在合成频率源中,不仅使用各种有源电路,还大量使用无源电路,最常用的无源电路有隔离器、功分器、定向耦合器及衰减器。

隔离器用来隔离微波信号,尤其是在传输功率较大时,为防止反射引起的危害,必须使用隔离器,保护功率输出放大器。在频率源中为了提高信号通道之间的隔离,也常常在必要的地方设计隔离器,如混频器、倍频器、谐波发生器等电路的匹配、隔离。隔离器的主要技术指标有工作频率、插入损耗、反向隔离、驻波比、输入输出阻抗、工作温度等。工作频带有宽有窄,插入损耗一般在 0.3 dB 左右,反向隔离一般在 20 dB 左右。

功分器将输入功率分成两路或多路,有 0°、90° 及 180°功分。功分器的主要性能指标有工作频率范围、隔离度、插入损耗、相位不平衡度、幅度不平衡度等。功分器分路端之间是相互隔离的,一般在 20 dB 到 40 dB 左右。功分器反过来可用作功率合成器,可以把两路或多路信号相加。

定向耦合器可把功率不等分地分配为两路,一路为主路,另一路为耦合端,所以定向耦合器的主要指标有工作频率范围、耦合度、插入损耗、平坦度及方向性等。

固定衰减器是把信号功率做某定值的衰减，在电路系统中起到调整功率、阻抗匹配及宽带隔离等作用。目前好的同轴固定衰减器从 DC 到 18 GHz，驻波比小于 1.2，衰减量从 1 dB 到 20 dB 都有。在频率较低时，也可以用三只电阻组成 π 型或者 T 型衰减器。另外，还有电调衰减器、程控步进衰减器及数控衰减器等可供选用。

6.11.5　检波器及故障检测电路

检波器用于检测高频或微波信号，可为故障检测系统提供检测电平。检波器的主要技术指标有工作频率范围、检波灵敏度、输入功率、烧毁功率、检波线性度和脉冲性能等。目前国内外都推出了一种"门限检测电路"或者"故障检测电路"，可直接输入耦合处的小功率信号，输出为 TTL 电平，检测门限可调，甚至能够工作在脉冲调制状态。

下面再推荐一种常用的高频故障检测电路，即三极管检波器。它用一只 PNP 型三极管，使用发射结作检波器，检波后的直流信号经集电结放大，可直接输出 TTL 电平，电路简单可靠，使用方便。用 PNP 管主要是为输出 TTL 电平。具体电路如图 6.33 所示。该电路的输入频率可从几兆赫兹到 1 GHz，输入功率(0~10)dBm，图中 C 和 R 可根据输入频率和功率确定，C 一般取几微法到几百皮法，R 从几十欧姆到几百欧姆。

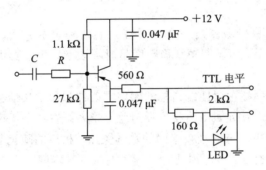

图 6.33　三极管门限检波电路

故障检测电路也是合成频率源的重要组成部分，设计人员不同，采用的方法也可能不同。为了提高电路系统的安全工作能力和抗电磁干扰能力，电路系统应输出合理的直流电平和 TTL 电平，尽量不要直接把高频和微波能量送往故障检测系统，这是因为故障检测系统是数字电路系统，会带来很多数字电路的干扰。使用上述门限检测电路把高频或者微波信号变换成直流电平再输出是合理的。尽管如此，当电路系统的故障检测信号与雷达等大系统连接时，这些故障检测电平还应再经过门电路隔离后输出，否则会引进数字电路的干扰，使电路系统指标变坏。

第 7 章　频率源的相位噪声分析与测量

　　相位噪声是频率源最重要的技术指标之一，它决定了频率源的复杂度、技术难度和成本。通常情况下，如果要求相位噪声再低几个分贝，可能使频率源的设计复杂度、技术难度和成本等都成倍地增加。因此低相位噪声设计是频率源设计中的关键技术。本章将对相位噪声进行较详细的分析，并重点讨论间接式频率源的相位噪声，同时将详细介绍相位噪声的测量原理、测量方法和测量步骤，最后介绍 HP3048A 相位噪声测试系统。

7.1　频率源的相位噪声分析

7.1.1　概述

　　相位噪声与短期频率稳定度是一个物理现象的两种表示方法，它们在本质上是相同的。相位噪声是频域表示，而短期频率稳定度是时域表示。相位噪声是频率源的一个主要技术指标。

　　大家知道，作为频率源主要性能指标的频率准确性和频率长期稳定性是由高稳定的参考源(如石英晶体振荡器)决定的。而相位噪声就是指系统在各种噪声作用下所表现出的相位随机起伏。由于信号相位与信号频率间的数学关系，相位的随机起伏必然伴随有频率的起伏。这种频率起伏的速度较快，因此称之为短期频率稳定度。

　　频率源的相位噪声对系统和设备的性能影响很大。从频域看，相位噪声分布在信号载波附近。当频率源的输出信号作为发射机的激励信号，或者作为接收机的本振及各种频率基准时，这些相位噪声在解调过程中将会和所需信号一样出现在解调终端，引起基带信噪比下降。例如，在通信系统中将使话路信噪比下降，或者使误码率增加；雷达系统中将影响目标的分辨能力(即改善因子)；而接收机本振中的相位噪声，当遇到强的干扰信号时，由于"倒易混频"现象，会使接收机有效噪声系数增加。

　　所以，随着技术的发展，对频率源相位噪声的要求越来越严格。这些高稳定(即低相位噪声)的频率源，在物理、天文、无线电、通信、雷达、航空、航天以及精密计量等多个领域中得到了越来越广泛的应用，这又反过来促进了频率源的研究与发展，使其达到了很高的水平。

　　频率源的迅速发展必然促进了频率与时间计量以及频率稳定度理论和测量技术的发展。几十年来，经过这个领域里各国学者和工程技术人员的共同努力，相关研究取得了很大的进展。但是，无论在理论上还是在工程实践上，仍然存在着不少有待研究与解决的问题。

　　由于问题本身的复杂性，使得频率稳定度的表征迄今为止还没有被一致接受的定义。本节将要讨论的相位噪声功率谱密度 $S_y(f_m)$ 是由 IEEE(美国电气与电子工程师协会)时间与频率分委员会所推荐并在实践中得到比较广泛应用的定义。所定义的量，实际上表征的是频率源频率的不稳定度，但人们往往将其称为稳定度。

现代电子对抗技术的迅速发展，要求雷达在有源干扰和无源干扰同时存在的恶劣环境中能够工作。因此，就要求雷达频率源具有极高的短期频率稳定度和频率捷变性能，特别是在脉冲多普勒技术与脉间跳频技术兼容的雷达体制中更是如此。而实现这种雷达体制的关键之一是设计制造出具有这种性能的全相参雷达频率源。

低相位噪声频率源不仅应用在现代雷达中，也广泛应用于通信及测量仪器中，这些应用对频谱纯度、相位噪声等都有严格要求。在一个系统中，信号质量的恶化在经济上造成的代价是很高的。因此，常常采用相当复杂的技术来降低相位噪声，即使造成频率源成本上升也是值得的。

7.1.2　相位噪声的相关概念

1. 噪声密度的定义及正弦表示

任何信号的频谱都不是绝对纯净的，都或多或少地受到噪声和干扰信号的影响。噪声和干扰调制到信号上，会产生调制边带。频率源中的噪声一般可分为三种类型，即闪变噪声、干扰噪声（也叫调频噪声）和白噪声（也叫叠加噪声或调相噪声）。下面就噪声密度及对信号的影响进行一些分析。

众所周知，一只温度为 T（单位：K）的电阻产生的每赫兹带宽平均噪声功率 N 为

$$N = kT \quad (\text{W/Hz})$$

式中：$k = 1.38 \times 10^{-23}$ J/K，为玻尔兹曼常数。

在总有效噪声温度为 T_s 的情况下，若用 N_0 表示每赫兹带宽平均噪声功率，则 $N_0 = kT_s$ W/Hz；当 $T_s = 290$ K，即常温 17 ℃时，$N_0 = -204$ dBW/Hz $= -174$ dBm/Hz。

一般载频为 f_0 时，其两边的 $f_0 \pm \Delta f$ 处 1 Hz 带宽内的噪声分量是相等的。因此，噪声功率密度 $N_0 = kT_s$。

白噪声功率密度是平稳随机过程，可视为无穷多个正弦波相加。为了分析方便，常常研究调制边带 Δf 处 1 Hz 带宽的噪声功率分量对信号 f_0 的影响。设频率为 f_0 的载波和频率为 $f_0 \pm \Delta f$ 的 1 Hz 带宽噪声分量在时间小于 1 s 时，噪声电压是一个频率为 $f_0 \pm \Delta f$ 的正弦波，然后用矢量方法来分析这两个不同频率正弦波的效果。如图 7.1 所示，设载波是静止的，而噪声分量以 $\Delta \omega = 2\pi \Delta f$ 的角度 θ 旋转。

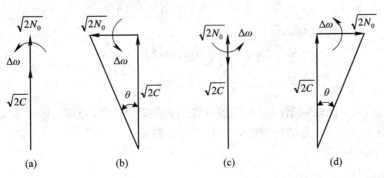

图 7.1　载波加窄带噪声

从图 7.1 可以看到，当噪声矢量旋转时，载波既产生调幅又产生调相。在图 7.1(a) 和 (c) 处，载波只产生调幅；在图 7.1(b) 和(d) 处，载波只产生调相。载波幅度用 $\sqrt{2C}$ 表示，而噪声正弦波振幅用 $\sqrt{2N_0}$ 表示。可见调幅峰值为

$$M' = \sqrt{\frac{N_0}{C}}$$

调相峰值（相位抖动）为

$$\theta = \arctan\sqrt{\frac{N_0}{C}} \quad (\text{rad}) \tag{7.1}$$

当 θ 值很小时，如在随机噪声调制情况下，若调制指数很低（例如小于 0.1 rad），则认为调相是近似线性的。此时可以使用叠加原理，各独立的噪声功率可以相加，而各独立的噪声电压是按各自平方和的平方根组合在一起的。

2. 调制理论

理想的锁相环或者频率源的输出信号可表示为

$$V(t) = V_0\cos(\omega t + \theta_0)$$

式中 V_0、ω、θ_0 都是常数，这是一个理想的纯净信号，用频谱图可表示为一根谱线，用时域正弦波表示时周期为一恒定值。实际上正弦信号不可避免地被噪声所调制，存在着寄生调相、调幅，可用下式表示：

$$V(t) = V_0[1 + \alpha(t)]\sin[\omega t + \theta(t)] \tag{7.2}$$

式中：$\alpha(t)$ 表示随机调幅，$\theta(t)$ 表示随机调相。

这样一来，信号将不再是纯净的了。在信号的主谱线两边将出现边带噪声。对锁相环或者频率源来讲，随机调幅 $\alpha(t)$ 往往比较小，而且容易去掉，危害性不大；而随机调相 $\theta(t)$ 却是影响频谱纯度的主要因素。因此，我们应讨论随机调相 $\theta(t)$ 的基本概念并对它进行定性和定量分析，为此必须先复习一下调幅、调相及调频理论。

1) 调幅（AM）

一个调幅信号一般可写成：

$$V(t) = V_0[1 + \alpha(t)]\sin\omega t \tag{7.3}$$

式中：V_0 表示载波振幅，$V_0 = \sqrt{2C}$；$\alpha(t)$ 表示随机调幅，且

$$\alpha(t) = M'\sin pt \quad (\text{通常 } M' < 1)$$

所以

$$\begin{aligned}
V(t) &= V_0[1 + M'\sin pt]\sin\omega t \\
&= V_0[\sin\omega t + M'\sin pt\sin\omega t] \\
&= V_0\left[\sin\omega t + \frac{M'}{2}\cos(\omega - p)t - \frac{M'}{2}\cos(\omega + p)t\right]
\end{aligned} \tag{7.4}$$

由此可以看出，调幅频谱刚好在载波的左右两边产生一对边带。每一边带振幅与载波振幅之比值为 $M'/2$，M' 为调制深度，常用百分比表示。

2) 调相（PM）

一个调相信号一般可写成

$$V(t) = V_0\sin[\omega t + \theta(t)] \tag{7.5}$$

$$\theta(t) = \theta \sin pt \tag{7.6}$$

式中：$\theta(t)$ 表示随机调相；θ 是峰值角偏移，单位是 rad。所以

$$V(t) = V_0 \sin[\omega t + \theta \sin pt]$$
$$= V_0 [\sin \omega t \cos(\theta \sin pt) + \cos \omega t \sin(\theta \sin pt)] \tag{7.7}$$

将式(7.7)展开为贝塞尔函数，整理后得

$$V(t) = V_0 [J_0(\theta) \sin \omega t + J_1(\theta) \sin(\omega + p)t -$$
$$J_1(\theta) \sin(\omega - p)t + J_2(\theta) \sin(\omega + 2p)t -$$
$$J_2(\theta) \sin(\omega - 2p)t + \cdots] \tag{7.8}$$

由式(7.8)可以看出，载波振幅为 $V_0 J_0(\theta)$；第一上边带的振幅为 $V_0 J_1(\theta)$，第一下边带的振幅为 $-V_0 J_1(\theta)$；第二上边带的振幅为 $V_0 J_2(\theta)$，第二下边带的振幅为 $-V_0 J_2(\theta)$；等等。

贝塞尔函数值可通过查表获得，当 θ 值很小时，如在随机噪声调制情况下，可取近似值为

$$J_0(\theta) \approx 1$$
$$J_1(\theta) \approx \theta/2 \tag{7.9}$$
$$J_2(\theta) \approx J_3(\theta) \approx J_4(\theta) \approx \cdots \approx \theta$$

所以，对于小 θ 值，$J_2(\theta)$、$J_3(\theta)$、$\cdots$项可以忽略，则有

$$V(t) = V_0 \left[\sin \omega t + \frac{\theta}{2} \sin(\omega + p)t - \frac{\theta}{2} \sin(\omega - p)t \right] \tag{7.10}$$

将式(7.4)和式(7.10)用矢量表示，如图 7.2 所示，每一个边带的峰值振幅是 $V_0 \dfrac{\theta}{2} = \sqrt{2C} \dfrac{\theta}{2}$，两个调制边带同相时，合成振幅值为 $V_0 \theta = \sqrt{2C} \theta$。还可看出，最大调幅与最大调相相差 90°。

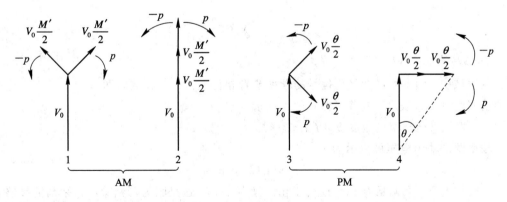

图 7.2　调幅、调相的矢量图

3）调频（FM）

一般调频信号的调频波方程为

$$V(t) = V_0 \sin \left[\omega t + \frac{\Delta f}{f_m} \sin 2\pi f_m t \right] \tag{7.11}$$

式中：Δf 为峰值频率偏移；f_m 为调制频率，$2\pi f_m = p$；$\Delta f / f_m$ 为调制指数。令

$$M = \frac{\Delta f}{f_m} \tag{7.12}$$

把式(7.12)代入式(7.11)，得

$$V(t) = V_0 \sin[\omega t + M \sin pt] \tag{7.13}$$

将式(7.13)与式(7.7)相比较，可以看出它们在形式上完全相同，所以也可将式(7.13)展开为第一类贝塞尔函数，当 M 值很小时，有

$$V(t) \approx V_0 \left[\sin\omega t + \frac{M}{2} \sin(\omega + p)t - \frac{M}{2} \sin(\omega - p)t \right] \tag{7.14}$$

因为 $\Delta f = M f_m$，所以 Δf 是频率 f_m 的峰值频率偏移，它使边带与载波间的距离为 f_m。

以上调幅、调相和调频知识对深入理解相位噪声是很重要的，所以有必要回忆一下。下面将详细分析频率稳定度的各种不同描述和相位噪声的定义。

3. 频率稳定度的各种不同描述和相位噪声的定义

频率源的频率稳定度是其输出频率随机起伏特性的量度，有时域和频域两种表征形式，二者实质上是通过傅里叶变换相关联的。

1) 时域表征

频率稳定度在时域中是以信号频率 $f(t)$ 对载波频率 f_0 的瞬时相对频偏 $y(t)$ 来表示的，即

$$y(t) = \frac{f(t) - f_0}{f_0} = \frac{\Delta f(t)}{f_0} \tag{7.15}$$

$y(t)$ 在一定采样时间 τ 内的平均值用 $\bar{y}$ 的标准偏差来表示。根据 τ 的时间长短不同，频率稳定度可分为长期频率稳定度和短期频率稳定度。通常采用无间隙双采样方差即阿伦方差的方根 $\sigma_a(\tau)$ 作为统一表征量，如下所示：

$$\sigma_a(\tau) = \left[\frac{1}{2(N-1)} \sum_{i=1}^{N-1} (\overline{y_{i+1}} - \overline{y_i})^2 \right]^{\frac{1}{2}} \tag{7.16}$$

2) 频域表征

在频域中，频率稳定度是用信号的频率或者相位随机起伏在载频两旁产生的噪声边带中的功率谱密度来表示，常有下面几种表征量。

(1) 相位噪声功率谱密度 $S_\varphi(f_m)$。

频率源的输出电压可表示为

$$V(t) = V_0[1 + \alpha(t)] \sin[\omega t + \varphi(t)]$$

一般情况下，调幅噪声 $\alpha(t)$ 远小于相位噪声 $\varphi(t)$，这是因为调幅噪声在平衡混频器和相位检波器中可以被抵消，所以我们往往忽略它。这样，信号的边带噪声主要是由相角调制造成的，故可用边带的相位起伏谱密度或者用频率起伏谱密度来表示频率稳定度。

相位噪声 $\varphi(t)$ 一般包括恒定初相 φ_0 和随机起伏 $\theta(t)$，当 $\theta(t)$ 是由单一调制频率 f_m 产生时，可将其写成：

$$\theta(t) = \theta \sin 2\pi f_m t$$

则有

$$\theta(t)_{\max} = \theta, \ \theta(t)_{\mathrm{rms}} = \frac{\theta}{\sqrt{2}}$$

当调制由噪声产生时，$\theta(t)_{\mathrm{rms}}$取决于噪声电压的有效值，其值随着偏离载频的频率不同而异，即是f_{m}的函数。因而相位噪声功率谱密度定义为

$$S_{\varphi}(f_{\mathrm{m}}) = \frac{\theta^2(t)_{\mathrm{rms}} f_{\mathrm{m}}}{B} \ (\mathrm{rad^2/Hz}) \tag{7.17}$$

式中：B为测量噪声的等效带宽，对于一般具有高斯形通带的频谱分析仪，B约取为 3 dB 分辨带宽的 1.2 倍；f_{m}为调制信号中各个傅里叶分量的频率；$S_{\varphi}(f_{\mathrm{m}})$是频域中用来表述频率源的短期频率稳定度和噪声性能的最基本表征量，它与阿伦方差$\sigma_a(\tau)$有确定的换算关系。一般情况下，$S_{\varphi}(f_{\mathrm{m}})$愈靠近载频，其值愈大，并且随$f_{\mathrm{m}}$增高而减小，最后变成恒定不变的白色恒定噪声。这里的$S_{\varphi}(f_{\mathrm{m}})$有一个重要概念，即$S_{\varphi}(f_{\mathrm{m}})$中包括了上、下两个边带的噪声贡献。

（2）单边带相位噪声$L(f_{\mathrm{m}})$。

为了便于说明单边带相位噪声相对于载波电平的大小，通常用另一表征量$L(f_{\mathrm{m}})$来表示单边带中距离载频f_{m}处 1 Hz 带宽内所包含的噪声功率P_{n}/B与载波功率P_{c}之比，即

$$L(f_{\mathrm{m}}) = \frac{P_{\mathrm{n}}}{P_{\mathrm{c}} B} = \frac{N_0}{P_{\mathrm{c}}} \tag{7.18}$$

通常使用分贝表示为

$$L'(f_{\mathrm{m}}) = 10 \lg L(f_{\mathrm{m}}) \ (\mathrm{dBc/Hz}) \tag{7.19}$$

又根据上述调相理论可知，当以单一频率f_{m}进行小相角调制（即θ小于 1 rad）时，有

$$\theta^2(t)_{\mathrm{rms}} = 2 \frac{P_{\mathrm{n}}}{P_{\mathrm{c}} B} = 2 \frac{N_0}{P_{\mathrm{c}}} \tag{7.20}$$

将式（7.17）和式（7.18）代入式（7.20），得

$$L(f_{\mathrm{m}}) = \frac{1}{2} B S_{\varphi}(f_{\mathrm{m}}) \tag{7.21}$$

一般在$\theta(t) = 0.2$ rad 时，$L(f_{\mathrm{m}})$与$S_{\varphi}(f_{\mathrm{m}})$的简单关系式（7.21）才成立；当信号源的近载频噪声较大，超出这一限度时，应该直接使用$S_{\varphi}(f_{\mathrm{m}})$来描述，而不应该用式（7.21）来求$L(f_{\mathrm{m}})$。

（3）相对频率起伏功率谱密度$S_y(f_{\mathrm{m}})$。

信号$f(t)$的瞬时频率为

$$f(t) = f_0 + \frac{1}{2\pi} \frac{\mathrm{d}\varphi(t)}{\mathrm{d}t} \tag{7.22}$$

则瞬时频率偏移为

$$\Delta f(t) = f(t) - f_0 = \frac{1}{2\pi} \frac{\mathrm{d}\varphi(t)}{\mathrm{d}t} \tag{7.23}$$

当单一f_{m}调制时，$\varphi(t) = \varphi_0 + \theta(t) = \varphi_0 + \theta \sin 2\pi f_{\mathrm{m}} t$，将其微分后代入式（7.23）得

$$\Delta f(t) = \theta f_{\mathrm{m}} \cos 2\pi f_{\mathrm{m}} t$$

从而可知：

$$\Delta f_{\max} = \theta f_{\mathrm{m}}, \ \Delta f_{\mathrm{rms}} = \theta f_{\mathrm{m}}/\sqrt{2} = f_{\mathrm{m}} \theta(t)_{\mathrm{rms}} \tag{7.24}$$

因此，频率起伏功率谱密度为

$$S_{\Delta f}(f_{\mathrm{m}}) = \frac{\Delta f_{\mathrm{rms}}^2}{B} \quad (\mathrm{Hz}^2/\mathrm{Hz}) \tag{7.25}$$

由式(7.17)、式(7.24)和式(7.25)，可得

$$S_{\Delta f}(f_{\mathrm{m}}) = f_{\mathrm{m}}^2 S_{\varphi}(f_{\mathrm{m}}) \tag{7.26}$$

定义相对频率起伏 $y(t) = \Delta f(t)/f_0$ 的功率谱密度为

$$S_y(f_m) = \frac{\Delta y_{\mathrm{rms}}^2}{B} \tag{7.27}$$

显然可得出下列关系式：

$$S_y(f_{\mathrm{m}}) = \frac{1}{f_0^2} S_{\Delta f}(f_{\mathrm{m}}) = \frac{f_{\mathrm{m}}^2}{f_0^2} S_{\varphi}(f_{\mathrm{m}}) \tag{7.28}$$

以上三种调角噪声谱密度之间有确定的关系，可以任意选用。$S_{\Delta f}(f_{\mathrm{m}})$ 适用于在调频系统中定量说明相位噪声的影响；$S_{\varphi}(f_{\mathrm{m}})$ 通常是待测的基本量，特别适用于分析相位敏感电路中相位噪声的影响；而频率源中常用的是 $L(f_{\mathrm{m}})$。

4. 相位噪声与相位抖动

一个理想的载波，其功率电平为 P_{c}，角频率为 ω，有一角频率为 $(\omega + p)$@1 Hz 的叠加单个噪声边带，如图 7.3 所示。

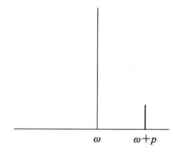

图 7.3　叠加单边带噪声

由图 7.3 得载波和噪声边带的数学表示式为

$$V(t) = V_0 \sin\omega t + \sqrt{2N_0} \sin[(\omega + p)t] \tag{7.29}$$

式(7.29)还可写成：

$$V(t) = V_0 \sin\omega t + \sqrt{2N_0}[\sin\omega t \cos pt + \cos\omega t \sin pt]$$
$$= \sin\omega t[V_0 + \sqrt{2N_0} \cos pt] + \cos\omega t[\sqrt{2N_0} \sin pt] \tag{7.30}$$

式(7.30)还可写成 $A\sin\omega t + B\cos\omega t$ 的形式，合成振幅为 $R^2 = A^2 + B^2$，相对 $\sin\omega t$ 的相位角为 $\tan\theta = B/A$。所以

$$\tan\theta(t) = \frac{\sqrt{2N_0} \sin pt}{V_0 + \sqrt{2N_0} \cos pt}$$

又因为 $\cos pt \leqslant 1$，$V_0 \gg \sqrt{2N_0}$，所以上式可简化为

$$\tan\theta(t) = \frac{\sqrt{2N_0}}{V_0} \sin pt \tag{7.31}$$

当 $\theta(t) \ll 1$ 时，有 $\tan\theta(t) \approx \theta(t)$，因此可得

$$\theta(t) = \frac{\sqrt{2N_0}}{V_0} \sin pt \tag{7.32}$$

由式(7.32)可以看出，相位按正弦规律变化，式中 $\frac{\sqrt{2N_0}}{V_0}$ 等于正弦峰值 θ。因此正弦峰值 θ 即峰值相位抖动为

$$\theta \approx \frac{\sqrt{2N_0}}{V_0} \tag{7.33}$$

令 φ 表示均方根调制指数，即峰值相位抖动的均方根，则有

$$\varphi = \frac{\theta}{\sqrt{2}} \approx \frac{\sqrt{N_0}}{V_0} \qquad \varphi^2 = \frac{N_0}{V_0^2} = \frac{N_0}{P_c} = L(f_m) \tag{7.34}$$

在理论上和实际上，采用单边带相位噪声和相位噪声功率谱密度的概念比使用相位抖动更有意义。但使用相位抖动可以加深对单边带相位噪声物理意义的理解，所以我们经常使用的还是单边带相位噪声 $L(f_m)$。

7.1.3 直接式频率源中的相位噪声分析

上面讨论了相位噪声的基本概念，并进行了各种分析。下面将介绍频率源中的相位噪声情况。频率源中的相位噪声是一项重要指标，它表征了频率稳定度的高低，代表了信号质量的好坏，影响着雷达的检测能力和测量精度。若要求系统的相位噪声很低，从技术上是很困难的，从经济上代价也是很高的，所以提出合理的相位噪声指标要求是很重要的。频率源的输出相位噪声是对称分布在频率两侧的连续谱，一般是符合高斯分布的。频率源的调幅噪声一般比相位噪声低，可以忽略，所以此处对调幅噪声不作研究。

由于频率源可分为两大类型，即直接式频率源和间接式频率源，因此需要对这两种类型中的相位噪声分别进行分析。下面先对直接式频率源中的相位噪声进行分析。

在直接式频率源中，不可避免地要使用混频器、分频器和倍频器，这些电路中有信号通过时，它们的相位噪声如何变化，这是设计者应该明确知道的问题。

1. 相位噪声模型——幂律谱

实验表明，频率源的相位噪声可以用以下数学模型描述：

$$S_y(f) = \begin{cases} \sum_{\alpha=-2}^{2} h_\alpha f^\alpha & 0 < f < f_h \\ 0 & f_h < f \end{cases} \tag{7.35}$$

其中，h_α 是常数，由被测源的噪声特性来决定。

由式(7.35)可以看出，模型中的各项都正比于傅氏频率 f 的某次幂，因而称为幂律谱噪声，当 α 分别取 -2，-1，0，1，2 时，这五种幂律谱噪声都有惯用的名称，它们是：

(1) $\alpha = -2$，频率随机游动噪声；

(2) $\alpha = -1$，频率闪烁噪声；

(3) $\alpha = 0$，频率白噪声或相位随机游动噪声；

(4) $\alpha = 1$，相位闪烁噪声；

(5) $\alpha = 2$，相位白噪声。

应该指出的是，并不是每个频率源都一定含有上述全部五种幂律谱噪声。一般情况下，只含有二到四种。对每个待测源，只有通过测量才能得知它含有哪几种，以及每种谱的系数 h_a。

2. 混频器的相位噪声

混频器输出端所得到的输出频率是其输入两信号频率的和频或差频。如果这两个输入信号不是纯净理想信号，而是在完成频率相加或相减的同时，也完成了相位噪声的相加或相减，则有

$$\theta_{n0}(t) = \theta_{n1}(t) \pm \theta_{n2}(t) \tag{7.36}$$

式中：$\theta_{n0}(t)$ 代表混频器输出的相位噪声，即为相位抖动角；$\theta_{n1}(t)$、$\theta_{n2}(t)$ 代表混频器输入信号的相位噪声，即相位抖动。此关系式对于随机噪声和杂散干扰都是正确的。

对于随机相位噪声来说，混频器输出相位噪声功率谱密度等于两输入信号相位噪声谱密度之和，即

$$S_{\varphi 0}(f_m) = S_{\varphi 1}(f_m) + S_{\varphi 2}(f_m) \tag{7.37}$$

式(7.37)成立的条件是 $\theta_{n1}(t)$ 和 $\theta_{n2}(t)$ 不相关。因此对功率谱密度而言，两个不相关的随机函数的相加或相减是没有区别的，相减只是意味着倒个相，并不影响振幅大小，它们的功率谱密度永远是相加的。

3. 分频器的相位噪声

分频器的任务是将输入信号的频率除以分频比 N，即 f_i/N。实际上，在输入频率除以 N 的同时，输入相位噪声 $\theta_{ni}(t)$ 也同时除以 N，则有

$$\theta_{n0}(t) = \frac{\theta_{ni}(t)}{N}, \; S_{\varphi 0}(f_m) = \frac{S_{\varphi i}(f_m)}{N^2} \tag{7.38}$$

式中：$S_{\varphi 0}(f_m)$、$S_{\varphi i}(f_m)$ 分别为输出、输入的相位噪声功率谱密度；$\theta_{n0}(t)$ 为输出的相位噪声。

上述公式是对输入相位噪声而言的，分频器输出相位噪声还应受分频器电路相位噪声的影响，总输出相位噪声为二者之和。电路相位噪声没有数学推导，工程经验证明其与分频次数 N 有关，基本可认为电路基底相位噪声按 $20\lg N$ 向上抬高为分频器的输出相位噪声，总分频器输出相位噪声为二者之和。也就是说输入相位噪声按 $20\lg N$ 变好，而电路自己的相位噪声按 $20\lg N$ 变坏，电路自身的相位噪声主要是电路基底相位噪声。因为分频电路的核心是 D 触发器，一个触发器可实现二分频，两个级联后为四分频，所以经过反馈内电路控制可实现连续分频。这样，每一次分频在电平翻转时受噪声电压影响，可能提前或者拖后翻转。N 次分频，将产生 N 次提前或拖后翻转，因此使基底相位噪声按 $20\lg N$ 变坏。分频器的输出相位噪声应该是变好的输入相位噪声和变坏的基底相位噪声之和。

4. 倍频器的相位噪声

按照与分频器相同的分析方法，可得

$$\theta_{n0}(t) = N\theta_{ni}(t), \; S_{\varphi 0}(f_m) = N^2 S_{\varphi i}(f_m) \tag{7.39}$$

式中：N 为倍频因子。

以上这些结论的成立有一个前提，即混频器、分频器和倍频器本身是一个理想器件，它们除完成各自任务外，不附带引入额外的随机噪声或杂散干扰。实际上这些器件会引入一些额外相位噪声，其大小有时可以忽略不计，有时则不能忽略，应设法加以减小。

5. 锁相环的相位噪声

图 7.4 给出了最基本的锁相环原理框图，f_i 为输入频率，具有 $\varphi_i(t)$ 的相位（量纲为 rad/$\sqrt{\text{Hz}}$）；f_o 为输出频率，具有 $\varphi_o(t)$ 的相位。从严格意义上讲，锁相环的数学描述是一个非线性微分方程。通常为了分析方便，在锁定状态下，当输入为小信号时（例如随机噪声调相的情况），均认为是线性系统。下面将用线性微分方程求出图 7.4 中输出对输入的传递函数，以得到输入相位噪声对输出相位噪声的影响。

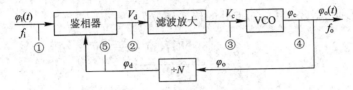

图 7.4　基本锁相环原理框图

假设压控振荡器（VCO）电压控制角频率的斜率为 K_{vco}，其量纲为 (rad/s)/V，并且压控斜率 K_{vco} 为线性特性，其自由振荡频率为 ω_c，则实际振荡频率为

$$\omega_o = \omega_c + K_{\text{vco}} V_c \tag{7.40}$$

其中，V_c 是加到 VCO 上的控制电压，对式（7.40）积分，可得

$$\int_0^t \omega_o \mathrm{d}t = \omega_c t + \int_0^t K_{\text{vco}} V_c \mathrm{d}t$$
$$= \omega_c t + \varphi_o(t) \tag{7.41}$$

由式（7.41）得到以 $\omega_c t$ 为参考的输出瞬时相位为

$$\varphi_o(t) = \int_0^t K_{\text{vco}} V_c \mathrm{d}t \tag{7.42}$$

将式（7.42）微分，可得

$$\frac{\mathrm{d}\varphi_o(t)}{\mathrm{d}t} = K_{\text{vco}} V_c \tag{7.43}$$

鉴相器的输出电压为 V_d，与两个输入信号的相位 φ_i 和 φ_o/N 的差成正比，即

$$V_d = K_d = \left(\varphi_i - \frac{\varphi_o}{N} \right) \tag{7.44}$$

式中，K_d 为鉴相灵敏度（或者叫鉴相器的斜率），量纲为 V/rad。

由图 7.4 和式（7.44）得 V_c 为

$$V_c = K_f \cdot V_d = K_f K_d \left(\varphi_i - \frac{\varphi_o}{N} \right) \tag{7.45}$$

式中，K_f 为低通滤波器的传递函数，无量纲。

把式（7.45）代入式（7.43）得

$$\frac{\mathrm{d}\varphi_o(t)}{\mathrm{d}t} = K_{\text{vco}} K_f K_d \left(\varphi_i - \frac{\varphi_o}{N} \right) \tag{7.46}$$

对式（7.46）两边取拉氏变换得

$$s\Phi_o(s) = K_{\text{vco}} K_f K_d \left[\Phi_i(s) - \frac{1}{N} \Phi_o(s) \right]$$

整理得出锁相环路①点的传递函数为

$$\frac{\Phi_o(s)}{\Phi_i(s)} = \frac{K_{vco}K_dK_f \cdot \dfrac{1}{s}}{1+K_{vco}K_dK_f\dfrac{1}{Ns}} \tag{7.47}$$

令 $K_{vco}K_dK_f\dfrac{1}{Ns}=G_1(s)$ 为开环增益，则得

$$\frac{\Phi_o(s)}{\Phi_i(s)} = \frac{NG_1(s)}{1+G_1(s)} \tag{7.48}$$

同样可以证明②、③、④、⑤点处的传递函数为

$$\frac{\Phi_o(s)}{V_d(s)} = \frac{NG_1(s) \cdot \dfrac{1}{K_d}}{1+G_1(s)} \tag{7.49}$$

$$\frac{\Phi_o(s)}{V_c(s)} = \frac{NG_1(s) \cdot \dfrac{1}{K_dK_f}}{1+G_1(s)} \tag{7.50}$$

$$\frac{\Phi_o(s)}{\Phi_c(s)} = \frac{1}{1+G_1(s)} \tag{7.51}$$

$$\frac{\Phi_o(s)}{\Phi_d(s)} = \frac{G_1(s)}{1+G_1(s)} \tag{7.52}$$

式(7.48)～式(7.52)各点处的传递函数反映了锁相环各部分的相位噪声对输出相位噪声的影响。这对研究间接式频率源的相位噪声也是非常重要的。

7.1.4　间接式频率源中的相位噪声分析

1. 混频分频锁相环的相位噪声

间接式雷达频率源一般都是由混频分频锁相环构成的，下面介绍一种常用的混频分频式频率源，方框图如图 7.5 所示。

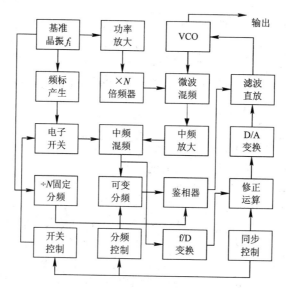

图 7.5　混频分频式频率源锁相环部分方框图

频率源中的基准晶振频率为 f_i，f_i 经过频率标准源，产生出一系列标准频率，通过跳频控制系统，分别控制电子开关、可变分频和 D/A 变换及修正运算等来锁定一个微波压控振荡器。这是一个复杂的混频分频锁相环，由于本节主要是研究相位噪声，因此可将图 7.5 中与相位噪声无关的环节全部简化，简化后的方框图如图 7.6 所示。

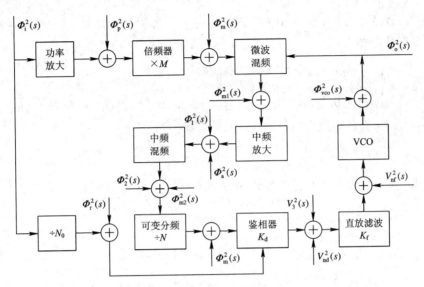

图 7.6　等效相位噪声方框图

由图 7.6 可以看出，锁相环路中各环节的相位噪声对频率源的输出相位噪声有不同的影响，它们都将在输出端引起附加相位抖动，使频谱变坏。为此，需详细分析环路中各部分的相位噪声，以找出降低输出相位噪声的方法。

图 7.6 中，$\Phi_i^2(s)$ 为基准晶振的相位噪声，$\Phi_p^2(s)$ 为功率放大器引入的相位噪声，$\Phi_m^2(s)$ 为倍频器引入的相位噪声，V_{nd} 为鉴相器的相位噪声引入的噪声电压，V_{nf} 为直放与环路滤波器引入的噪声电压。$\Phi_1^2(s)$ 与 $\Phi_2^2(s)$ 分别为开关控制和分频控制部分引入的相位噪声，$V_3(s)$ 为 D/A 变换引入的噪声电压。

为了分析简单，又可将图 7.6 简化等效为图 7.7 所示的形式。这样可利用图 7.4 和式 (7.39)～式 (7.52) 的各项公式。通过计算环路传递函数，可求出各部分相位噪声对输出相位噪声的影响，图中的 $\Phi(s)$ 为 $\Phi^2(s)$ 的均方根值，$\Phi^2(s)$ 为相位噪声引起的均方抖动角，$\Phi(s)$ 则为相位噪声引起的均方根抖动角。

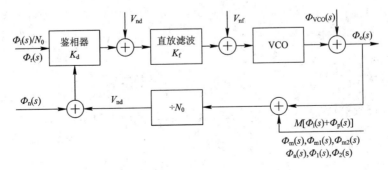

图 7.7　混频分频锁相环相位噪声简化框图

2. 各电路相位噪声对输出相位噪声的影响

1）各电路相位噪声对输出相位噪声的影响表达式

由图 7.7 可以更清楚地看出频率源各部分的相位噪声对输出相位都会引起相位抖动，下面利用式（7.48）～式（7.52）对这些影响作详细分析，以找出实现低相位噪声的设计方法。

利用式（7.48）可以求出输入相位噪声的均方根抖动角 $[\Phi_i(s)/N_0 + \Phi_r(s) + \Phi_n(s)]$ 在输出端引起的作用如下：

$$\Phi_{01}(s) = \frac{NG_1(s)}{1+G_1(s)} \cdot \left[\frac{\Phi_i(s)}{N_0} + \Phi_r(s) + \Phi_n(s)\right] \tag{7.53}$$

式中，$\Phi_{01}(s)$ 为由输入相位噪声引起的输出均方根相位抖动角，$\Phi_{01}^2(s)$ 为抖动角的均方值，即为输入相位噪声在输出端起的作用，所以有

$$\Phi_{01}^2(s) = \left[\frac{G_1(s)}{1+G_1(s)}\right]^2 \cdot N^2 \cdot \left[\frac{\Phi_i^2(s)}{N_0^2} + \Phi_r^2(s) + \Phi_n^2(s)\right] \tag{7.54}$$

利用式（7.49）可以求出鉴相器和 D/A 变换引入的噪声电压 $V_3(s)+V_{nd}(s)$ 在输出端产生的影响：

$$\Phi_{02}(s) = \frac{NG_1(s)\frac{1}{K_d}}{1+G_1(s)} \cdot [V_{nd}(s)+V_3(s)] \tag{7.55}$$

式中，$\Phi_{02}(s)$ 为鉴相器和 D/A 变换引入的噪声电压引起的输出相位角的均方根抖动角，$\Phi_{02}^2(s)$ 为在输出端引起的相位噪声均方抖动角，即

$$\Phi_{02}^2(s) = \left[\frac{G_1(s)\frac{1}{K_d}}{1+G_1(s)}\right]^2 \cdot N^2 \cdot [V_{nd}^2+V_3^2(s)] \tag{7.56}$$

设

$$\Phi_y^2(s) = M^2[\Phi_i^2(s)+\Phi_p^2(s)]+\Phi_m^2(s)+\Phi_{m1}^2(s)+\Phi_{m2}^2(s)+\Phi_a^2(s)+\Phi_1^2(s)+\Phi_2^2(s) \tag{7.57}$$

同样利用式（7.50）～式（7.52）可求出 $V_{nf}(s)$、$V_{VCO}(s)$ 和 $\Phi_y(s)$ 对输出的影响分别为

$$\Phi_{03}^2(s) = \left[\frac{G_1(s)\frac{1}{K_dK_f}}{1+G_1(s)}\right]^2 \cdot V_{nf}^2(s) \cdot N^2 \tag{7.58}$$

$$\Phi_{04}^2(s) = \left[\frac{1}{1+G_1(s)}\right]^2 \cdot \Phi_{VCO}^2(s) \tag{7.59}$$

$$\Phi_{05}^2(s) = \left[\frac{G_1(s)}{1+G_1(s)}\right]^2 \cdot \Phi_y^2(s)$$
$$= \left[\frac{G_1(s)}{1+G_1(s)}\right]^2 \cdot [M^2(\Phi_i^2(s)+\Phi_p^2(s))+\Phi_m^2(s)+\Phi_{m1}^2(s)+$$
$$\Phi_{m2}^2(s)+\Phi_a^2(s)+\Phi_1^2(s)+\Phi_2^2(s)] \tag{7.60}$$

2）各电路相位噪声对频率源输出相位噪声的影响分析

由式（7.54）、式（7.56）和式（7.58）～式（7.60）可以看出，各电路的输出都具有低通特

性，也就是说在环路带宽之内，接近输出频率的相位噪声全部由锁相环路输出，大于环路带宽的相位噪声将被衰减。若想降低频率源输出信号近端相位噪声，则必须减小倍频次数 M 和可变分频系数 N，降低频率源电路内部自身引入的相位噪声。但是，M 和 N 都受频率源的输出频率、频率步进间隔和跳频点数等限制，不能随意改变。关于 N_0 的选择也有限制，它不仅受最小频率步进间隔限制，同时还受鉴相频率不应太低限制，若 N_0 太大，则固定分频器内部附加相位噪声将增大，所以一般 N_0 不应大于 M。

降低各部分电路相位噪声的影响，主要是降低基准晶振的相位噪声 $\Phi_i^2(s)$，因为它将不断被 $M^2 + N^2$ 倍乘，所以选用低相位噪声高频基准晶振对改善雷达频率源中的近端相位噪声是很重要的。功放引入的相位噪声 $\Phi_p^2(s)$ 是第二位的，它小于 $\Phi_i^2(s)$，减小 $\Phi_p^2(s)$ 主要从功放电路和功放结构考虑，可以证明只要功放工作在线性放大区，则 $\Phi_p^2(s)$ 的影响将远小于 $\Phi_i^2(s)$ 的影响。而混频电路、放大电路所引入的相位噪声是叠加在输出端的，一般情况下它们均小于 $\Phi_i^2(s)$，所以只要工作在线性区且保证输入信号工作在适当电平，它们的影响都是可以忽略的。需要注意的是，无论混频器还是放大器，信号电平太低虽不饱和，但电路的热噪声将起作用，也会使信噪比变坏，只有在适当电平上工作才能确保最佳。

由式(7.56)、式(7.58)可以看出，为降低鉴相器 V_{nd} 和直放滤波 V_{nf} 的影响，应选用 V_{nd} 和 V_{nf} 低的电路，尽量提高鉴相灵敏度 K_d，以加强锁相环路的抑制能力。

由式(7.59)可以看出，$\Phi_{VCO}^2(s)$ 对 $\Phi_{04}^2(s)$ 的影响具有高通特性，低于环路带宽的分量将受到锁相环路衰减或抑制，高于环路带宽的分量将全部输出，成为频率源远端相位噪声的主要来源。所以要求 VCO 设计时，远端相位噪声必须低，调谐灵敏度应该均匀，即压控线性好，这样才能获得远端相位噪声好的频率源。

同样，$\Phi_1^2(s)$、$\Phi_2^2(s)$ 等外界引入的相位噪声也都具有低通特性，所以，对于附属电路的近端噪声、低频调制等都应给予重视，否则将直接影响频率源的输出信号相位噪声。

从以上分析可以看出，大量的频率源电路内部相位噪声对输出都呈低通特性，这就对它们的电源干扰、纹波调制等提出了要求，甚至对振动、冲击等的调制都要严加控制。所以雷达频率源中的电源变压器、电源纹波的结构安排及信号屏蔽、地线布置等一系列电磁兼容方面的问题都特别讲究，否则将无法获得好的相位噪声指标。

3. 输出相位噪声表达式及分析

由上述分析可以看出频率源中各环节的相位噪声对频率源的输出相位噪声都有不同程度的影响，利用线性叠加原理，将其相加，可得出总的相位噪声表达式为

$$\Phi_o^2(s) = \Phi_{01}^2(s) + \Phi_{02}^2(s) + \Phi_{03}^2(s) + \Phi_{04}^2(s) + \Phi_{05}^2(s)$$

$$= \left[\frac{G_1(s)}{1+G_1(s)}\right]^2 \left\{\left(M^2 + \frac{N^2}{N_0^2}\right)\Phi_i^2(s) + M^2\Phi_p^2(s) + N^2\left[\Phi_n^2(s) + \Phi_r^2(s) + \frac{V_3^2(s)+V_{nd}^2}{K_d^2} + \left(\frac{V_{nf}}{K_d K_f}\right)^2\right] + \Phi_1^2(s) + \Phi_2^2(s) + \Phi_m^2(s) + \Phi_{m1}^2(s) + \Phi_{m2}^2(s) + \Phi_a^2(s)\right\} + \frac{\Phi_{VCO}^2(s)}{[1+G_1(s)]^2}$$

$$(7.61)$$

由式(7.61)所示的频率源输出相位噪声表达式可以看出，该式综合了混频分频锁相环各部分的相位噪声对输出相位噪声的影响。它由两部分组成，前一部分为低通特性，后一部分为高通特性。总之，频率源的输出相位噪声主要由基准晶振和压控振荡器的相位噪声所决定。基准晶振相位噪声对输出相位噪声呈低通特性，而压控振荡器相位噪声对输出相

位噪声呈高通特性。即：f_m 低于环路带宽时，频率源输出相位噪声 $L(f_m)$ 主要由基准晶振的相位噪声决定；当 f_m 高于环路带宽时，频率源输出相位噪声 $L(f_m)$ 主要由压控振荡器的相位噪声决定。如果要求频率源的输出相位噪声在整个频谱上都很低，则既要选用低相位噪声的基准晶振来实现好的低端频谱，又要选用高纯度的压控振荡器来实现好的远端频谱，并且要合理选择环路带宽，使其位于晶振与压控振荡器相位噪声曲线的交点上，这样可以确保整个系统的输出相位噪声特性最好。环路带宽 f_m 处的相位噪声为基准晶振的相位噪声和压控振荡器的相位噪声之和。

7.1.5 相位噪声与热噪声和噪声系数的关系

1. 热噪声与噪声系数

热噪声只与温度有关，在常温 17 ℃时，热噪声功率为

$$N_0 = KT_s \ \text{W/Hz} = -174 \ \text{dBm/Hz}$$

该噪声功率通过电路后，在输出端变坏的分贝数就是该电路的噪声系数。噪声系数是检测微弱信号能力的重要参数，是电路对热噪声的传输系数，只有在微弱信号时才需要特别重视。当电路工作在大信号，信号频谱两边的噪声电平大于热噪声电平时，噪声系数对电路不起任何作用。

2. 热噪声、噪声系数、相位噪声三者之间的关系

热噪声是客观存在的物理现象，噪声系数是电路对热噪声功率的传输系数，相位噪声是热噪声功率调制到理想信号功率上的正交分量，三者有固定的物理关系。例如：信号 f_0 的热噪声功率为 0 dBm，相位噪声偏离 1 kHz 处为 -150 dBc/Hz，根据相位噪声的定义，偏离信号 1 kHz 处 1 Hz 带宽的相位噪声功率电平为 -150 dBm，用已知的信号功率可换算出相位噪声的功率电平。

在各种电路的信号处理过程中，只要该电平高于电路热噪声电平 10 dB 以上，便可以不考虑电路的噪声系数和电路的基底噪声，即不考虑热噪声对相位噪声的影响，这时选用电路及元器件时，不必考虑噪声系数的影响。当相位噪声功率电平与电路的热噪声电平相比拟时，必须考虑热噪声，即考虑电路的基底噪声和电路的噪声系数对相位噪声的影响，该电路将会使相位噪声变差。

7.2 频率源的相位噪声测量

前面对相位噪声的重要性和相位噪声的物理意义、定义等进行了详细的讨论和分析，同时也对频率源中的相位噪声进行了论证、推导，提出了低相位噪声设计的原则。下面将对相位噪声的测量技术进行研究。

频率源的相位噪声是大还是小，需要通过测量才能得到正确的反映，下面将讨论测量频率源相位噪声的几种方法。常用的方法有频谱仪直接测量法、鉴相器测量法及鉴频器测量法等，它们各有优缺点，可根据具体情况，灵活选用。

7.2.1 频谱仪直接测量法

测量一个频率源输出信号的相位噪声功率谱密度，最直接的方法是使用频谱仪。它可

以将信号的频谱显示在显示屏上，或用记录仪记录下来，从而可读出信号在某一频率 f_m 处的单边带相位噪声功率谱密度 $L(f_m)$。

1. 频谱仪直接测量法的原理分析

用频谱仪直接测量相位噪声的具体做法是：将未加调制的频率源输出信号直接送到频率范围及性能合适的频谱仪上，显示出该信号的频谱，如图 7.8 所示。在测量过程中，尽量使被测信号的谱线处于频谱仪显示屏的中央或者一侧；适当选择扫频宽度，使之能显现出所需宽度的两个或一个噪声边带；分辨带宽的视频带宽尽量取小，以减小载波谱线宽度和边带中噪声"毛草"的高度，同时使载波谱线没有明显晃动；纵轴采用对数刻度并设置参考电平将谱线顶端调到刻度的顶部

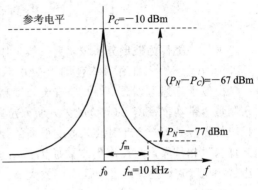

图 7.8　频谱图

基线。这样可利用移动的光标或目视读出谱线顶端电平 $P_C = C$ dBm 和一个边带中指定偏移频率 f_m 处噪声"毛草"的平均高度的电平 $P_N = N$ dBm，求其差值 $P_N - P_C = N$ dBm － C dBm，再加上必要的修正，便可得出 $L(f_m)$ 的测量结果。这里读出的噪声电平 N 是等效带宽 B 内通过的总噪声电平，折合成每 1 Hz 带宽时应加修正项 $-10\lg B$。另外需要注意的是，频谱仪的纵轴刻度读数是按正弦信号校准的，测噪声时，频谱仪的峰值检波器和对数放大器将使噪声电压有效值和功率电平读数偏低 2.5 dB，故应加"频谱仪效应"修正项 $+2.5$ dB，则

$$L(f_m) = (N - C) - 10\lg B + 2.5 \text{ (dBc/Hz)}$$

例如，在载频 10 kHz 处读出单边带噪声电平 $N = -77$ dBm，载波电平读数为 $C = -10$ dBm，当分辨带宽 $B_{3dB} = 1.2$ kHz $= 1.2 \times 10^3$ Hz 时，可得

$$L(f_m) = L(10 \text{ kHz}) = [-77 - (-10)] - 10\lg(1.2 \times 10^3) + 2.5 = -95.3 \text{(dBc/Hz)}$$

这种直接测量方法最为简单，但有如下几点限制需要注意：

(1) 此法不能从相位噪声中排除调幅噪声，故调幅噪声必须较 $L(f_m)$ 小 10 dB 以上，此时才能应用此方法。这一点在一般情况下均可满足。

(2) 能测量的 $C-N$ 范围受频谱仪动态范围的限制，即频谱仪本振的相位噪声电平必须比被测信号源的相位噪声低。

(3) 测量近载频相位噪声受频谱仪分析带宽的限制，例如，3 dB 分析带宽最小为 100 Hz，这时将无法读出 $f_m < 50$ Hz 的相位噪声。采用窄带宽测量时，扫描时间需很长，被测信号频率漂移显著时，将会影响观测，甚至无法测量。

2. 测量仪器简介

目前常用的频谱仪一般分为两类，一类是频谱分析仪，它允许输入信号具有很宽的频率范围，且具有中等程度的分析带宽。以 HP8566B 为例，其主机工作频率范围为 100 Hz ～ 22 GHz，加 11970 混频器后，工作频率可扩展到 110 GHz，再加混频器后可扩展到 325 GHz，频率准确度为 ± 267 Hz，频率响应小于 ± 2.2 dB。频谱仪内部的本振是频率合成

器，因此具有很高的频率稳定度，其分辨带宽可达到 10 Hz，仪器灵敏度可达到 -135 dBm。此外，该仪器还带有 HP-IB 接口，可外部程控，内部有微处理器，可进行控制操作和数据处理，机内还有 16 比特的用户 RAM，用于存储测量数据、仪器状态数据及用户程序。通过 HP-IB 接口，使用 HP8566B 频谱仪上的用户定义软件，可控制其他仪器，如绘图仪、打印机、信号源、功率计等。因此，用频谱分析仪来进行一般的相位噪声测量既快捷又方便。

另外一类称为波形分析仪，它一般工作在较低的频段，但具有很高的频率分辨力，以 HP3582A 为例，其工作频率范围为 0.02 Hz～25.599 kHz，频率分辨力为 0.02 Hz。

由以上论述可以看出，如果有灵敏度高、动态范围大和频谱纯度好的频谱仪，则用它来测量边带功率密度 $L(f_m)$ 最为方便。近些年来，频谱仪发展很快，通过对相位噪声进行相应的软件处理，已有测量灵敏度很高的频谱仪，基本满足常用相位噪声的测量。影响频谱仪测量相位噪声灵敏度的主要原因是动态范围受到限制，所以如果将载频对消，只留下边带相位噪声，就可以借助低噪声放大器，大大提高测试灵敏度。这就是下面将要讨论的鉴相器测量法。

7.2.2　鉴相器测量法

尽管用频谱仪来测量相位噪声功率谱密度是一种简便、直观的方法，但由于频谱仪是一种广泛用于频谱分析的通用仪器，不是专为相位噪声测量设计的，因而在测量高稳定度频率源的超低相位噪声时，就不能使用了。随后发展起来的锁相环（PLL）法较好地解决了这一问题，使测试系统的灵敏度有了很大提高，从而得到了广泛应用，这就是我们将要分析的鉴相器测量法。

1. 鉴相器法的测量原理分析

鉴相器法也称为相位检波法。此法是将一支双平衡混频器用作鉴相器，将被测信号与一个同频高稳定度的参考信号相位正交地加于鉴相器的两输入端上，检出与被测信号的相位起伏成比例的低频噪声电压，再经过低通滤波器和低噪声放大器，加于基带频谱仪上，测出不同 f_m 处的噪声电平，经校准后，便可得出被测信号的 $S_\varphi(f_m)$。鉴相器法是可测载波频率范围最宽、测量相位噪声灵敏度和准确度最高的一种测量方法。图 7.9 所示为其原理方框图，图中在低噪声放大器之前还接有一个直流耦合示波器或电压表作为正交指示器。

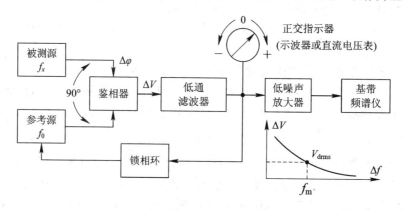

图 7.9　鉴相器法原理框图

当含有噪声调制的被测信号 $V(t)=V_c\cos[\omega_0 t+\varphi(t)]$ 与基本上不含噪声的参考信号 $V_r(t)=V_r\cos\omega_r t$ 在混频器中实现相乘后，可得出以下两项输出：

$$V_r V_c\cos[(\omega_r+\omega_0)t+\varphi(t)]+V_r V_c\cos[(\omega_r-\omega_0)t+\varphi(t)]$$

其中第一项为高频成分，经过低通滤波器后，只余下第二项差频输出：

$$V_d(t)=V_r V_c\cos[(\omega_r-\omega_0)t+\varphi(t)] \tag{7.62}$$

当参考信号频率调到与被测信号频率相等，即 $\omega_r=\omega_0$ 时，输出变为

$$V_d(t)=V_r V_c\cos\varphi(t)=V_r V_c\cos[\varphi_0+\Delta\varphi(t)]$$

即 $V_d(t)$ 由差频正弦变成一个大小由两信号初始相位差 φ_0 决定的直流成分加上相位起伏 $\Delta\varphi(t)$ 造成的噪声。只有当两信号的相位差被调到 $\varphi_0=90°$，即相位正交关系时，直流成分才能变为零而只留下在零值上下起伏不定的低频噪声电压，此时有

$$\Delta V(t)=V_r V_c\sin\Delta\varphi(t)=K_\varphi\sin\Delta\varphi(t)$$

当 $\Delta\varphi_{max}<1$ rad 时，有

$$\Delta V(t)\approx K_\varphi\Delta\varphi(t) \tag{7.63}$$

这就把被测信号的相位随机起伏变成了相应的电压起伏，以便由基带频谱仪测量。式 (7.63) 中的比例常数 K_φ 又称为鉴相常数，其值等于式 (7.62) 差频正弦波形过零点的斜率 (V/rad)，数值上等于差频电压的幅度 $\sqrt{2}V_{drms}$，其值不难测定及校准。作为基带频谱仪频谱轴 f_m 的函数，$\Delta V(f_m)$ 与 $\Delta\varphi(f_m)$ 仍然具有如下关系：

$$\Delta V(f_m)=K_\varphi\Delta\varphi(f_m) \tag{7.64}$$

实际上，由于信号频率不稳定，不可能将两信号频率调到相等并保持相位正交关系不变。为此在图 7.9 中加设了锁相环，把鉴相、滤波后的输出电压加到参考源作为电调谐信号。这样，细调参考信号频率使环路锁定后，示波器上的差频交流波形便消失，再进一步细调（必要时加可变移相器）直至示波器上的直流成分为零，便达到了相位正交，余下的输出信号便只有代表相位起伏的 $\Delta V(t)$。因为在环路滤波器带宽以内的噪声输出会因环路的跟踪作用而减弱，故应使图 7.9 中低通滤波器的截止频率低于所欲测量的最低偏移频率，否则便需要设法对带内噪声加以修正。

2. 鉴相器法的测量方法与计算

图 7.9 中所用的基带频谱仪最好选用 FFT 数字式的频谱分析仪，因为这类频谱仪的灵敏度高，低频下限可达微赫兹级，可以测量最靠近载频的噪声，但其上限频率目前只能达到 100 kHz 左右（最高 400 kHz）。例如测量远离载频达数十兆赫兹的噪声，便需另选一台普通（模拟式）基带频谱仪与之并行使用。当在频谱仪上正确显示出噪声电压 $\Delta V(f_m)$ 的频谱分布图形后，若在指定偏移 f_m 点上由刻度直接读出的噪声电平值为 N dBm，则还需加上 $-10\lg B$，对于模拟频谱仪还要再加上 $+2.5$ dB 的"频谱仪效应"修正项，才能得到电压起伏谱密度 $S_V(f_m)=\Delta V_{rms}^2(f_m)/B$ 的应有值，用分贝表示为

$$S_V(f_m)_{dB}=N_{dBm}-10\lg B+2.5(dBm/Hz) \tag{7.65}$$

这里与直接用高频频谱仪测量法不同，要求出原高频信号的相位起伏谱密度，即

$$S_\varphi(f_m)=\frac{\Delta\varphi_{rms}^2(f_m)}{B}$$

还应求出鉴相常数 K_φ 并减去 $20\lg K_\varphi$。

因为

$$\Delta\varphi_{\mathrm{rms}}^2 = \frac{\Delta V_{\mathrm{rms}}^2}{K_\varphi^2}$$

所以

$$S_\varphi(f_{\mathrm{m}})_{\mathrm{dB}} = N_{\mathrm{dBm}} - 10\lg B + 2.5 - 20\lg K_\varphi \ (\mathrm{rad}^2/\mathrm{Hz}) \tag{7.66}$$

从而得

$$L(f_{\mathrm{m}})_{\mathrm{dB}} = \frac{1}{2} S_\varphi(f_{\mathrm{m}}) = N_{\mathrm{dBm}} - 10\lg B + 2.5 - 20\lg K_\varphi - 3 \ (\mathrm{dBc/Hz}) \tag{7.67}$$

式(7.67)中的等效噪声带宽 B 应为模拟式频谱仪的 3 dB 带宽乘以 1.2，而对于数字式频谱仪，B 则不做修正。

校准时，可在测量之前或测量之后将锁相环打开，但要注意不要改变信号源的幅度和低噪声放大器的增益等条件。微调参考源的频率使示波器上看出正弦差频信号 $V_{\mathrm{d}}(t)$，其频率等于 f_{m}，而 K_φ 等于该信号的幅度值 $\sqrt{2}V_{\mathrm{drms}}$，这时从频谱仪上读出该低频正弦信号的谱线电平 $20\lg V_{\mathrm{drms}}$，便可得出：

$$20\lg K_\varphi = 20\lg V_{\mathrm{drms}} + 3 \ \mathrm{dB} \tag{7.68}$$

在某些混频器输出中，其差频波形可能不是正弦波，而是三角波甚至接近矩形波等，这时便不能从频谱仪上读出差频信号的幅度，只能在图 7.9 中的示波器上测定差频波形过零点的斜率值 K'_φ，但因 K'_φ 是在低噪声放大器之前测出的，而低噪声放大器的增益为 K，故有

$$20\lg K_\varphi = 20\lg K'_\varphi + 20\lg K \tag{7.69}$$

还应强调，用第一种方法校准时，应注意不要因差频信号幅度过大而使低噪声放大器或频谱分析仪发生饱和而失去线性，如发现或怀疑有非线性情况，可将参考信号源幅度比测量时减小 A dB，得出 $20\lg K_\varphi$ 后再加上 A dB 即可。

3. 鉴相器法的相位噪声门限

用相位检波法测相噪，关键是要根据被测源相位噪声的高低情况，来选用一个相位噪声更低的参考源，否则测量结果将代表两个信号源的噪声综合。实际上，只要在所有需测的 f_{m} 范围内，参考源的相位噪声都比被测源的相位噪声低 10 dB 以上便可工作。因为相差 10 dB 时，引起的误差约为 0.4 dB，可忽略。如果没有优质参考源，也可用与被测源同等相位噪声水平的信号源作参考，将测得的结果减去 3 dB 便可作为被测源的相位噪声数据。相位检波器对信号源的调幅噪声有一定程度的抑制能力，所以调幅噪声一般不会影响相位噪声的测量结果。

除了参考源噪声以外，使用鉴相器法测量相位噪声时还有混频器和低噪声放大器等所贡献的噪声，这些噪声成为系统噪声本底或门限，是系统所能测量噪声的最低限度。欲测定此项指标，可按图 7.10 所示框图进行连接并测量。

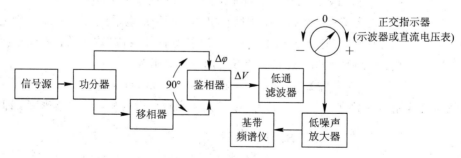

图 7.10　相位噪声门限测试框图

　　由图 7.10 可以看出，信号源由功分器等分为两路。在一路中接入一移相器，改变移相器可使两路信号的行程长度完全相等，则信号源的两路信号到达鉴相器时的相位噪声是完全相关的，所以在鉴相器输出中可以完全对消，这时由频谱仪测出的结果便只有上述系统的本底噪声，称之为系统相位噪声门限。这里应该注意的是，所用信号源的调幅噪声应很低且鉴相器有足够高的调幅抑制度。一般鉴相器式测量系统的本底 $L(f_m)$ 均可以做得很低，例如 $f_m=10$ kHz 时，$L(f_m)$ 门限优于 -175 dBc/Hz；$f_m=10$ Hz 时 $L(f_m)$ 门限优于 -150 dBc/Hz，所以鉴相器法测量系统可用来测量包括石英振荡器在内的各种优质信号源的相位噪声。

4. 鉴相器法的测试仪器介绍

　　HP3047A 相位噪声测试系统的原理框图如图 7.11 所示，当参考源与被测源的相位锁定为相差 90°时，鉴相器的输出相位噪声正比于被测源的相位噪声(当然是参考源的相位噪声与被测源的相比，小到可以忽略，并满足 $\varphi(t) \ll 1$ 的情况下)，从而将 $\varphi(t)$ 变换成电压抖动，经低噪声放大器放大后，送入频谱仪。因为代表 $\varphi(t)$ 的电压抖动可以放大，所以有助于克服频谱仪的灵敏度不够高的缺点。这时，整个系统的灵敏度主要是由参考源的相位噪声特性来决定的。

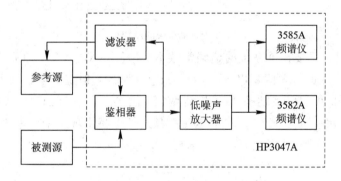

图 7.11　HP3047A 相位噪声测试系统原理框图

　　HP3047A 的工作频率范围是 5 MHz～18 GHz；傅氏频率范围为 0.02 Hz～40 MHz；灵敏度在 1 kHz 处为 -160 dBc/Hz，大于 10 kHz 时为 -170 dBc/Hz。

　　HP 公司生产的 HP3048A 相位噪声测试系统也主要是采用鉴相器法，即把被测信号与一个低相位噪声的参考信号经过相位检波器的双平衡混频器，得到由载波解调的相位噪声，然后再加到低频频谱仪，并由微处理器给出单边带相位噪声的测量结果。HP3048A 测量的载频范围为 5 MHz～18 GHz，偏离载频的频率范围为 0.01 Hz～40 MHz，幅度准确度为 ± 2 dB。这类测试方法的共同缺点是都要求参考源的相位噪声优于被测源的相位噪声，否则测出的是两个源的相位噪声的合成。另外，还要求系统能自动调整锁相环路，使参考源和被测源的相位始终保持正交。关于 HP3048A 相位噪声测试系统的详细情况可参见其说明书。

7.2.3　鉴频器测量法

1. 鉴频器法测量相位噪声的原理分析

　　鉴频器法亦称单源法。此法是将被测信号源的频率起伏 Δf 由某种微波鉴频器变为电

压起伏 ΔV，由基带频谱仪测量之，从而直接得出 $S_{\Delta f}(f_m)$，进而求出 $S_\varphi(f_m)$ 或 $L(f_m)$。一种常用的延迟线式鉴频器电路原理框图如图 7.12 所示。被测源经功分器分为两路加于鉴相器，与图 7.10 相似，不需要参考源而只需在一路中加入足够长的延迟线，其延迟时间 τ_d 大于 100 个载频信号周期，这样，使到达鉴相器的两路信号失去相关性，并使信号源的频率起伏 Δf 经延迟线转变成足够大的相位起伏 $\Delta \varphi$，再用鉴相器把 $\Delta \varphi$ 变成 ΔV，而后由频谱仪测量。鉴相器以后的电路与图 7.9 相同，只是不需加锁相环。为了测量 $\Delta \varphi$，测量前仍需利用信号源，微调其频率 f_0 或者微调延迟线长度或借助于移相器将两路信号调到相位正交。

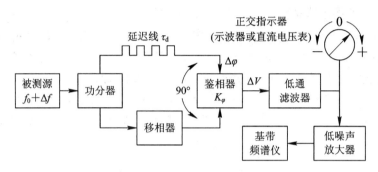

图 7.12 鉴频器法的原理框图

在测量工程中，需要校准系统的鉴频常数 K_f（$K_f = \Delta V / \Delta f$）。原则上可利用鉴相器的校准常数 K_φ 和 τ_d 的已知值算出 $K_f \approx K_\varphi 2\pi\tau_d$ (V/Hz)，但是最直接可靠的校准方法是将信号源用一已知 f_m 的低频正弦信号进行调频，使之产生一个已知的峰值频偏 Δf_{max} 或已知的调制系数 m_f，$m_f = \Delta f_{max} / f_m$，这时在频谱仪上将出现一个频率为 f_m 的谱线，读出该谱线顶端的电平即 $20\lg V_{rms}$ 值，便可求得

$$K_f = \frac{\sqrt{2}V_{rms}}{\Delta f_{max}} = \frac{\sqrt{2}V_{rms}}{m_f f_m} \text{ (V/Hz)}$$
$$20\lg K_f = 20\lg V_{rms} + 3 \text{ dB} + 20\lg \Delta f_{max} \tag{7.70}$$

2. 鉴频器法的测量方法与计算

系统校准后，去除信号源的正弦调制，重调正交后，在频谱仪上将显示出全部基带噪声谱。设在偏移频率 f_m 处读出噪声电平为 $N_{dBm} = 20\lg \Delta V_{rms}$，于是可得电压起伏谱密度为

$$S_V(f_m) = \frac{\Delta V_{rms}^2(f_m)}{B}$$

用 dB 表示为

$$S_V(f_m)_{dB} = N_{dBm} - 10\lg B \tag{7.71}$$

若用数字式频谱仪，则不需要再做任何修正；若用模拟式频谱仪，则还需修正 2.5 dB 并将 B_{3dB} 乘以 1.2。

由于 $\Delta f_{rms}^2 = \Delta V_{rms}^2 / K_f^2$，可得

$$S_{\Delta f}(f_m) = \frac{\Delta V_{rms}^2}{B K_f^2} = \frac{S_V(f_m)}{K_f^2}$$

或者

$$S_{\Delta f}(f_{\mathrm{m}})_{\mathrm{dB}} = N_{\mathrm{dBm}} - 10\lg B - 20\lg K_f \tag{7.72}$$

从而可得

$$S_{\varphi}(f_{\mathrm{m}}) = \frac{S_{\Delta f}(f_{\mathrm{m}})}{f_{\mathrm{m}}^2} = \frac{S_V(f_{\mathrm{m}})}{K_f^2 f_{\mathrm{m}}^2} \tag{7.73}$$

$$L(f_{\mathrm{m}})_{\mathrm{dB}} = N_{\mathrm{dBm}} - 10\lg B - 20\lg K_f - 20\lg f_{\mathrm{m}} - 3 \quad (\mathrm{dB/Hz}) \tag{7.74}$$

延迟线法鉴频器的测量灵敏度随 τ_{d} 的增大而变高。由于在超高频时常用同轴电缆作为延迟线，其 τ_{d} 增长损耗也随之增大，因而使该法受到限制；在微波时常用空气线或波导来作延迟线，但也不宜太长，所以有时不用延迟线而改用高 Q 谐振腔作为微波鉴频元件，其效果更好。因为式(7.73)中有 $1/f_{\mathrm{m}}^2$ 因子，所以鉴频器式相位噪声测量系统的相位噪声本底随 f_{m} 的减小而变大，因此只宜于测量较高的近载频噪声电平，如在频率随机漂移较大的自由振荡器或 YIG 调谐振荡器中使用。综上所述，由于使用该方法测量相位噪声时，灵敏度较低、测量带宽较窄，故目前已不太使用。

7.2.4　调幅噪声测量

虽然调幅噪声一般都较小，可以忽略，但有时也要看调幅噪声的大小是否会影响相位噪声测量的结果或调幅噪声对较敏感的系统的影响有多大，此种情况下，若调幅噪声不可忽略，还是需要对调幅噪声谱密度进行测量。

测量调幅噪声谱密度所需的设备比较简单，如图 7.13 所示。

图 7.13　调幅噪声测量原理框图

将被测信号源的载波信号直接接到合适的平方率幅度检波器(例如低势全肖特基二极管)，检波输出在经低通滤波和低噪声放大后，直接送往基带频谱仪，显示出调幅噪声边带的图形。根据图形，测出单一边带中偏离 f_{m} 处的噪声电平读数为 N dBm，再减去 $10\lg B$，归一化到 1 Hz 带宽，然后再加必要的修正，即可得到调幅噪声功率谱密度 $S_A(f_{\mathrm{m}})$ 为

$$S_A(f_{\mathrm{m}}) = N - 10\lg B \quad (\mathrm{dBm/Hz}) \tag{7.75}$$

为了求取单边带调幅噪声功率谱密度对载波功率之比 $M(f_{\mathrm{m}})$，可在被测信号源上加一频率为 f_{m} 的正弦波调幅，并使用幅度很小的已知值(例如：$M(f_{\mathrm{m}}) = 1\%$)进行校准。设此时由频谱仪读出 f_{m} 处的谱线电平为 $20\lg V_{\mathrm{rms}}$，由于已知 1% 正弦调幅波的单边带功率对载波功率之比为 2.5×10^{-5}，即 -46 dBc。于是按比例可得：

$$\frac{M(f_{\mathrm{m}})}{S_A(f_{\mathrm{m}})} = \frac{2.5 \times 10^{-5}}{V_{\mathrm{rms}}^2}$$

从而得出：

$$M(f_{\mathrm{m}})_{\mathrm{dB}} = N_{\mathrm{dBm}} - 10\lg B - 46 - 20\lg V_{\mathrm{rms}} \quad (\mathrm{dBc/Hz}) \tag{7.76}$$

式中：$20\lg V_{\mathrm{rms}}$ 为校准时由频谱仪上读出的 f_{m} 处的谱线电平。

在 HP3048A 相位噪声测试系统中，使用 HP11729C 载波相位噪声测试仪就可测量调幅噪声，详细步骤可参见 HP11729C 的使用操作说明书。

7.3　相位噪声对电路系统的影响

随着电子技术的发展，器件的噪声系数越来越低，放大器的动态范围也越来越大，增益也大有提高，这些都使得电路系统的灵敏度、选择性及线性度等主要技术指标得到了较好的解决。但是，随着技术指标要求的不断提高，对电路系统又提出了更高的要求，这就要求电路系统必须具有低相位噪声。在现代技术中，相位噪声已成为限制电路系统的主要因素，而低相位噪声对提高电路系统的性能起到了重要的作用。

7.3.1　相位噪声对接收机的影响

在现代接收机中，各种高性能技术指标，例如大动态、高选择性、宽频带捷变等都受相位噪声限制。尤其在目前电磁环境越来越恶劣的情况下，接收机经过混频从强干扰信号中能够提取出弱小有用信号是非常重要的。如果在弱小信号邻近处存在强干扰信号，则这两种信号经过接收机混频器后，就会产生所谓"倒易混频"现象，如图 7.14 所示。

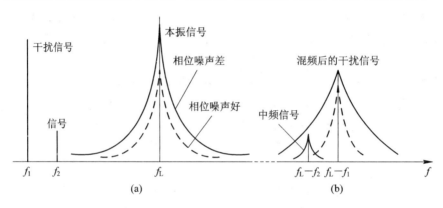

图 7.14　本振相位噪声对接收机的影响

可以看出，本振相位噪声差时，混频后中频信号将被混频后的干扰信号所淹没，而如果本振相位噪声好，则信号就能显露出来，只需有一个好的窄带滤波器即可有效地滤出信号。如果本振相位噪声差，即使中频滤波器能够滤除强干扰中频信号，强干扰中频信号的噪声边带仍然淹没了有用信号，从而使接收机无法接收到弱小信号，尤其对大动态、高选择性的接收机，这种现象很明显。因此，要使接收机具有良好的选择性和大动态，就要求接收机本振信号的相位噪声必须好。

7.3.2　相位噪声对通信系统的影响

相位噪声的好坏对通信系统有很大影响，尤其是在现代通信系统中，信号状态很多，频道又很密集并且不断地变换，所以对相位噪声的要求也愈来愈高。如果本振信号的相位噪声较差，会增加通信中的误码率，影响载频跟踪精度。

相位噪声不好不仅增加误码率，影响载频跟踪精度，还影响通信接收机信道内、外性能的测量，图 7.15 表示了相位噪声对邻近频道选择性的影响。可以看出，要求接收机的选择性越高，则相位噪声就必须更好；要求接收机的灵敏度越高，相位噪声也必须更好。

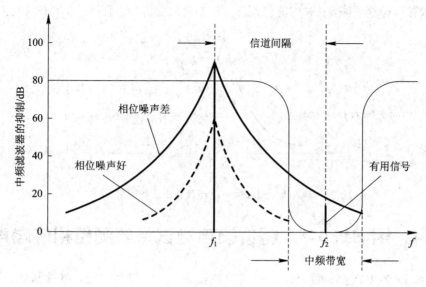

图 7.15　邻近频道信号相位噪声对邻近频道的影响

7.3.3　相位噪声对多普勒雷达系统的影响

现代雷达通过检测运动目标的多普勒频偏来确定运动目标。多普勒频率 f_D 可表示为

$$f_D \approx \pm 2\,\frac{v f_0}{c_0}$$

式中：v 为运动目标的径向速度，c_0 为光速 3×10^8 m/s，f_0 为发射机工作频率。

当目标超低空飞行时，雷达面临着很强的地面杂波，要想从强地杂波中提取信号目标，雷达必须有很高的改善因子。这些杂波进入接收机，经混频后，很难把有用信号与强地物反射波分离开，尤其对低速度运动目标，在接近地面时，发现目标就变得非常困难，这时只有提高雷达改善因子。MTI 雷达改善因子 I_2 与相位噪声的关系可用下式表示：

$$I_2 = 10\lg \frac{3}{16\displaystyle\int_0^{\frac{B}{2}} L(f_m)\,\sin^2(\pi f \tau)\,\sin^4(\pi f T)\,\mathrm{d}f} \tag{7.77}$$

式中：B 为接收机中频带宽(Hz)，$L(f_m)$ 为相位噪声(dBc/Hz)，τ 为发射脉冲到回波脉冲之间的时间，T 为发射脉冲周期。由式(7.77)可以看出，在 B、T、τ 一定的情况下，雷达的改善因子与频率源的相位噪声直接相关。

为了提高低空检测能力，提高对低空突防目标的发现能力，频率源的低相位噪声非常重要。由图 7.16 可以看出，要使雷达能从强杂波环境中区分出运动目标，就要求雷达必须全相参产生生出极低相位噪声的发射信号和接收机本振信号及各种相参基准信号。如果改善因子要求大于 50 dB，则频率源的时域毫秒频率稳定度应优于 10^{-10} 量级，相位噪声在 S 波段应优于 -105 dBc/Hz@1 kHz 和 -125 dBc/Hz@100 kHz。另外，雷达往往工作在脉冲状态，尤其是低重复周期雷达，调制后的雷达载频频谱为辛格谱，每一根辛格谱远端相位噪声将叠加给其他辛格谱，从而使两根相邻辛格谱之间的相位噪声大大恶化。在频率源"远端"相位噪声不够低的情况下，这种恶化是很明显的。从这一点看，雷达频率源不能只要求偏离 1 kHz 处的相位噪声，同时对偏离 10 kHz、100 kHz 及 1 MHz 都应该有适当的要求，一般应按幂律谱下降，这样才能保证脉冲调制后的发射频谱合格，取得好的改善因子。

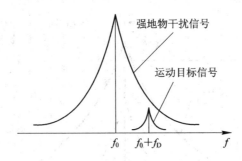

图 7.16　相位噪声对多普勒雷达的影响

7.4　用 HP3048A 相位噪声测试系统测量相位噪声

下面对 HP3048A 相位噪声测试系统的性能指标、组成及功能、测量原理、具体测量步骤等进行详细分析。

7.4.1　HP3048A 系统简介

HP3048A 相位噪声测试系统是目前常用的相位噪声测试系统。该系统具有测量频率范围宽、测量准确度高及系统噪声门限低等优点。

1. 低相位噪声

HP3048A 相位噪声测试系统的内部噪声很低，可用来测量超低相位噪声的频率源。同时也可用任何能压控的信号源作参考源。在实际测试中，系统的相位噪声门限往往受参考源的限制，因为用优良的 HP8662A 低相位噪声合成信号发生器作参考源往往不能满足要求。

2. 相位噪声测量范围及误差

HP3048A 相位噪声测试系统能对偏离载频 0.01 Hz～40 MHz 范围内的相位噪声和杂散进行分析、测量。当偏离载频在 0.01 Hz～1 MHz 范围内时，准确度为 ±2 dB。当偏离载频在 1 MHz～40 MHz 范围内时，准确度为 ±4 dB。

3. 输入频率范围

HP3048A 相位噪声测试系统的鉴相输入频率有两个频段，第一个频段的频率范围为 5 MHz～1.6 GHz，第二个频段的频率范围为 1.2 GHz～18 GHz。

系统还设有一个噪声输入口，能够对系统外的任何鉴相器解调出的相位噪声进行分析、测量。

7.4.2　HP3048A 系统的性能指标

1. 鉴相器端口的性能指标

1）输入频率范围

低频输入端：5 MHz～1.6 GHz；

高频输入端：1.2 GHz～18 GHz。

2) 输入幅度要求

鉴相器输入幅度要求如表 7.1 所示。

表 7.1　HP3048A 鉴相器输入幅度

输入信号	低频输入端		高频输入端	
	本振输入	载频输入	本振输入	载频输入
最大信号/dBm	+23	+23	+10	+10
最小信号/dBm	+15	−5	+7	+0

3) 输出频率范围

输入载频为 95 MHz～18 GHz 时，鉴相器输出频率范围为 0.01 Hz～40 MHz；输入载频为 5 MHz～95 MHz 时，鉴相器输出频率范围为 0.01 Hz～2 MHz。如果系统没有外接频谱分析仪，则能够测试的偏离频率范围只能到 100 kHz。

2. 系统的相位噪声和杂散指标

本节所给出的系统相位噪声和杂散不包含参考源的相位噪声和杂散，图 7.17 给出了 HP3048A 相位噪声测试系统的相位噪声和杂散响应曲线。

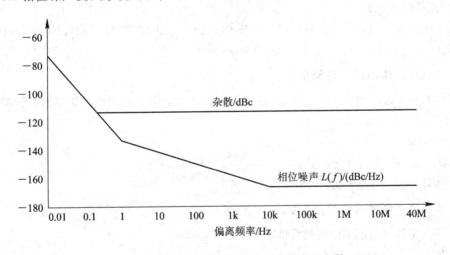

图 7.17　不包含参考源的系统相位噪声和杂散

当载频输入电平下降时，系统的相位噪声和杂散将增加。如图 7.18 所示，当本振输入电平低频端保持大于 +15 dBm，高频端保持大于 +7 dBm 时，载频输入电平若由 +15 dBm 下降到 +5 dBm，即下降 +10 dBm，则系统的相位噪声和杂散也将提高 +10 dB，即最大杂散电平由 −112 dBc 增加到 −102 dBc，相位噪声偏离 10 kHz 处，由 −170 dBc/Hz 增加到 −160 dBc/Hz。

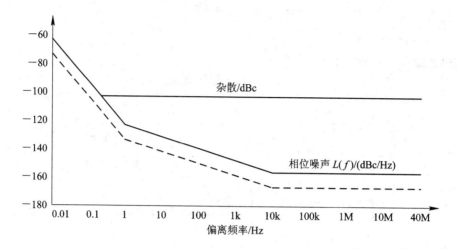

图 7.18　载频输入电平下降 10 dB 时系统相位噪声和杂散

3. 噪声输入口的性能指标

噪声输入口设在 HP11848A 相位噪声测试接口的前面板上，用来分析测量系统外部鉴相器和鉴频器送来的相位噪声。其性能指标如下：

输入频率范围：0.01 Hz～40 MHz；

最大峰值电压：1 V；

输入阻抗：50 Ω；

测量准确度：偏离 0.01 Hz～1 MHz 时，为 ±2 dB，偏离 1 MHz～40 MHz 时为 ±4 dB。

4. 调谐电压输出口的性能指标

调谐电压输出口设在 HP11848A 接口的前面板上，用来控制压控振荡器，实现正交鉴相。其性能指标如下：

电压范围：±10 V；

电流：最大值为 ±20 mA；

输出阻抗：常态为 50 Ω。

5. 输出振荡源的典型性能指标

（1）10 MHz 压控晶振 A 的性能指标如下：

幅度：+15 dBm；

调谐范围：±100 Hz。

（2）10 MHz 压控晶振 B 的性能指标如下：

幅度：+2 dBm；

调谐范围：±1 kHz。

（3）350 MHz～500 MHz 压控振荡器的性能指标如下：

幅度：+17 dBm。

（4）400 MHz 振荡器的性能指标如下：

幅度：−5 dBm；

调谐范围：固定频率。

（5）输出振荡源的典型相位噪声和杂散电平如图 7.19 所示。

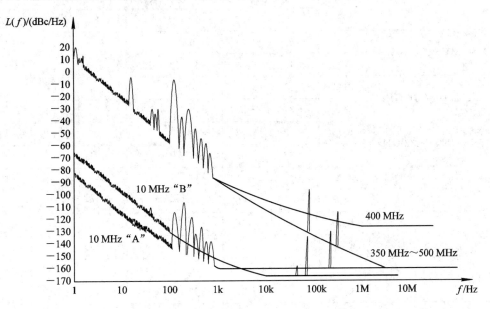

图 7.19　HP11848A 输出振荡源的典型相位噪声和杂散电平

6. 用 HP8662A 合成信号发生器作参考源时 HP3048A 系统的技术性能指标

（1）频率范围：100 kHz～1280 MHz。

（2）频率分辨力：100 kHz～640 MHz 时为 0.1 Hz；640 MHz～1280 MHz 时为 0.2 Hz；1280 MHz 以上时为 0.4 Hz。

（3）频率稳定度和准确度：老化率小于 5×10^{-10}（预热 10 天）。

（4）频率纯度：相位噪声如表 7.2 所示，杂散信号如表 7.3 所示。

表 7.2　用 HP8662A 作参考源时 HP3048A 系统的相位噪声

频　率		偏离载频/Hz						
		1	10	100	1k	10k	100k	1M
0.1 MHz～120 MHz	典型	−78	−108	−126	−132	−138	−139	−145
	规定	−68	−98	−116	−126	−132	−133	—
120 MHz～160 MHz	典型	−76	−106	−125	−135	−148	−148	−150
	规定	−66	−96	−115	−129	−142	−142	—
160 MHz～320 MHz	典型	−70	−100	−119	−130	−142	−144	−144
	规定	−60	−90	−109	−124	−136	−138	—
320 MHz～640 MHz	典型	−64	−94	−114	−125	−136	−136	−145
	规定	−54	−84	−103	−118	−131	−132	—
640 MHz～1280 MHz	典型	−58	−88	−108	−119	−130	−130	−140
	规定	−48	−78	−97	−112	−124	−126	—

续表

频　率		偏离载频/Hz						
		1	10	100	1k	10k	100k	1M
1280 MHz～3200 MHz	典型	−52	−82	−102	−113	−124	−124	−134
	规定	−42	−72	−92	−106	−118	−120	—
3.2 GHz～5.76 GHz	典型	−47	−77	−97	−109	−127	−130	−138
	规定	−37	−67	−87	−104	−123	−126	
5.76 GHz～8.32 GHz	典型	−43	−73	−93	−105	−125	−129	−135
	规定	−33	−63	−83	−100	−121	−125	
8.32 GHz～10.88 GHz	典型	−40	−70	−90	−102	−123	−129	−134
	规定	−30	−60	−80	−97	−119	−125	
10.88 GHz～13.44 GHz	典型	−38	−68	−88	−100	−122	−128	−132
	规定	−28	−58	−78	−95	−118	−125	
13.44 GHz～16 GHz	典型	−37	−67	−87	−99	−121	−127	−131
	规定	−27	−57	−77	−94	−116	−124	
16 GHz～18 GHz	典型	−35	−65	−85	−97	−119	−127	−129
	规定	−25	−55	−75	−92	−115	−123	—

表 7.3　用 HP8662A 作参考源时 HP3048A 系统的杂散情况

杂　散	载频频率/MHz				
	0.1～120	120～160	160～320	320～640	640～1280
非谐波杂散	−90 dBc	−100 dBc	−96 dBc	−90 dBc	−84 dBc
分谐波杂散	无	无	无	无	−70 dBc
与电源相关的颤音杂散	−90 dBc	−85 dBc	−80 dBc	−75 dBc	−70 dBc
谐波	≤30 dBc				

(5) 幅度：最大输出电平为 +16 dBm。

7. 用 HP11729C 载波噪声测试仪时 HP3048A 系统的性能指标

HP11729C 能把被测微波信号变换成 5 MHz～1280 MHz 的中频信号，以适应用 HP8662A 信号源作参考源时进行正交鉴相。HP11729C 的工作原理及具体性能请参见其说明书。下面给出选用 HP11729C 后 HP3048A 的性能指标。

1) 输入频率

(1) 测量频率范围：5 MHz～18 GHz，共分 8 个频段。起始频率为 5 MHz～1280 MHz，频段中心频率分别为：1.92 GHz、4.48 GHz、7.04 GHz、9.60 GHz、12.16 GHz、14.72 GHz、17.28 GHz。

(2) 输入信号幅度：载频小于 1.28 GHz 时，最小值为−5 dBm，最大值为＋23 dBm；载频大于 1.28 GHz 时，最小值为＋7 dBm，最大值为＋20 dBm。

(3) 测量范围：输入载频偏离中心频率在 5 MHz～95 MHz 范围内时，相位噪声测量范围为 0.01 Hz～2 MHz；输入载频偏离中心频率大于 95 MHz 时，相位噪声测量范围为 0.01 Hz～40 MHz(系统接有频谱分析仪，否则只能到 100 kHz)。

2) 系统基底相位噪声

使用 HP8662A 作参考源并使用 HP11729C 来扩展输入频率范围时，HP3048A 系统的相位噪声基底由表 7.2 给出。表 7.2 的数据是使用 EFC 来实现相位锁定的数据，若用其他方法实现相位锁定，相位噪声与表中数据相比将变坏。

8. HP3048A 系统的技术条件

(1) 电源要求：电源频率为 48 Hz～66 Hz，电源电压为 100 V、110 V、220 V、240 V，波动范围为＋5％、−10％。

(2) 操作温度范围：0℃～55℃。

(3) 预热时间：开机 20 分钟后，HP3048A 可满足技术指标要求。

(4) 电磁兼容条件：HP3048A 有较低的振动灵敏度，并满足测试设备的电磁兼容技术条件。

7.4.3　HP3048A 系统的组成及功能

1. HP3048A 系统的组成

HP3048A 系统包含性能优良的相位噪声测量接口 HP11848A、有宽频带快速傅里叶变换功能的动态信号分析仪 HP3561A、控制整个系统进行测量和操作的控制计算机 HP98580A，以及绘图仪 HP7470A、磁盘驱动器 HP9122D、打印机 HP2225A，另外还有合成信号发生器 HP8662A、载波噪声测试仪 HP11729C、示波器 COS6100G、频谱分析仪 HP8566B。除此之外，还有系统软件、文件等。HP3048A 系统各组成部分之间的相互关系如图 7.20 所示。

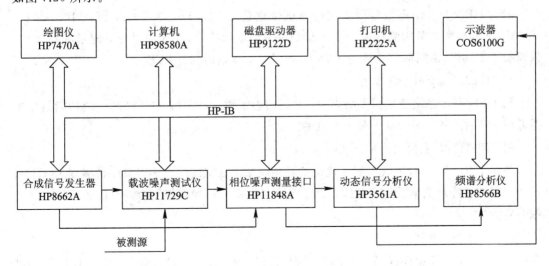

图 7.20　HP3048A 系统的组成框图

2. 系统中各主要组成部分的功能

1）HP11848A 相位噪声测量接口

HP3048A 系统是通过 HP11848A 接口进行相位噪声测量的。仪器内部有鉴相器、放大器、各种滤波器和开关等，能测试出 5 MHz～18 GHz 频率范围的相位噪声，还能对外部鉴相器送来的相位噪声进行分析测试。接口还设有四路基准振荡器输出，供对系统进行检测校准用。

HP11848A 前面板各组成部分的功能如下：

（1）调谐电压输出（TUNE UOTAGE OUTPUT）：提供调谐外部信号源的控制电压。

（2）模拟指示表头：使操作者能观察到来自于正交鉴相器的电压。

（3）噪声输入（NOISE INPUT）：接收外面鉴相器送来的相位噪声，供仪器进行分析测量。

（4）鉴相器输入（PHASE DETECTOR INPUTS）：由两路鉴相器完成 5 MHz～18 GHz 的鉴相。

（5）鉴相器输出（PHASE DETECTOR OUTPUTS）：用于接至频谱分析仪以扩展测试频率范围，或者用示波器监视鉴相器的解调噪声。

（6）源输出（SOURCE OUTPUTS）：为系统提供校准信号，也可作相位噪声测量时的参考源用。

2）HP3561A 动态信号分析仪

HP3561A 动态信号分析仪是 HP3048A 系统的相位噪声分析测试仪器，它应用快速傅里叶变换，对鉴相器送来的相位噪声进行分析测试。

HP3561A 的测试频率范围为 125 μHz～100 kHz，测量数据可取均方根显示。该系统具有测量动态范围大、测量速度快等优点，可作系统定标、监视等用，是一种较理想的相位噪声分析测量设备。

3）HP8566B 频谱分析仪

因为 HP3561A 动态信号分析仪的测试带宽是 125 μHz～100 kHz，所以 100 kHz～40 MHz 的相位噪声分析测量就由 HP8566B 来完成。测量可完全自动化，测量准确度高，偏离载频 1 MHz 以内时准确度为 ±2 dB，40 MHz 以内时为 ±4 dB。

4）HP8662A 合成信号发生器

用 HP3048A 系统测量相位噪声时，必须有参考源和被测源。HP8662A 的功能是作参考源用，它的近载频相位噪声是非常低的。

5）HP11729C 载波噪声测试仪

使用 HP11729C 载波噪声测试仪可把被测频率由 5 MHz～1280 MHz 扩展到 18 GHz，也能实现调幅噪声测量。使用 HP11729C 解决了不用再选择大于 1280 MHz 的低噪声参考源问题。

6）HP3048A 软件和文件

HP3048A 系统软件提供了全部测量程序和控制程序，通过计算机、磁盘驱动器等进行操作测量。HP98580A 计算机可提供快速操作和优良的作图能力。

7.4.4　HP3048A 系统的测量原理

目前国内外最常用的相位噪声测量方法是用两个不相关的频率源互相正交锁定,对消载频,并将正交鉴相后的相位噪声电压放大,再送频谱分析仪或者选频电压表进行分析测量。该方法灵敏度高,测量高稳定频率源时最为实用,其工作原理如图 7.21 所示,可以看出,该方法的关键是一个正交鉴相器,该鉴相器使用双平衡高鉴相灵敏度电路,并保证被测信号与参考信号相位正交,只有正交鉴相器的输出电压才与两路信号之间的相位波动成比例,才有最大相位灵敏度和最小的调幅灵敏度。隔离是为了防止注入锁相发生。高稳定频率源通过正交鉴相后,输出噪声电压很小,所以必须进行低噪声放大,放大后的噪声电压送频谱分析仪或者选频电压表,这样才能测量整个相位噪声曲线。

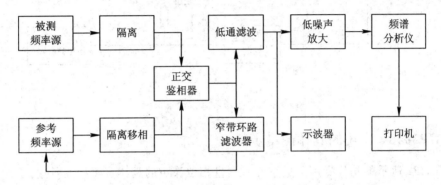

图 7.21　相位噪声测量原理框图

HP3048A 系统的测试框图如图 7.22 所示,参考频率源使用 HP8662A 合成信号发生器,它在 S 波段上偏离载频 1 kHz 处的相位噪声优于 −110 dBc/Hz。图 7.22 中的正交鉴相器、低通滤波器、低噪声放大器及混频器、滤波器、倍频器等均用 HP11729C 载波噪声测试仪来完成。示波器用来监视锁相环的工作及锁定情况和搜捕情况。动态分析仪用来分析、测量单位带宽内的相位噪声电压。HP3561A 的最大分析带宽为 100 kHz,测量 100 kHz 以外的相位噪声或者杂散情况时可选用 HP8566B 频谱分析仪来完成。

由图 7.22 可以看出,HP11729C 载波噪声测量装置不直接在微波信号上进行测试,而是用 HP8662A 合成信号发生器后面板提供的噪声很低的 640 MHz 信号,送至 HP11729C,经过 HP11729C 内部的谐波发生器后,再滤波,产生出(2~18)GHz 信号,具体选用由 HP11729C 前面板的频段选择按键决定。选好工作频段后,再与被测信号进行下变频,所得到的中频信号均为(5~1280)MHz,再与 HP8662A 前面板输出信号进行同频正交鉴相。利用 HP8662A 仪器内提供的直流调频(DC~FM)或者电子频率控制(EFC)来调谐 10 MHz 的 VCXO,实现正交锁相。10 MHz 的 VCXO 调谐范围太窄时,可选用 HP11848A 的宽带 10 MHz 的 VCXO,或者改用压控被测频率源来实现锁定。正交锁定后,HP11729C 的输出相位噪声送 HP3561A 动态分析仪测量。图 7.22 测量系统可对 10 MHz~18 GHz 的载波信号进行测量。

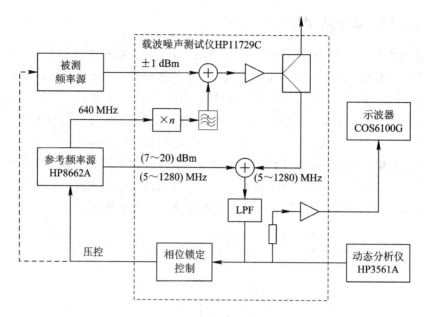

图 7.22　实用相位噪声测量框图

7.4.5　HP3048A 系统的具体测量步骤

用图 7.22 所示的相位噪声测量系统来测量相位噪声的具体步骤如下所述。

1. 选择各仪器的工作状态

按图 7.22 所示连接系统，根据被测频率源的输出频率及测量内容，把 HP11729C 载波噪声测试仪、HP8662A 合成信号发生器及 HP3561A 动态分析仪等仪器的各种开关、旋钮设置在适当位置上。

2. 系统校准

把 HP8662A 合成信号发生器的输出信号（即前面板（5～1280）MHz 输出）调到偏离被测频率源的输出频率（例如偏离 50 kHz）。此时，在 HP11729C 载波噪声测试仪的输出端会产生出 50 kHz 的差拍信号输出。然后使 50 kHz 差拍信号的谱线处于 HP3561A 显示屏上的一个适当位置，一般在显示屏的中间位置较适宜，并记录该谱线在这时的电平值。记录完电平值后，去掉 40 dB 衰减，并调谐 HP8662A 的输出频率，使之向减小 50 kHz 偏差频率方向变化，直到偏差频率为零。这时不允许再改变 HP8662A 的输出衰减。

3. 相位锁定

被测频率源为高稳定频率源时，使用该系统测量才有意义。这时频率源的锁定可借助 HP11729C 的 FREQ‐CONT X‐OSC 或者 FREQ‐CONT DC‐FM 连接器的输出电压来调谐 HP8662A 的输出信号，并正确选择 HP11729C 前面板上的相位带宽因子来实现相位锁定，并保证正交。

同样办法，也可以用 HP11729C 的调谐电压来压控被测频率源以实现相位锁定，并保证正交。

4. 测量

测量步骤如下：

（1）调整 HP3561A 动态分析仪，使其显示屏上的画面带宽覆盖我们感兴趣的傅氏频率，也就是覆盖偏离载波 f_m 的频率范围。

（2）选择 HP3561A 动态分析仪的适当分辨带宽，并使其分辨带宽至少小于 1/10 画面带宽。

（3）由于相位噪声是随机的，因此为了提高读数准确性，应对其进行平均、取均方根或者视频滤波后再读数测量。

（4）在校准参考电平所对应的仪表状态下，读取相位噪声。

测量中的注意事项如下：

（1）在整个测量过程中不要随意改变频谱分析仪的输入灵敏度，否则应对系统重新校准，否则测量将不准确。

（2）通常不应在噪声下降非常快（大于 20 dB/div）的地方进行测量、读数。

（3）为提高读数精度，应尽量调整 HP3561A 显示屏上的画面带宽，使被测点的傅氏频率处于显示屏画面带宽的中心处。

（4）应在高于频谱分析仪底部噪声电平 10 dB 的区域内测量。

（5）在测量时如果有寄生信号存在，可以不予理睬；如果被测噪声电平接近于寄生信号电平，可以在减小频谱仪的分辨带宽后再测量，应避免在寄生信号上测量。

5. 测量结果的计算

设相位噪声为 $L(f_m)$，单位为（dBc/Hz）；HP3561A 动态分析仪上测得的相位噪声功率为 -75 dBm；校准参考电平为 -23 dBm；频谱分析仪测量结果到单边带相位噪声的变换因子为 -6 dBm；校准衰减为 -40 dBm；带宽归一化为 $[10\lg(1.2 \times B_w)]$dB，B_w 为频谱分析仪的分辨带宽，现设 $[10\lg(1.2 \times B_w)]$dB $=10\lg(1.2 \times 95.485)=23.8$ dB；频谱分析仪效应修正为 $+2.5$ dB；如果被测点的傅氏频率落在环路带宽外，则环路对噪声的抑制可不修正。因此有

$$L(f_m)=[(-75 \text{ dBm})-(-23 \text{ dBm})]+(-6 \text{ dB})+(-40 \text{ dB})+$$
$$(-23.8 \text{ dB})+(2.5 \text{ dB})$$
$$=-119.3 \text{ dBc/Hz}$$

6. 测量结果的表达

（1）列表记录不同 f_m 下的 $L(f_m)$ 值，如表 7.4 所示。

表 7.4　不同 f_m 下的 $L(f_m)$ 值

f_m/Hz	10	100	1k	10k	100k	1M
$L(f_m)$/(dBc/ Hz)						

（2）打印出相位噪声频谱图。可用打印机或者绘图仪，绘制出显示屏显示的相位噪声曲线。

7.4.6　HP3048A 系统的自动相位噪声测量

　　HP3048A 相位噪声测试系统还可在计算机控制下实现自动测量，其测试系统方框图如图 7.23 所示。一切测量步骤均已编程并存盘，形成控制操作软件，测量时，只需通过计算机控制 HP8662A、HP11729C 和 HP11848A 及 HP3561A 自动工作。测量出的结果被自动换算为单边带相位噪声 $L(f_m)$，其相位噪声曲线可在终端显示屏上直接显示，并可由打印机或者绘图仪绘制出来。可见，自动测量方法简单，测量结果不用人工计算。

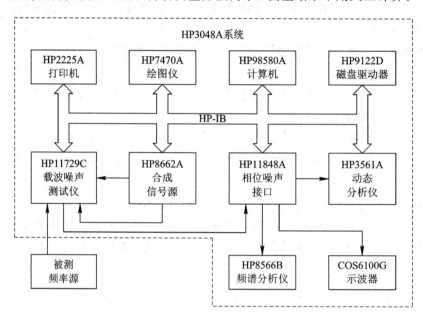

图 7.23　HP3048A 相位噪声测量系统方框图

　　在相位噪声测试过程中，不论人工操作还是自动控制，常常都会遇到由于被测源的长期频率稳定度较差，而 HP8662A 基准频率源的 10 MHz 的 VCXO 压控范围又窄，使被测频率源锁不住，导致无法进行测量的问题。这时，如果被测频率源能够压控，可以改用压控被测频率源；如果被测频率源不能压控，还可以使用 HP11848A 接口电路提供的宽带 10 MHz 的 VCXO 来代替 HP8662A 机内的 10 MHz 晶振，即由 HP8662A 后面板的外频标输入，则可较好地解决锁不住的问题。

　　对普通频率源的相位噪声测量，不必要使用 HP3048A 相位噪声测试系统进行测量，可以用 HP8566B 频谱分析仪直接测量。

第 8 章　频率源的时域频率稳定度分析与测量

相位噪声是用频域表示的短期频率稳定度，其实质是噪声功率中的不同傅氏频率对载频进行调制时，引起载频输出相位随机抖动了多少弧度。时域频率稳定度是在时域中表示的傅氏频率对载频进行调制时，引起的载频频率的不稳定度。数学推导证明，使用相位噪声（即频域表示的短期频率稳定度）更为科学，所以目前提倡使用频域相位噪声来表示短期频率稳定度。但是，几赫兹以内的相位噪声较难测量，0.1 Hz 以内的相位噪声就更难测量，因此用频域表示来完全代替时域表示目前还无法完全实现。尤其是对于频率源的长期频率稳定度，只能在时域测量。本章将对频率源的时域频率稳定度进行详细分析，并阐述其测量方法。

8.1　概　　述

8.1.1　引言

雷达的发展，对频率稳定度提出了越来越高的要求，尤其是新型雷达和多普勒雷达更是如此。所以，雷达频率源的稳定度测量工作非常重要，尤其是对频率源的短期频率稳定度进行描述时，集中了较多的对频率稳定度进行测量的仪器。例如，用雷达对飞行器的精确测距、测速、导航等，都必须使用短期频率稳定度好的频率源。对短期频率稳定度定义的描述目前有两个范畴，一个范畴是时域描述，用一定时间间隔内频率变化量的相对值表示，它是测量时间 τ 的函数，一般用方差 $\sigma^2(\tau)$ 描述频率稳定度；另外一个范畴是频域描述，用单边带、单位带宽内的相位噪声功率谱密度 $L(f_m)$ 描述。时域和频域是一种物理现象的两个方面，两者各有特点，彼此相辅相成。

另外，虽然时域频率稳定度有长期频率稳定度和短期频率稳定度之分，但它们之间没有严格的界限。目前测量频率稳定度的方法很多，用同一方法，对数据又有不同的处理。

因为雷达工作在微波频率，所以往往采用短期频率稳定度很高的高频晶体振荡器作频率源的基准信号，这样可以降低倍频次数，提高雷达输出信号的信噪比。但由于倍频器会使晶体振荡器的输出相位噪声按每倍频程变坏 6 dB，即按 $20\lg N$ 变坏（N 为倍频次数），因此使用高频晶体振荡器将 100 MHz 或 120 MHz 信号变换成雷达微波频率信号，比用 5 MHz 或 10 MHz 晶体振荡器变换成雷达微波频率信号有更多的好处。一般说来，5 MHz 或 10 MHz 高稳晶振的长期频率稳定度好，而 100 MHz 高稳晶振的短期频率稳定度好，而长期频率稳定度一般因老化太快而不太好。作为雷达使用的频率源往往对频率的准确度和长期频率稳定度要求并不严格，但是对短期频率稳定度却有极高的要求。所以，对雷达频率源的测量，关键是测量短期频率稳定度。

8.1.2　影响频率稳定度的主要因素

如果不考虑一个频率源系统输出频率的老化漂移的话，噪声是影响频率稳定度的主要因素，噪声的来源是很复杂的。而频率源的噪声严格来说是一种非平稳随机过程，因为一般频率源中都存在闪变噪声，所以给稳定度的分析和测量带来了很大困难，但往往都是假设噪声是各态历经的平稳随机过程。为了分析方便，可把这些随机噪声分为三大类：闪变噪声、干扰噪声和附加噪声。

不同类型的噪声对应的主要来源也有所不同，对频率稳定度的影响也不一样。

1. 闪变噪声

闪变噪声是由电路中的一些不明原因及频率源中一些参数的随机变化引起的，它与工艺过程、物理变化等都有关系。因此，严格来说闪变噪声是非平稳随机过程，对非平稳随机过程的计算是很困难的，只能做近似的统计分析。闪变噪声的低频频谱分量是非常丰富的，具有 f^{-1} 的频谱，所以闪变噪声调频对长期频率稳定度影响很大，尤其是在非常长的时间测量中，会引起发散。

另外，频率源系统的慢变化，如晶体的老化、元器件参数的缓慢变化等也会导致频率老化漂移，影响长期频率稳定度，但是这种变化往往呈现线性规律。因此可以设法对这种系统误差进行修正，而对噪声所造成的随机误差就不这么简单了。这里必须说明的是，老化率与长期频率稳定度不能等同看待。老化现象是属于晶体振荡器本身的系统误差，可以修正；而长期频率稳定度是由噪声造成的，属于随机误差。"日波动"与长期频率稳定度是有关的，是一种随机量的表达形式，它对温度、电压等外界因素的变化也比较敏感，对高稳定晶体振荡器来说，经过长期通电工作，日波动可以逐渐变小，这就是晶体振荡器往往需要老化的原因。

2. 干扰噪声

任何一个频率源的频率稳定度在某种程度上都受它周围环境的影响，例如环境温度的变化、电源电压的稳定性及纹波、外界磁场的作用、大气压力、空气湿度、机械振动及冲击、振荡器的输出负载等，所有这些由周围环境产生的噪声都对频率稳定度有干扰作用。这些噪声往往会直接干扰振荡器频率，另外，振荡器自身的热噪声和散弹噪声也属于干扰噪声，所以把干扰噪声又称调频噪声，它常出现在振荡级，对频率稳定度的影响往往呈现有规律的变化，主要影响短期频率稳定度。因此，我们往往采用恒温、稳压并加以严格的屏蔽密封或防振匹配等措施来减小干扰噪声的影响。

3. 附加噪声

附加噪声也叫叠加噪声，可认为是白噪声，它并不直接干扰振荡，而是只附加在信号上，引起信号的相位调制，所以又称调相噪声，例如一般电路的热噪声、散弹噪声等都属于附加噪声。附加噪声对短期频率稳定度影响较大。因为附加噪声的频谱较宽且高频分量丰富，所以这种噪声的频率变化十分迅速。当采样测量时间长时，这种起伏可以被平均掉，而短期取样时它的影响就很大。当然干扰噪声、闪变噪声对短期频率稳定度也有影响，但都没有附加噪声的影响严重。因此，应尽量提高信噪比，使用窄带滤波器等来降低附加噪声，以提高短期频率稳定度。

8.1.3　频率源的幂律谱噪声

正如上节中分析的那样,频率源的频率稳定度除了受到其内部各种噪声影响外,还不同程度地受到周围环境的影响。这些影响使得石英晶体振荡器和原子频标等多数振荡器因存在调频闪变噪声,其工作均不是平稳随机过程,所以只能用基本符合实际情况的理想化噪声模型来分析,即把相位噪声谱密度 $S_\varphi(f_m)$ 看成由几段斜率不同的折线组成,这样对实现 $\sigma_y^2(\tau)$ 与 $S_y(f_m)$ 的相互转换大有用处。下面介绍频率源的相位噪声模型——幂律谱。

美国电子电气工程师学会(IEEE)推荐了表征频率稳定度的一种幂律谱噪声模型,它有五种独立噪声过程,根据叠加原理,用幂律谱密度表示为

$$S_y(f_m) = \begin{cases} \sum_{\alpha=-2}^{2} h_\alpha f_m^\alpha & 0 \leqslant f_m \leqslant f_h \\ 0 & f_m > f_h \end{cases} \tag{8.1}$$

式中:$S_y(f_m)$ 是频率源输出的相对频偏的单边谱密度,且有

$$S_y(f_m) = \frac{f_m^2}{f_0^2} \cdot S_\varphi(f_m)$$

式中:f_m 为傅里叶频率,等于偏离输出频率的值;h_α 为取决于 α 的常数;α 是谱指数,不同的 α 值代表不同性质的噪声;f_h 是截止频率,即系统的上限截止频率。

由式(8.1)可以看出,模型中的各项都正比于 f_m 的某次幂,因而叫幂律谱噪声。在国际上,1971 年美国 IEEE 下属的频率稳定度小组正式提出,用阿伦方差 $\sigma_y(\tau)$ 和相对频偏的谱密度 $S_y(f_m)$ 或相位噪声谱密度 $S_\varphi(f_m)$ 作为频率稳定度的时域和频域表征的标准定义。世界各国的有关专业会议上也都明确规定采用阿伦方差和 $S_y(f_m)$ 或 $S_\varphi(f_m)$ 作为各类标准频率源中统一使用的频率稳定度的时域和频域表征量。

这样时域表征和频域表征都可以通过傅里叶变换互相联系起来,因为自相关函数 $R_\varphi(\tau)$ 和随机变量的频谱密度 $S_\varphi(f_m)$ 互为傅里叶变换对,所以已知 $S_y(f_m)$ 就可以求得 $\sigma_y^2(\tau)$。$\sigma_y^2(\tau)$ 与 $S_y(f_m)$ 的关系为

$$\sigma_y^2(\tau) = \int_0^\infty S_y(f_m) H_A^2(f_m) \mathrm{d}f \tag{8.2}$$

式中:$H_A(f_m)$ 称为传递函数,且有

$$H_A^2(f_m) = 2 \frac{\sin^4(\pi f_m \tau)}{(\pi f \tau)^2} \tag{8.3}$$

由此可以看出,已知 $S_y(f_m)$,可求出 $\sigma_y^2(\tau)$,当然这在理论上是成立的,但实际积分是很困难的。如果已知 $\sigma_y^2(\tau)$,求 $S_y(f_m)$ 时只能通过假定被测源符合幂律谱噪声分布,才能转换过来。这就是从时域转换到频域时不能令人十分满意的地方。

8.1.4　表征量 $\sigma_y^2(\tau)$、$S_y(f_m)$、$S_\varphi(f_m)$ 相互之间的关系

由于 $\sigma_y^2(\tau)$ 与 $S_y(f_m)$ 之间可以相互转换,并且通过 $S_\varphi(f_m) = (f_0/f_m)^2 S_y(f_m)$ 可使 $S_\varphi(f_m)$ 与 $S_y(f_m)$ 之间也可以相互转换,因此只需知道其中一种表征量的全面情况,就可以知道其余两种表征量的一般形式。

图 8.1 给出了频率源的 $S_\varphi(f_m)$-f_m、$S_y(f_m)$-f_m 和 $\sigma_y^2(\tau)$-τ 的关系,可以看出频率

源的质量不同，其曲线也不同。图中箭头线指明了相互对应的线段，即来源于相同噪声机理的线段。另外，还可以根据 $S_\varphi(f_m)-f_m$ 各折线段的斜率判别出各 f_m 段的噪声机理属于哪一类，所以 $\sigma_y^2(\tau)$ 在不同 τ 段的噪声机理也就知道了。图中各直线段旁标注了它们的斜率值（无量纲值），斜率值可转换成以 dB/信频程为单位的斜率值，只要将其值乘以 3 dB/倍频程就能得到以 dB/倍频程为单位的斜率值。

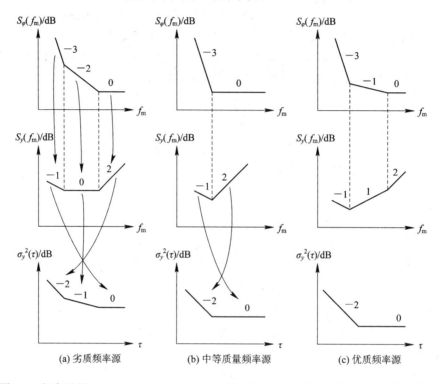

图 8.1　频率源的 $S_\varphi(f_m)-f_m$、$S_y(f_m)-f_m$ 和 $\sigma_y^2(\tau)-\tau$ 的关系（横坐标均为对数刻度）

8.2　时域频率稳定度的分析

8.2.1　时域频率稳定度的定义及分析

对于雷达频率源的输出信号，我们希望它是理想的正弦波，即

$$u(t)=V_0\cos(\omega_0 t+\varphi_0) \tag{8.4}$$

式中：V_0 为输出信号的标称幅值；ω_0 为输出信号的标称角频率，$\omega_0=2\pi f_0$，f_0 为标称频率；φ_0 为输出信号的固定相位。

因为 V_0、ω_0、φ_0 均为常数，所以理想频率源输出信号的频谱是位于 f_0 处的一根纯谱线，两边无噪声分布。用示波器看，其波形稳定，周期不变。但是，实际频率源的输出信号总是存在幅度起伏 $\varepsilon(t)$ 和相位起伏 $\varphi(t)$，因而瞬时输出信号可表示为

$$u(t)=[V_0+\varepsilon(t)]\cos[\omega_0 t+\varphi(t)] \tag{8.5}$$

对于高稳定频率源，可以假设 $|\varepsilon(t)|\ll V_0$，$|\varphi(t)|\ll 1$，也就是 AM 噪声远远小于 FM 噪声。因为不论是晶体振荡器还是 LC 振荡器，它们都存在一定的幅度饱和及限幅等

作用，故总是可以抑制调幅噪声，所以可以忽略幅度起伏，这样式(8.5)可简化为

$$u(t)=V_0\cos[\omega_0 t+\varphi(t)] \tag{8.6}$$

则瞬时相位为

$$\dot{\psi}(t)=2\pi f_0 t+\varphi(t) \tag{8.7}$$

因而瞬时频率 $f(t)$ 为

$$f(t)=\frac{\dot{\psi}(t)}{2\pi}=f_0+\frac{1}{2\pi}\dot{\varphi}(t) \tag{8.8}$$

可见 $\dot{\varphi}(t)$ 就是瞬时频率 $f(t)$ 偏离平均角频率 $2\pi f_0$ 的瞬时角频偏。$\frac{1}{2\pi}\dot{\varphi}(t)$ 为频率的瞬时起伏，称为频率噪声。

在误差理论中，我们均用标准方差来描述起伏量围绕真正平均值的起伏偏差范围，即瞬间角频偏 $\dot{\varphi}(t)$ 围绕 $2\pi f$ 的起伏，因此定义标准方差 σ 为

$$\sigma^2=\frac{1}{f_0^2}\langle(f_i-\overline{f_N})^2\rangle \tag{8.9}$$

式中：$\overline{f_N}=\lim\limits_{N\to\infty}\dfrac{1}{N}\sum\limits_{i=1}^{N}f_i$，为 f_i 的数学期望；$\langle(f_i-\overline{f_N})^2\rangle$ 表示对 $N\to\infty$ 时的大量测量值进行平均。

可以看出，$\overline{f_N}$ 和 $\langle(f_i-\overline{f_N})^2\rangle$ 均指真正的平均值，因而测量次数必须很大，但是由于闪变噪声的存在，使标准方差总是发散，从而失去理论上的意义。实际上也不可能测无穷多次，只能利用计数器在有限时间间隔内测量有限次，这样就使测量值总与标准方差有误差。为了在有限的 N 次采样测量中能求得真实值，从而导出时域的定义式，下面进行详细分析。

设 $y(t)$ 为以标称频率 f_0 为参考的相对频率起伏，则

$$y(t)=\frac{\frac{1}{2\pi}\dot{\varphi}(t)}{f_0}=\frac{\dot{\varphi}(t)}{2\pi f_0} \tag{8.10}$$

图 8.2 给出了频率源输出信号的瞬时频率曲线。如果我们能够准确地测出这条瞬时变化曲线，就可以得到频率不稳定度的全部信息。但是用数字频率计测量得到的频率却不是真正的瞬时频率值 $f(t)$，这是因为在实际测量时，使用的频率计需要一定的取样(闸门)时间，所以测得的频率只是在取样时间内的平均值。设取样时间为 τ，则 $f(t)$ 在 t_k 到 $t_k+\tau$ 时间内的平均值为

$$f_k=\overline{f_k(t)}=\frac{1}{\tau}\int_{t_k}^{t_k+\tau}f(t)\mathrm{d}t=\frac{1}{\tau}\int_{t_k}^{t_k+\tau}\left[f_0+\frac{\dot{\varphi}(t)}{2\pi}\right]\mathrm{d}t=f_0+\frac{\varphi(t_k+\tau)-\varphi(t_k)}{2\pi\tau} \tag{8.11}$$

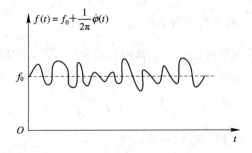

图 8.2　频率源输出信号的 $f(t)$ 曲线

而瞬时频偏值 $\dot{\varphi}(t)$ 的平均值 $\overline{\dot{\varphi}(t)}$ 为

$$\overline{\dot{\varphi}(t)} = \frac{1}{\tau} \int_{t_k}^{t_k+\tau} \dot{\varphi}(t)\,\mathrm{d}t = \frac{\varphi(t_k+\tau)-\varphi(t_k)}{\tau} \tag{8.12}$$

所以

$$f_k = \overline{f_k(t)} = f_0 + \frac{\overline{\dot{\varphi}(t)}}{2\pi} \tag{8.13}$$

可见由于存在着相位噪声 $\varphi(t)$ 引起的频率噪声 $\dot{\varphi}(t)$，使得频率计每次测量的频率 f_k 不一样。因此，我们用频率计测频时，通常是通过计算多次测量的平均相对频率起伏 $y(t)$ 的方差来得到频率不稳定度，如图 8.3 所示。图中，设 τ 为频率计每次测量的取样时间；T 为相邻两次取样时间的间隔，即取样的重复周期。若进行一组 N 个取样，即 $i = 1, 2, \cdots$, N，则第一次取样的测量从时刻 t_1 开始，到 $t_1+\tau$ 时刻为止，测得一个取样平均值 $\overline{y_1}$，然后经过一个 $T-\tau$ 时间间隔，在 $t_2 = t_1 + T$ 时间开始第二次取样，到 $t_2+\tau$ 时刻结束，得到第二个取样平均值 $\overline{y_2}$，……每次取样的平均值可表示为

$$\overline{y_k} = \frac{1}{\tau} \int_{t_k}^{t_k+\tau} y(t)\,\mathrm{d}t = \frac{\varphi(t_k+\tau)-\varphi(t_k)}{2\pi f_0 \tau}$$

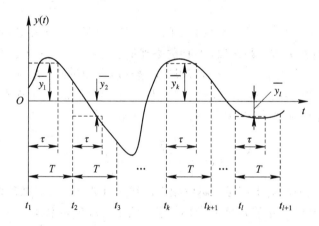

图 8.3　频率随机起伏 $y(t)$ 的 N 次采样

可以看出，在每次单独的取样测量中，其结果不仅与取样的时间 τ 有关，而且与取样周期 T 有关。那么 N 次测量的方差可表示为 N、T、τ 这三个参数的函数，即

$$\sigma^2(N, T, \tau) = \frac{1}{N-1} \sum_{k=1}^{N} \left(\overline{y_k} - \frac{1}{N} \sum_{k=1}^{N} \overline{y_k} \right)^2 \tag{8.14}$$

式中：$\dfrac{1}{N} \sum\limits_{k=1}^{N} \overline{y_k}$ 是 N 个 $\overline{y_k}$ 的算术平均值。

由于 $\overline{y_k}$ 的随机性，因此这样的方差也是随机变量。为此，在进行 M 组（每组 N 次）测量后，再求其统计平均值，即

$$\langle \sigma^2(N, T, \tau) \rangle = \left\langle \frac{1}{N-1} \sum_{k=1}^{N} \left(\overline{y_k} - \frac{1}{N} \sum_{k=1}^{N} \overline{y_k} \right)^2 \right\rangle \tag{8.15}$$

式中：N 为抽样数目；k 为抽样次序，$k = 1, 2, 3, \cdots$；T 为连续抽样周期（抽样间的休止时间加抽样时间）；τ 为抽样时间，也叫取样时间。

式(8.15)就是相对频率起伏 $y(t)$ 的取样方差 $\langle \sigma^2(N,T,\tau)\rangle$ 的基本定义式,也叫广义阿伦方差。又有

$$\overline{y_k} = \frac{1}{\tau}\int_{t_k}^{t_k+\tau} y(t)\,\mathrm{d}t = \frac{\varphi(t_k+\tau)-\varphi(t_k)}{2\pi f_0 \tau} = \frac{\overline{f_k(t)}}{f_0} = \frac{f_k}{f_0} \tag{8.16}$$

为 τ 时间内相对频率起伏的平均值。其中,f_0 为标称频率,且

$$f_0 = \langle f(t)\rangle = \lim_{\tau\to\infty}\frac{1}{\tau}\int_0^\tau f(t)\,\mathrm{d}t$$

式(8.15)为时域频率稳定度的一般函数表达式。因此,时域频率稳定度的定义还可定义为偏离标称频率的相对频率起伏方差的数学期望。

式(8.15)中,只要 $N\geqslant 2$,便可获得一个真实值的无偏估计。将式(8.16)代入式(8.15),可得

$$\langle \sigma_y^2(N,T,\tau)\rangle = \left\langle \frac{1}{N-1}\sum_{k=1}^{N}\left(\frac{f_k}{f_0}-\frac{1}{N}\sum_{k=1}^{N}\frac{f_k}{f_0}\right)^2\right\rangle$$

$$= \left\langle \frac{1}{(N-1)f_0^2}\sum_{k=1}^{N}\left(f_k-\frac{1}{N}\sum_{k=1}^{N}f_k\right)^2\right\rangle$$

$$= \left\langle \frac{1}{(N-1)f_0^2}\sum_{k=1}^{N}(f_k-\overline{f_k})^2\right\rangle \tag{8.17}$$

由式(8.17)可以看出,当 $N\to\infty$ 时,则 $\langle\sigma_y^2(N,T,\tau)\rangle=\sigma^2$ 为标准方差。若 N 不是无穷大,则定义式不是标准方差,而被定义为广义阿伦方差,它在闪变噪声存在的情况下不发散,而标准方差发散。这是因为广义阿伦方差与标准方差的物理意义上在根本上是不同的。前者描述相对于 N 次测量的平均频率值 $\overline{f_k}$ 的方差,而真方差即标准方差描述的是相对于真正的频率平均值 $\overline{f}=\lim_{k\to\infty}\overline{f_k}$ 的偏差。不同时间的广义阿伦方差描述了围绕不同平均值 $\overline{f_k}$ 的方差,也就是说,方差是相同的,但平均值 $\overline{f_k}$ 本身却是起伏变化的。这种起伏不是老化偏移,也不是外界环境的影响,而是由调频闪变噪声中的慢变成分造成的。

还可以证明,当 $T/\tau\gg 1$,即采样周期很长时,二次采样可以认为是非相关的,这样实际算出的数值与 N 的关系不大。例如:当 $\tau=1\,\mathrm{ms}$,$T=1\,\mathrm{s}$ 时,取不同的 N 所得的结果如表 8.1 所示。所以令 $N=2$ 可使测量大为简化,时间大大缩短,但测量结果基本不变。把 $N=2$ 代入式(8.17),则引出有间歇阿伦方差 $\sigma_T^2(\tau)$:

$$\langle\sigma_T^2(\tau)\rangle = \langle\sigma_y^2(2,T,\tau)\rangle = \left\langle\frac{1}{f_0^2}\sum_{k=1}^{2}\left(f_k-\frac{1}{2}\sum_{k=1}^{2}f_k\right)^2\right\rangle$$

$$= \left\langle\frac{1}{f_0^2}\sum_{k=1}^{2}\left(f_k-\frac{f_1+f_2}{2}\right)^2\right\rangle = \left\langle\frac{1}{f_0^2}\left[\left(f_1-\frac{f_1+f_2}{2}\right)^2+\left(f_2-\frac{f_1+f_2}{2}\right)^2\right]\right\rangle$$

$$= \left\langle\frac{1}{2f_0^2}(f_2-f_1)^2\right\rangle = \frac{1}{2f_0^2}\langle(f_2-f_1)^2\rangle \tag{8.18}$$

表 8.1　不同采样次数 N 得出的 $\langle\sigma_y(N,T,\tau)\rangle$

N	2	10	100	1000
$\langle\sigma_y(N,t,\tau)\rangle$	2.63×10^{-9}	2.72×10^{-9}	2.67×10^{-9}	2.62×10^{-9}

在实际参数测量中，不可能取无穷次计算。当测量次数为有限值 m 时，式(8.18)只能近似为

$$\sigma_T^2(\tau)=\sigma_y^2(2,T,\tau)\approx\frac{1}{m}\frac{1}{2f_0^2}\sum_{j=1}^{m}(f_{j+1}-f_j)^2$$

$$=\frac{1}{2mf_0^2}\sum_{j=1}^{m}\left(\frac{1}{T_{j+1}}-\frac{1}{T_j}\right)^2$$

$$\approx\frac{1}{2mf_0^2}\sum_{j=1}^{m}\left(\frac{T_j-T_{j+1}}{T^2}\right)^2 \tag{8.19}$$

所以

$$\sigma_T(\tau)=\sigma_y(2,T,\tau)\approx\frac{1}{f_0T^2}\sqrt{\frac{1}{2m}\sum_{j=1}^{m}(T_j-T_{j+1})^2}=\frac{1}{f_0}\sqrt{\frac{1}{2m}\sum_{j=1}^{m}(f_{j+1}-f_j)^2} \tag{8.20}$$

式中：T_{j+1}、T_j 分别为 f_{j+1}、f_j 的周期。式(8.20)就是计算有间歇阿伦方差的计算公式。

当 $T=\tau$ 时，可得出阿伦方差 $\sigma_a(\tau)$ 为

$$\sigma_a(\tau)=\sigma_y(2,T,\tau)=\frac{1}{f_0}\sqrt{\frac{1}{2m}\sum_{j=1}^{m}(f_2-f_1)^2}=\frac{1}{f_0T^2}\sqrt{\frac{1}{2m}\sum_{j=1}^{m}(T_1-T_2)^2} \tag{8.21}$$

当 $T=\tau$ 时为阿伦方差，因此阿伦方差是以相邻无间歇抽样为一组，先求出其差值，然后求出 m 组这样差值的均方值。由于采样时间 τ 是有限的，在二次无间歇采样中，频率缓慢起伏作用来不及反映出来，因此阿伦方差对各种频率起伏都是收敛的。此外，由于每组只测量两次而且又是无间歇测量，因此会大大缩短测量时间。

从上面的分析可以看出，广义阿伦方差有着普遍意义，当 $N\to\infty$ 时为标准方差；当 $N=2$ 时为有间歇阿伦方差；当 $N=2$，$T=\tau$ 时为阿伦方差。

8.2.2　几种方差之间的关系

1. 有间隔取样引入的误差

在实际测量中，不可能实现无限次测量，总是有限次数的测量，那么在全部无间歇采样时的阿伦方差估计值可表示为

$$\sigma_a^2(\tau)=\frac{1}{2mf_0^2}\sum_{i=1}^{m}(f_{i+1}-f_i)^2 \tag{8.22}$$

当组与组之间有间歇采样时，阿伦方差的近似式为

$$\sigma_a^2(\tau)=\frac{1}{2mf_0^2}\sum_{i=1}^{m}(f_{2i}-f_{2i-1})^2 \tag{8.23}$$

用阿伦方差作为频率稳定度的时域表征值，是指频率的两个相邻采样值进行无间歇采样时计算得到的结果。但是，真正的无间歇采样是很难得到的。在没有无间歇采样设备时，只能采用有间歇的阿伦方差，所以测量结果往往是有间歇方差 $\sigma_T(2,T,\tau)$。用 $\sigma_T(2,T,\tau)$ 来代替 $\sigma_y(2,\tau,\tau)$，必然会引起一定的误差。

有间歇邻频方差采样时，令 $\gamma=T/\tau$，当 $\gamma>1$，即采样周期 T 大于采样时间 τ 时，有限次测量的有间歇邻频阿伦方差的估计值为

$$\sigma_T^2(2,\,T,\,\tau)=\frac{1}{2mf_0^2}\sum_{i=1}^{m}(f_{i+1}-f_i)^2 \tag{8.24}$$

因此，我们可根据采样时间中频率源所含有的噪声类型，把有间歇邻频阿伦方差变换成无间歇邻频阿伦方差。

2. 巴纳斯的两个偏函数

各种阿伦方差之间的关系可以通过巴纳斯的两个偏函数实现换算，即巴纳斯第一偏函数 $B_1(N,\,\gamma,\,\mu)$ 和巴纳斯第二偏函数 $B_2(\gamma,\,\mu)$：

$$B_1(N,\,\gamma,\,\mu)=\frac{广义阿伦方差}{有间歇阿伦方差}=\frac{\sigma_y^2(N,\,T,\,\tau)}{\sigma_T^2(2,\,T,\,\tau)}$$

$$B_2(\gamma,\,\mu)=\frac{有间歇阿伦方差}{无间歇阿伦方差}=\frac{\sigma_T^2(2,\,T,\,\tau)}{\sigma_y^2(2,\,\tau,\,\tau)}$$

式中：$\gamma=T/\tau$ 为采样周期和采样时间之比；μ 为与频率源所含噪声类型有关的采样指数。采样指数 μ 与频率指数 α 之间的关系是：当 $\alpha=2,1,0,-1,-2$ 时，有 $\mu=-2,-2,-1,0,1$。$\sigma_y^2(2,\,\tau,\,\tau)=\sigma_a^2(\tau)$ 为无间歇阿伦方差。因此我们只要得到 $B_2(\gamma,\,\mu)$ 的值，就可进行 $\sigma_T(2,\,T,\,\tau)$ 值与 $\sigma_y(2,\,\tau,\,\tau)=\sigma_a(\tau)$ 值之间的相互转换。巴纳斯的两个偏函数表如表 8.2～表 8.6 所示，从表中可以看出不同 γ、μ 及 N 值时的 $B_1(N,\,\gamma,\,\mu)$ 与 $B_2(\gamma,\,\mu)$ 值。

表 8.2　$\mu=0.00$ 时的巴纳斯第一偏函数 $B_1(N,\,\gamma,\,\mu)$

γ \ N	4	8	16	32	64	128	256	512	1024
0.001	3.027	9.877	3.354(+1)	1.157(+1)	3.985(+2)	1.855(+3)	4.491(+3)	1.429(+4)	4.201
0.003	2.981	9.558	3.177(+1)	1.033(+2)	3.541(+2)	1.143(+3)	3.490(+3)	9.284(+3)	1.794
0.010	2.912	9.076	2.909(+1)	9.282(+1)	2.857(+2)	7.951(2)	1.672(+3)	2.719(+3)	3.826
0.100	2.653	7.236	1.779(+1)	3.300(+1)	5.003(+1)	6.771(+1)	8.566(+1)	1.037(+2)	1.219
0.400	2.121	3.583	5.187	6.856	8.572	1.032(+1)	1.209(+1)	1.387(+1)	1.566
0.800	1.477	1.998	2.558	3.140	3.761	4.389	5.027	5.671	6.318
1.00	1.333	1.714	2.133	2.581	3.048	3.582	4.016	4.509	5.005
1.10	1.298	1.648	2.026	2.435	2.863	3.304	3.752	4.205	4.661
2.00	1.195	1.427	1.688	1.971	2.267	2.573	2.884	3.198	4.515
8.00	1.116	1.255	1.413	1.584	1.763	1.949	2.137	2.328	2.520
32.00	1.083	1.184	1.297	1.420	1.550	1.683	1.819	1.957	2.095
64.00	1.073	1.161	1.261	1.369	1.482	1.600	1.719	1.840	1.961
128.0	1.065	1.144	1.232	1.329	1.430	1.534	1.640	1.748	1.856
512.0	1.054	1.118	1.191	1.270	1.353	1.438	1.526	1.614	1.703
2048.0	1.045	1.100	1.162	1.229	1.229	1.372	1.446	1.521	1.596
∞	1.000	1.000	1.000	1.000	1.000	1.000	1.000	1.000	1.000

表 8.3 $\mu = -1.00$ 时的巴纳斯第一偏函数 $B_1(N, \gamma, \mu)$

γ \ N	4	8	16	32	64	128	256	512	1024
0.001	1.667	3.000	5.667	1.100(+1)	2.167(+1)	4.300(+1)	8.567(+1)	1.710(+2)	3.47(+2)
0.010	1.667	3.000	5.667	1.100(+1)	2.167(+1)	4.255(+1)	6.628(+1)	8.190(+1)	9.064(+1)
0.100	1.667	3.000	5.375	7.429	8.653	9.312	9.652	9.825	9.912
0.400	1.583	2.018	2.254	2.376	2.483	2.469	2.484	2.492	2.496
0.800	1.125	1.187	1.219	1.234	1.242	1.246	1.248	1.249	1.250
≥1.00	1.000	1.000	1.000	1.000	1.000	1.000	1.000	1.000	1.000

表 8.4 $\mu = -2.00$ 时的巴纳斯第一偏函数 $B_1(N, \gamma, \mu)$

γ \ N	4	8	16	32	64	128	256	512	1024
<1.00	1.000	1.000	1.000	1.000	1.000	1.000	1.000	1.000	1.000
1.00	8.333(−1)	7.500(−1)	7.083(−1)	6.875(−1)	6.771(−1)	6.719(−1)	6.693(−1)	6.680(−1)	6.673(−1)
>1.00	1.000	1.000	1.000	1.000	1.000	1.000	1.000	1.000	1.000

表 8.5 $\mu = 1.00$ 时的巴纳斯第一偏函数 $B_1(N, \gamma, \mu)$

γ \ N	4	8	16	32	64	128	256	512	1024
0.010	3.319	1.158(+1)	4.403(+1)	1.658(+2)	6.066(+2)	2.055(+3)	5.842(+3)	1.412(+4)	3.109(+4)
0.100	3.184	1.045(+1)	3.204(+1)	8.347(+1)	1.918(+2)	4.114(+2)	8.523(+2)	1.735(+3)	3.500(+3)
1.00	2.000	4.000	8.000	1.600(+1)	3.200(+1)	6.400(+1)	1.280(+2)	2.560(+2)	5.120(+2)
4.00	1.727	3.182	6.091	1.191(+1)	2.355(+1)	4.682(+1)	9.336(+1)	1.865(+2)	3.726(+2)
16.00	1.681	3.048	5.766	1.121(+1)	2.211(+1)	4.389(+1)	8.747(+1)	1.746(+1)	3.489(+2)
128.0	1.668	3.005	5.679	1.103(+1)	2.172(+1)	4.311(+1)	8.589(+1)	1.714(+2)	3.426(+2)
512.0	1.667	3.001	5.670	1.101(+1)	2.168(+1)	4.303(+1)	8.572(+1)	1.711(+2)	3.419(+2)

表 8.6   巴纳斯第二偏函数 $B_2(\gamma, \mu)$

γ \ μ	2.00	1.00	0.00	−1.00	−2.00	−1.80
0.001	1.000(−6)	1.500(−6)	6.065(−6)	1.000(−3)	6.667(−1)	1.762(−1)
0.003	9.000(−6)	1.349(−5)	4.745(−5)	3.000(−3)	6.667(−1)	2.195(−1)
0.010	1.000(−4)	1.495(−4)	4.404(−4)	1.000(−2)	6.667(−1)	2.793(−1)
0.030	9.000(−4)	1.337(−3)	3.250(−3)	3.000(−2)	6.667(−1)	3.479(−1)
0.100	1.000(−2)	1.450(−2)	2.742(−2)	1.000(−1)	6.667(−1)	4.431(−1)
0.200	4.000(−2)	5.600(−2)	8.962(−2)	2.000(−1)	6.667(−1)	5.107(−1)
0.400	1.600(−1)	2.080(−1)	2.773(−1)	4.000(−1)	6.667(−1)	5.936(−1)
0.800	6.400(−1)	7.040(−1)	7.667(−1)	8.000(−1)	6.667(−1)	7.236(−1)
1.00	1.000	1.000	1.000	1.000	1.000	1.000

μ \ γ	2.00	1.00	0.00	−1.00	−2.00	−1.80
1.01	1.020	1.015	1.010	1.000	6.667(−1)	8.614(−1)
1.10	1.210	1.150	1.089	1.000	6.667(−1)	7.883(−1)
2.00	4.000	2.500	1.566	1.000	6.667(−1)	7.196(−1)
4.00	1.600(+1)	5.500	2.078	1.000	6.667 (−1)	7.062(−1)
8.00	6.400(+1)	1.150(+1)	2.581	1.000	6.667 (−1)	7.028(−1)
16.00	2.560(+2)	2.350(+1)	3.082	1.000	6.667 (−1)	7.018(−1)
32.00	1.024(+3)	4.759(+1)	3.582	1.000	6.667 (−1)	7.015(−1)
64.00	4.096(+3)	9.550(+1)	4.082	1.000	6.667 (−1)	7.015(−1)
128.00	1.638(+4)	1.915(+2)	4.582	1.000	6.667 (−1)	7.014(−1)
256.00	6.554(+4)	3.835(+2)	5.082	1.000	6.667 (−1)	7.014 (−1)
512.00	2.621(+5)	7.675(+2)	5.582	1.000	6.667 (−1)	7.014 (−1)
1024.00	1.049(+6)	1.536(+3)	6.082	1.000	6.667 (−1)	7.014 (−1)
2048.00	4.194(+6)	3.071(+3)	6.582	1.000	6.667 (−1)	7.014 (−1)
∞	∞	∞	∞	1.000	6.667 (−1)	7.014 (−1)

用这些表时需要注意：

(1) 表中数据后的 (n) 代表这个数据 $\times 10^n$，例如：$1.500(-6)$ 即表示 1.5×10^{-6}。

(2) 表中的数据是在所研究信号源的高端截止频率 $f_h \gg 1/\tau$ 的条件下推得的，所以只有在 $\tau \gg 1/f_h$ 的情况下，使用这些表才够准确。

(3) μ 是指具体频率源幂律谱噪声模型中噪声类型的 α 值所对应的取样指数值。

另外，从表中所列的数据中，可以归纳出 $B_1(N, \gamma, \mu)$ 和 $B_2(\gamma, \mu)$ 的一些带有普遍性的公式，即

$$B_1(2, \gamma, \mu) \equiv 1$$

$$B_1(N, \gamma, 2) = \frac{N(N+1)}{6}$$

$$B_1(N, 1, 1) = \frac{N}{2}$$

$$B_1(N, \gamma, -1) = 1 \quad (当 \gamma \geqslant 1 时)$$

$$B_1(N, \gamma, -2) = 1 \quad (当 \gamma \neq 1 或 \gamma \neq 0 时)$$

$$B_2(0, \mu) \equiv 0$$

$$B_2(1, \mu) \equiv 1$$

$$B_2(\gamma, 2) \equiv \gamma^2$$

$$B_2(\gamma, 1) \equiv \frac{1}{2}(3\gamma - 1) \quad (当 \gamma \geqslant 1 时)$$

$$B_2(\gamma, -1) = \begin{cases} \gamma & (当 0 \leqslant \gamma \leqslant 1 时) \\ 1 & (当 \gamma \geqslant 1 时) \end{cases}$$

$$B_2(\gamma,\ -2)=\begin{cases}0 & (当\ \gamma=0\ 时)\\[2mm]1 & (当\ \gamma=1\ 时)\\[2mm]\dfrac{2}{3} & (当\ \gamma\ 为其他值时)\end{cases}$$

在实际测量中,当间歇时间 $T-\tau$ 同时满足下面这两个条件时,就认为是无间歇取样,即

$$\begin{cases}T-\tau\ll\tau\\[2mm]T-\tau\ll\dfrac{1}{f_n}\end{cases}\tag{8.25}$$

式中,f_n 是频率源的噪声输出带宽。当频率源的输出部分带有窄带滤波器时,一般由该滤波器决定其噪声带宽。由式(8.25)可以看出噪声带宽越窄,允许的间歇时间就越大。

3. 几种方差之间的关系

由巴纳斯的两个偏函数可以得出方差之间的关系如下:

(1) 对 $\mu=-1$ 的调频白噪声,只要 $\gamma\geqslant1$ 就有 $B_1(N,\gamma,-1)=1$ 和 $B_2(\gamma,\mu)=1$,代入两个偏函数中得:

$$\begin{cases}\langle\sigma_y^2(N,T,\tau)\rangle=\langle\sigma_T^2(2,T,\tau)\rangle\\[2mm]\langle\sigma_T^2(2,T,\tau)\rangle=\langle\sigma_a^2(\tau)\rangle\end{cases}\tag{8.26}$$

式(8.26)说明不论有间歇采样,还是无间歇采样,三种方差均相等,即 $\langle\sigma_a^2(\tau)\rangle=\langle\sigma_T^2(2,T,\tau)\rangle=\langle\sigma_y^2(N,T,\tau)\rangle$。只要 $\gamma\geqslant1$,采样间歇大小对频率稳定度测量结果没有影响,不必作任何修正。

(2) 对于 $\mu=-2$ 的调相白噪声和调相闪变噪声,即附加噪声,只要有间歇测量,$B_1(N,\gamma\neq1,-2)=1$,$B_2(\gamma\neq1,-2)=0.6667$,代入两个偏函数得:

$$\begin{cases}\langle\sigma_y^2(N,T,\tau)\rangle=\langle\sigma_T^2(2,T,\tau)\rangle\\[2mm]\langle\sigma_T^2(2,T,\tau)\rangle=\left\langle\dfrac{2}{3}\sigma_a^2(\tau)\right\rangle\end{cases}\tag{8.27}$$

可见 $\sigma_a(\tau)=1.22\times\sigma_T(2,T,\tau)$,即测量计算出的有间歇采样方差只要乘以 1.22,就可以近似等于无间歇采样方差了。实际的测量设备一般都不能实现真正的无间歇采样,所以,在对晶体振荡器等平坦区左侧的短期频率稳定度进行测量时,就可以用有间歇设备测量,只要把测量结果乘以 1.22,就可以换算到无间歇的阿伦方差 $\sigma_a(\tau)$。

由以上分析可见,对于晶体振荡器,从 1 ms 到 1 s 进行稳定度测量时,$\mu=-2$ 为主导噪声,只要进行有间歇测量,B_2 的值就是 2/3,将有间歇测量结果 $\sigma_T(2,T,\tau)$ 乘以 1.22 就可得到无间歇测量结果 $\sigma_a(\tau)$。

(3) 对于 $\mu=0$ 的调频闪变噪声,从巴纳斯偏函数表可以看出,情况比较复杂。因为有闪变噪声,所以 $\langle\sigma^2(N,T,\tau)\rangle\neq\langle\sigma_y^2(N,T,\tau)\rangle\neq\langle\sigma_T^2(2,T,\tau)\rangle\neq\sigma_a^2(\tau)$,但是对于测量短期频率稳定度影响不大,这是因为测量时间很短,闪变噪声还没有明显表露出来时,测量就结束了,所以主要还是附加噪声影响稳定度。具体的 $B_1(N,\gamma,\mu)$ 与 $B_2(\gamma,\mu)$ 数据可以查有关的表后进行转换。

根据上面各方差之间关系的分析可以看出,有间歇阿伦方差 $\sigma_T^2(\tau)$ 无论对附加噪声还是对干扰噪声均等于标准方差,而无间歇阿伦方差 $\sigma_a^2(\tau)$ 对于附加噪声虽然不等于广义阿

伦方差，但只差 2/3 个常数倍，而对于干扰噪声则也等于标准方差。在这一点上，可以认为 $\sigma_T^2(\tau)$ 比 $\sigma_a^2(\tau)$ 更好一些，另外，$\sigma_T^2(\tau)$ 在测量上也比 $\sigma_a^2(\tau)$ 容易实现。因此，在没有专用设备的情况下，测量 $\sigma_T^2(\tau) = \sigma_T^2(2, T, \tau)$ 来代替 $\sigma_a^2(\tau)$ 误差不大。

8.2.3　时域频率稳定度常用的几种表征方法

尽管 $\sigma_a(\tau)$ 是目前推荐的频率稳定度的表征方法，但是多年来因为表征方法不统一，故有多种频率稳定度表征方法，虽然渐渐不太使用了，但有时还会遇到，下面就对这些表征方法作一简介。

1. 峰-峰值表征法

峰-峰值表征法是指用指定的时间间隔内频率准确度的最大变化来表征时域频率稳定度，即

$$\sigma_峰 = \left(\frac{\Delta f}{f_0}\right)_{\max} - \left(\frac{\Delta f}{f_0}\right)_{\min} \tag{8.28}$$

式中，$(\Delta f/f_0)_{\max}$ 和 $(\Delta f/f_0)_{\min}$ 分别为该时间间隔内频率准确度的最大值和最小值。这种方法有它的随机性，虽不够完善，但方法简单直观，数据处理也方便，且考虑了最坏情况，但目前已不太使用了。

2. 均方差(标准方差)表征法

由式(8.9)可知：

$$\sigma^2 = \frac{1}{f_0^2}\langle (f_j - \overline{f_N})^2 \rangle = \frac{1}{f_0^2 N} \sum_{j=1}^{N} (f_j - \overline{f_N})^2 \tag{8.29}$$

因为标准方差是对无穷次测量而言的，但是因闪变噪声调频的存在，测量次数越多，偏差越大，从而造成标准方差发散。在实际测量中，也只能进行有限次测量，导致测得值与真实情况总是有误差，因此用标准方差是不合理的，是不推荐使用的。

3. 广义阿伦方差(邻频均方差)表征法

由式(8.17)可得

$$\langle \sigma_y^2(N, T, \tau) \rangle = \left\langle \frac{1}{N-1} \sum_{k=1}^{N} \left(\frac{f_k}{f_0} - \frac{1}{N}\sum_{k=1}^{N}\frac{f_k}{f_0}\right)^2 \right\rangle = \left\langle \frac{1}{(N-1)f_0^2} \sum_{k=1}^{N} (f_k - \overline{f_k})^2 \right\rangle \tag{8.30}$$

由前面的分析可知，$\langle \sigma_y^2(N, T, \tau) \rangle$ 为频率稳定度的一般表达式，标准方差与阿伦方差均为它的特殊形式，而且它在闪变噪声下不发散。所以用广义阿伦方差来说明频率稳定度更有意义，理论上也是合理的。同时它还有一个重要特性，即在非相关采样时，所获得的 $\langle \sigma_y(N, T, \tau) \rangle$ 值与 N 关系不大，因此我们可用 $N=2$ 的有间歇阿伦方差 $\sigma_T(\tau)$ 来代替 $\langle \sigma_y(N, T, \tau) \rangle$。

4. 阿伦方差

由上面分析可知：

$$\langle \sigma_T^2(\tau) \rangle = \langle \sigma_y^2(2, T, \tau) \rangle = \langle \sigma_y^2(N, T, \tau) \rangle$$

所以实际测量中测出 $\sigma_T^2(\tau)$ 就可以了。由式(8.18)可得

$$\langle \sigma_T^2(\tau) \rangle = \langle \sigma_y^2(2, T, \tau) \rangle = \left\langle \frac{1}{2f_0^2}(f_2 - f_1)^2 \right\rangle = \frac{1}{2f_0^2} \left\langle (f_2 - f_1)^2 \right\rangle \qquad (8.31)$$

当 m 为有限次数时，由式(8.19)可得

$$\sigma_T^2(\tau) = \sigma_y^2(2, T, \tau) \approx \frac{1}{m}\frac{1}{2f_0^2} \sum_{j=1}^{m} (f_{j+1} - f_j)^2$$

$$= \frac{1}{2mf_0^2} \sum_{j=1}^{m} \left(\frac{1}{T_{j+1}} - \frac{1}{T_j} \right)^2 = \frac{1}{2mf_0^2} \sum_{j=1}^{m} \left(\frac{\tau_j - \tau_{j+1}}{\tau^2} \right)^2 \qquad (8.32)$$

这里 $\tau_j = T_j = 1/f_j$，$\tau_{j+1} = T_{j+1} = 1/f_{j+1}$，所以

$$\sigma_T(\tau) \approx \frac{1}{f_0 \tau^2} \sqrt{\frac{1}{2m} \sum_{j=1}^{m} (\tau_1 - \tau_2)^2} \qquad (8.33)$$

为有间歇阿伦方差。

当 $T = \tau$ 时

$$\sigma_a(\tau) = \sigma_y(2, T, \tau) = \frac{1}{f_0 \tau^2} \sqrt{\frac{1}{2m} \sum_{j=1}^{m} (\tau_1 - \tau_2)^2} \qquad (8.34)$$

为阿伦方差。

实现阿伦方差的测量，当然比测 $\sigma_T(\tau)$ 要复杂，同时由上节的分析可知 $\sigma_T^2(\tau)$ 比 $\sigma_a^2(\tau)$ 更有意义，在没有条件的情况下，使用 $\sigma_T^2(\tau)$ 来表征雷达频率源的稳定度也是合理的。另外，有时为了把方差方便地转换到相位噪声，也常用哈达马方差。例如：HP5390A 频率稳定度分析仪就是用哈达马方差进行时域频域转换的，这里不再详细阐述。

8.3　用数字式频率计测量短期频率稳定度

用数字式频率计直接测量频率，不需外部参考标准源，方法简单直观，但 ±1 计数误差限制了测量精度，尤其对短期频率稳定度的测量精度更低。

8.3.1　数字式频率计的测量原理

数字式频率计是一种数字化的测量仪表，它具有读数显示直观、测量速度快、测量精度高、使用方便、用途广泛、可以与计算机联网等优点。测量的结果可以打印输出，也可以储存，因此便于自动化处理。机内使用了稳定度很高的恒温石英晶体振荡器，测量结果可直接用多位数字显示，所以测频时的绝对误差除了晶体振荡器的误差外，主要是所显示的数字末位 ±1 个数字误差。

1. 数字式频率计的频率测量原理

用数字式频率计进行频率测量的基本工作原理是：以适当的逻辑电路，使电子计数器在规定的标准闸门时间内累计待测输入信号，其频率测量逻辑原理图如图 8.4 所示。

从图 8.4 中可以看出，石英晶体振荡器产生的标准频率信号送到时基分频系统，分别产生出 1 ms、10 ms、0.1 s、1 s 和 10 s 等标准闸门时间信号。这些闸门时间均由面板上的闸门时间选择开关控制。所选用的闸门时间信号经过控制电路进行控制后，送到主闸门，并控制主闸门开启。被测频率信号由 A 端输入，经过放大整形将输入的正弦波或其他波形信号整形成为矩形波，再经微分后，获得待测尖脉冲信号。该信号在选定的闸门时间内通

过频率计开启的主闸门，送计数器计数后，其处理结果在数码管上显示出来。

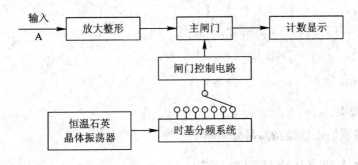

图 8.4　频率测量逻辑原理图

被测频率为

$$f_x = \frac{N}{T_0} \tag{8.35}$$

式中：N 为计数器读数；T_0 为闸门信号宽度，即计数器计数时间。

在测量结果中，小数点均为自动定位。在测量过程中，由于标准闸门时间信号对主闸门开、断控制的瞬间与被测信号脉冲之间不同步，因此控制主闸门输出的脉冲数会产生 ±1 个数字的误差。这个误差将直接影响用数字频率计来直接测量短期频率稳定度的精度。

2. 数字式频率计的周期测量原理

用数字式频率计进行周期测量的逻辑原理图如图 8.5 所示。信号的周期 $T = 1/f$，所以，测量出周期 T 的变化，也就知道了频率的变化。

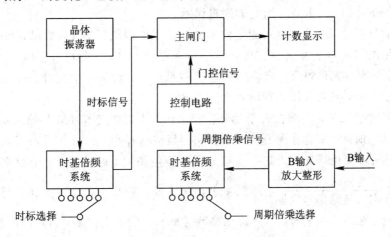

图 8.5　周期测量逻辑原理图

由图 8.5 可以看出，在周期测量时，被测信号由 B 输入端输入，经放大整形后成为矩形波，再通过时基倍频电路按 1∶1、10∶1、100∶1、1000∶1 或 10000∶1 的比例将被测信号的周期时间进行扩展，也就是周期倍乘。测量时由面板上的倍乘选择开关选择所需要的倍乘数。经时基倍频系统处理后，通过控制电路的控制作用去控制主闸门开启的时间间隔。同时，石英晶体振荡器产生的标准信号，经过倍频成为已知时标信号，其周期为 $T_0 = 1/f_0$。该信号在主闸门开启时间间隔内通过主闸门到计数器进行计数，并显示出测得的结果。周期测量时也同样存在末位数 ±1 个数字的计数误差。

被测周期为

$$T_x = NT_0 \qquad\qquad (8.36)$$

式中：N 为计数器的读数；T_0 为时标信号周期。

倍乘周期为

$$T_x = \frac{NT_0}{10^n} \qquad\qquad (8.37)$$

式中：10^n 为倍乘率，$n = 1, 2, 3, 4$。

使用周期倍乘后可以提高测量分辨率 10^n 倍。

8.3.2　用数字式频率计直接测量频率

用数字式频率计直接测量频率具有使用方便、读数直接、测频范围宽、精度高等优点，因而成为最常用的频率测量仪表。

用数字式频率计直接"测频"时，被测频率信号只需从频率计的 A 输入端输入，即可直接测量出被测信号的频率值。其测量误差与使用的闸门时间有关，用下式表示：

$$测量频率误差＝门时基准确度 \pm \frac{\tau}{f}$$

式中：f 为被测频率，τ 为闸门时间。

门时基准确度可表示为

门时基准确度＝晶体振荡器的频率准确度±晶体振荡器的频率稳定度

在一般的数字式频率计中，门时基准确度引起的误差往往远小于第二项，而第二项就是由数字式频率计的±1 个数字引起的测量误差。

由上面的分析可以看出，直接测量频率的误差主要取决于 τ/f，所以在测量频率准确度时尽量选用闸门时间 τ 为 1 s 或 10 s，这样测量精度最高。同时也可看出，当被测频率 f 较高时，测量频率的精度也高；当被测频率 f 较低时，测量频率的精度也很低。要想提高低频时的测量精度，只有采用周期测量。

周期测量时把数字式频率计置于"测周期"工作状态，被测信号从 B 输入端输入。用被测信号控制闸门时间，时标信号作为填充脉冲，所以选择高频时标信号可以提高周期测量精度，同时还可以使用周期倍乘进一步提高周期测量精度。这时由±1 个数字引起的测量误差为：$\dfrac{时标时间}{倍乘率 \times 被测信号周期}$。可以看出在测量低频频率时，为了提高测量精度，应该使用周期测量。在周期测量时，尽量选用高频时标和大的周期倍乘，以提高测量精度。

8.3.3　用数字式频率计直接测量短期频率稳定度

用数字式频率计直接测量短期频率稳定度有很多优点，但是由上述分析得知，由于±1 个数字的误差，使得短期频率稳定度的精度不够。例如，测量 10 MHz 频率源的毫秒级频率稳定度时，由±1 个数字引起的精度只能达到 10^{-4}；而测量 10 GHz 频率源的毫秒级频率稳定度时，精度可达到 10^{-7}。因此，在要求不甚严格的微波频率源的测量中，直接使用数字式频率计测量短期频率稳定度还是很有用处的。在测量高稳定频率源的短期频率稳定度时，只能使用其他方法，例如差频周期法，这种方法将在下节中进行详细叙述。

8.4　用差频周期法测量短期频率稳定度

用差频周期法(即差拍法)测量短期频率稳定度,其方法简单,精度很高,可达 10^{-12} 以上,这是因为混频器具有极低噪声,所以直接用差频周期法来进行测量,可实现高精度测量。

8.4.1　差频周期法的测量原理

差频周期法测量频率稳定度的基本出发点是将参考频率源和被测频率源信号经低噪声混频器进行差拍,差拍后的信号经低通滤波、整形后再用计数器测量其周期或多个周期。

差频周期法的测量原理图如图 8.6 所示,设 $T=1/F$ 为差频周期,N 为分频次数或者为周期倍乘数,n 为倍频次数。在差频较大的情况下,周期较小,满足采样时间要求,所以倍频器可不要。假如 $T<\tau$,可用分频器或者周期倍乘,使 $\tau=NT$,测 N 个周期时间的频率稳定度。若差频周期 $T=\tau$,则将周期倍乘置于"×1"位置,测一个周期时间的稳定度。若差频较小,例如差频 F 小于 1 kHz,要测毫秒级稳定度是不可能的,这时可采用倍频器,将原始差频 F 倍增 n 倍,这样才能满足采样时间的要求。

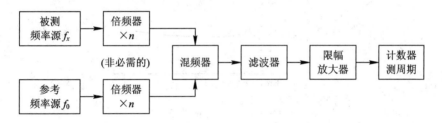

图 8.6　差频周期法测量原理图

具体测量时,往往取 100 组数据,代入式(8.20),求得阿伦方差表示的稳定度为

$$\sigma_T(\tau)=\frac{\Delta f}{f_0}=\frac{N}{nf_0\tau^2}\sqrt{\frac{1}{2m}\sum_{j=1}^{m}\Delta\tau^2} \tag{8.38}$$

式中:m 为取样组数;$\Delta\tau=\tau_1-\tau_2$ 为相邻两次采样数据之差。

如果没有参考源,也可用两个稳定度为同数量级的信号源,互相比对,算出结果为两者的和,每台的频率稳定度应除以 $\sqrt{2}$。

若能采用三台质量相同的频率源互相比对,则可以确定出每一台的稳定度。证明如下:

设有 A、B、C 三台频率源,相互比对的稳定度为 σ_{AB}、σ_{BC}、σ_{CA},三台本身的稳定度分别为 σ_A、σ_B、σ_C,则可列出下列方程组:

$$\begin{cases}\sigma_A^2+\sigma_B^2=\sigma_{AB}^2\\\sigma_B^2+\sigma_C^2=\sigma_{BC}^2\\\sigma_C^2+\sigma_A^2=\sigma_{CA}^2\end{cases} \tag{8.39}$$

解此方程,得出三台频率源各自的频率稳定度为

$$\begin{cases} \sigma_{\mathrm{A}} = \sqrt{\dfrac{\sigma_{\mathrm{CA}}^2 + \sigma_{\mathrm{AB}}^2 - \sigma_{\mathrm{BC}}^2}{2}} \\[3mm] \sigma_{\mathrm{B}} = \sqrt{\dfrac{\sigma_{\mathrm{AB}}^2 + \sigma_{\mathrm{BC}}^2 - \sigma_{\mathrm{CA}}^2}{2}} \\[3mm] \sigma_{\mathrm{C}} = \sqrt{\dfrac{\sigma_{\mathrm{BC}}^2 + \sigma_{\mathrm{CA}}^2 - \sigma_{\mathrm{AB}}^2}{2}} \end{cases} \tag{8.40}$$

该方法在无参考频率源的情况下，也能准确测出每台被测频率源的稳定度，缺点是过程比较麻烦。

利用上述方法测得某晶振的时域频率稳定度如图 8.7 所示。从图中可以看出，随着采样时间 τ 加大，稳定度提高，在秒级左右可达 10^{-11} 量级。这是因为高频噪声对短期频率稳定度的影响显著，而随着 τ 加大，高频噪声就被平均掉，所以采样时间到秒级左右的时域稳定度最高。再继续增大 τ，由于老化及闪变噪声等将起作用，稳定度开始缓慢变坏。同时也看出频率稳定度 σ_T 是采样时间 τ 的函数，τ 不同，其 σ_T 也不同。另外，还应该特别指出，测量结果还与测量系统带宽有关，所以应给出测量系统带宽。

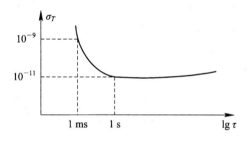

图 8.7　σ_T 与 τ 的关系

8.4.2　差频周期法的测量误差分析

差频周期法的测量误差分为两大部分，一部分为测量设备的主体误差，这种误差往往是估计，不易定量计算出来。第二部分是计数器的测量误差，而计数器引入的误差有三种，分别为触发误差、± 1 计数误差和内部时标不稳引起的误差。第二部分误差可由计数器误差公式给出：

$$\frac{\Delta f}{f_0} = \frac{\Delta F}{f_0} = \frac{N \Delta F}{n f_0 \tau^2}\left(\frac{\Delta \tau_1}{\tau} + \frac{\Delta \tau_2}{\tau} + \frac{\Delta \tau_3}{\tau}\right) \tag{8.41}$$

式中：τ 为采样时间；$\Delta \tau_1$ 为触发误差；$\Delta \tau_2$ 为计数误差；$\Delta \tau_3$ 为时标不稳定误差。

1. 触发误差 $\Delta \tau_1$

由式(8.41)可知触发误差为

$$\frac{\Delta f}{f_0} = \frac{N}{n f_0 \tau}\left(\frac{\Delta \tau_1}{\tau}\right) \tag{8.42}$$

该误差是由正弦波的周期与脉冲波的周期不一致造成的，主要与信噪比及触发电平等有关。当触发电平稳定时，正弦波 $V = U_{\mathrm{m}}\sin 2\pi t / T_0$，为了减小触发误差，一般都采用过零触发。由于噪声的存在，会使信号未达到触发电平前，叠加上噪声使它提前触发，而下一次触发时又可能滞后触发，这样最坏情况将是一次触发的两倍。现设噪声幅度为 V_{n}，测一

次触发带来的误差为

$$V_n = U_m \sin 2\pi \frac{1}{T_0} \Delta T_1 \qquad (8.43)$$

由于在过零附近斜率最大、引入误差最小，因此 $\sin 2\pi \frac{1}{T_0} \Delta T_1 \approx 2\pi \frac{1}{T_0} \Delta T_1$，将其代入式(8.43)得

$$V_n = U_m 2\pi \frac{\Delta T_1}{T_0}$$

又因为

$$\frac{\Delta T_1}{T_0} = \frac{1}{2\pi} \frac{V_n}{U_m}$$

第二次触发令 $\Delta T_2 = \Delta T_1$，则总触发误差为 $\Delta T = 2\Delta T_1$，即：

$$\frac{\Delta T}{T} = \frac{1}{\pi} \frac{V_n}{U_m}$$

假若

$$\frac{U_m}{V_n} = 100 \text{ dB} = 10^5$$

则

$$\frac{\Delta T}{T} = \frac{1}{\pi \cdot 10^5} = 3 \times 10^{-6}$$

现设差频周期为 T，取样时间为 $\tau = NT$，由误差公式(8.42)得触发误差带来的相对测频误差为

$$\frac{\Delta f}{f_0} = \frac{N \Delta \tau_1}{n f_0 \tau^2} = \frac{N \Delta \tau_1}{n f_0 \tau NT} = \frac{1}{n f_0 \tau} \cdot \frac{\Delta T}{T} \qquad (8.44)$$

由式(8.44)看出，减少该项误差应采用对正弦波限幅放大、过零触发，以提高信噪比，增加差频倍频次数。

例如，$f_0 = 100 \text{ MHz}$，$\tau = 1 \text{ ms}$ 或者 1 s，信噪比为 100 dB，$\Delta T/T = 3 \times 10^{-6}$，则当 $\tau = 1 \text{ ms}$ 时，有

$$\frac{\Delta f}{f_0} = \frac{1}{n f_0 \tau} \cdot \frac{\Delta T}{T} = \frac{1}{10^8 \times 10^{-3}} \times 3 \times 10^{-6} = 3 \times 10^{-11}$$

当 $\tau = 1 \text{ s}$ 时，有

$$\frac{\Delta f}{f_0} = 3 \times 10^{-14}$$

可以看出只要有好的信噪比，并采用过零触发，则触发误差可大大降低，使其对测量影响不大。

2. ±1 计数误差 $\Delta \tau_2$

±1 计数误差在差频周期法中只有一个时标的误差，由式(8.41)可知：

$$\frac{\Delta f}{f_0} = \frac{N \Delta \tau_2}{n f_0 \tau^2} = \frac{N}{n f_0 \tau} \cdot \frac{\Delta \tau_2}{\tau} = \frac{F_n}{n f_0} \cdot \frac{\Delta \tau_2}{\tau} = \frac{F}{f_0} \cdot \frac{\Delta \tau_2}{\tau} \qquad (8.45)$$

式中：F 为原始差频，F_n 为倍频后的差频，$F_n = nF$。

由此可以看出，该项误差只与原始差频成正比。例如：$f_0 = 100\,\text{MHz}$，时标为 $0.01\,\mu s$，$\tau = 1\,\text{ms}$ 或者 $1\,\text{s}$，差频 $F = 1\,\text{kHz}$，则当 $\tau = 1\,\text{ms}$ 时，有

$$\frac{\Delta f}{f_0} = \frac{F}{f_0} \cdot \frac{\Delta \tau_2}{\tau} = 10^{-10}$$

当 $\tau = 1\,\text{s}$，$F = 1\,\text{Hz}$ 时，有

$$\frac{\Delta f}{f_0} = \frac{F}{f_0} \cdot \frac{\Delta \tau_2}{\tau} = 10^{-16}$$

可以看出，± 1 计数误差对测量的影响在 τ 较小时不能忽略。

3. 时标不稳引起的误差

计数器内部时标由内部晶体振荡器获得，因此晶体振荡器的不稳定性决定了时标的不稳定性。这一项可用外接标准晶振来提高。

由误差公式(8.41)得

$$\frac{\Delta f}{f_0} = \frac{F}{f_0} \cdot \frac{\Delta \tau_3}{\tau} \tag{8.46}$$

设晶体振荡器的稳定度为 10^{-9}，现求 1 ms 和 1 s 采样时的误差为：$F = 1\,\text{kHz}$，$\tau = 1\,\text{ms}$ 时为 10^{-11}；$\tau = 1\,\text{s}$ 时为 10^{-17}。由此可知时标不稳定引起的误差对测量影响也不大。

根据上述分析可以看出，用差频周期法测量频率稳定度具有精度高、方法简单等优点，是测量雷达频率源的一种好办法。

8.5　时域频率稳定度的实际测量

8.5.1　测量仪表及设备的准备

在进行频率源时域频率稳定度测量时，除了常用的实验室必备仪表，例如三用表、功率计、电压表等，还必须准备下列仪表或设备。

1. 可变衰减器

可变衰减器用来对被测频率源的输出功率进行衰减，以满足 HP11729C 需要的 $\pm 1\,\text{dBm}$ 的输入功率要求。选用可变衰减器时应注意频带响应，在被测源输出功率比较小时，也可以不用。

2. 参考信号源(HP8662A)

参考信号源的稳定度高低对系统的测量门限影响很大，可用 HP8662A 作测量系统的比较基准信号源。因为该信号源是目前最稳定的频率合成信号源，所以一般不能用其他信号源来代替。HP8662A 信号源的输出信号日老化率为 5×10^{-10}。HP8662A 的性能指标及使用方法详见有关资料。

3. 示波器(COS6100G)

COS6100G 的主要用途是监视 HP11729C 的差频输出情况。

4. 载波噪声测量仪(HP11729C)

载波噪声测量仪是测量系统的核心，HP11729C 与 HP8662A 参考信号源配合，可对

10 MHz～18 GHz 的待测信号进行测量。HP11729C 在此作为低噪声混频器用，首先是被测信号与 HP8662A 后面板输出的 640 MHz 高稳定信号的谐波进行混频，混出的信号经过滤波放大后，再与 HP8662A 前面板的 5 MHz～1280 MHz 输出信号进行混频。为确保混频器处于良好的工作状态，应使 5 MHz ～ 1280 MHz 输出信号电平保持在 7 dBm～20 dBm。HP11729C 的详细使用及性能指标见有关资料。

5. 可程控通用计数器(EE3364)

EE3364 是由微机控制的通用计数器，可以测频率、测周期、计数，也可以进行阿伦方差的测量。用 EE3364 可对 HP11729C 的输出差频周期进行阿伦方差测量。EE3364 的使用、操作及主要性能可参见有关资料。

6. 打印机

打印机可把 EE3364 的测量数据、计算结果打印出来。

8.5.2　测量系统框图及其测量原理

时域短期频率稳定度的测量框图如图 8.8 所示，从图中可以看出，被测频率源的频率如果低于 1280 MHz，则直接与 HP8662A 前面板输出的(5～1280)MHz 信号进行混频，取其差频，经滤波放大，由 HP11729C 输出端送 EE3364 可程控通用计数器进行阿伦方差测量，测得的结果可由 EE3364 显示或者由打印机打印出来。

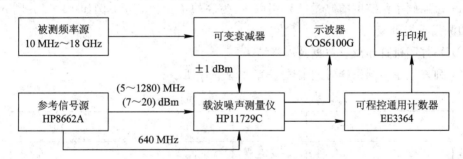

图 8.8　时域短期频率稳定度测量框图

当被测频率源的频率高于 1280 MHz 时，HP11729C 并不直接混频，产生差频，而是用 HP8662A 信号源后面板提供的高稳定的 640 MHz 信号，经过谐波发生器，滤波产生出(2～18)GHz 信号，再与被测信号下变频，变频所得中频信号再与 HP8662A 前面板输出信号混频，混得的差频经滤波放大后，送 EE3364 进行阿伦方差测量，其结果由 EE3364 显示出来，也可由打印机打印出来。

8.5.3　测量步骤及测量结果的表达

1. 测量步骤

时域频率稳定度的实际测量步骤如下：

(1) 仔细阅读 HP8662A 参考信号源的性能指标和操作方法；掌握 HP11729C 载波噪声测量仪的性能指标、工作原理和操作方法；掌握 EE3364 可程控通用计数器的性能指标和操作方法。

（2）按图 8.8 所示框图连接好测量系统的各仪表。

（3）校准系统中的各仪表，并预热 1～2 小时。

（4）根据被测频率，选择 HP11729C 的滤波器按键和其他各种按键于适宜位置上。

（5）调整可变衰减器，把被测频率源的输出功率调到 ±1 dBm。

（6）根据测量短期频率稳定度的要求和被测频率，调整 HP8662A 参考信号源的输出频率，使得 HP11729C 输出一适当差频。例如：测量 1 ms 频率稳定度时，调整 HP8662A 的输出频率，使 HP11729C 产生一个 1 kHz 的差频输出信号；测量 10 ms 频率稳定度时，调整 HP8662A 的输出频率，使 HP11729C 产生一个 100 Hz 的差频输出信号。

（7）用 COS6100G 监视 HP11729C 产生的差频，其差频输出幅度有效值应大于 50 mV。

（8）用 EE3364 测量差频的周期，按 EE3364 要求进行周期测量操作，使测量正常进行。

（9）用 EE3364 进行阿伦方差测量，按 EE3364 要求进行操作。

（10）打印测量结果。

2. 测量结果的表达

时域频率稳定度的测量结果有以下三种表达方式：

（1）短期频率稳定度的测量结果用以 10 为底的负指数表示，例如：$5 \times 10^{-10}/\text{ms}$，并应注明测量系统带宽。

（2）用打印机打印测量数据及测量结果。

（3）列表记录不同采样时间的 $\sigma_a(\tau)$，如表 8.7 所示。

表 8.7　不同采样时间的 $\sigma_a(\tau)$

τ	1 ms	10 ms	100 ms	1 s	10 s
$\sigma_a(\tau)$					

在具体使用时，可根据情况任意选择表达方法。

8.6　频率稳定度分析仪 HP5390A 简介

目前国内外均有专用的频率稳定度测量仪表，例如 PO－19A 型时域测频仪、HP5390A 频率稳定度分析仪等。下面对 HP5390A 进行介绍，以了解该类型仪表的组成和基本工作原理。

1. HP5390A 型频率稳定度分析仪的功能

HP5390A 型频率稳定度分析仪是利用差拍法分析精密频率源时域和频域稳定度的装置，该装置有如下功能：

（1）用差拍法实现时域和频域稳定度的测量，时域在单路系统里用多周期方法测量方差，频域用哈达马方差测量相位噪声谱。

(2) 测量频带宽，可达 500 kHz～8 GHz。

(3) 工作过程可实现自动化。

(4) 装置本身可提供用户编排好的计算程序。

(5) 能完成复杂的测量和计算。

2. HP5390A 型频率稳定度分析仪的组成

HP5390A 型频率稳定度分析仪的组成如图 8.9 所示。

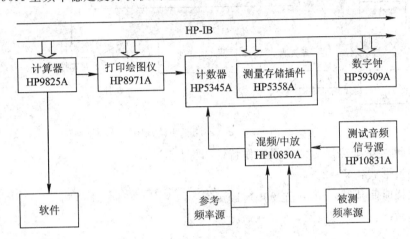

图 8.9　HP5390A 型频率稳定度分析仪的组成

该系统主要由以下部分组成：

(1) 高分辨率的倒数计数器 HP5345A：主要完成不同取样时间 τ 的平均频率的测量。为了获得很高的分辨率，采用高钟频(即 500 MHz)和倒数计数器的原理，测量分辨率可达 2 ns。

(2) 测量存储插件 HP5358A：主要用来扩展计数器的功能，如产生测量时间 τ 的信号，存储计数器的测量结果，并将数据输出至接口母线。

(3) 混频/中放 HP10830A：用于将被测频率源和参考频率源差拍，从而可提高系统的分辨率，同时完成可调带宽的滤波和低噪声、高增益以及限幅放大作用，使差拍信号前沿小于 20 ns 量级，从而大大改善计数引入的触发误差。

(4) 台式计算器 HP9825A：作为整个系统的控制器和数据处理器，完成不同的取样方差测量的程序，可通过键盘或磁带输入。整个测量系统的运行完全在程序控制下进行，最后测量结果的运算也同样在程序控制下完成。

(5) 打印绘图仪 HP9871A：作为整个系统的输出设备，它能以数字或图表的形式完整地将测量结果从打印绘图仪上记录和描绘出来。

(6) 数字钟 HP59309A：为了扩展系统功能而配用的插件，用于监视频率源的频率稳定度，主要提供各种定时信号。

(7) 测试音频信号源 HP10831A：也是为了扩展系统功能而配用的插件，可产生单音信号，其固定频率为 10 kHz 的低噪声信号源，用来检测测量系统的工作状态和剩余噪声等。

3. HP5390A 型频率稳定度分析仪的 $\sigma_y(\tau)$ 测量

该型频率稳定度分析仪的 $\sigma_y(\tau)$ 测量系统如图 8.10 所示。

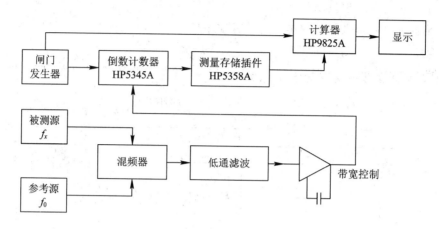

图 8.10　$\sigma_y(\tau)$ 测量系统框图

利用该测量系统测量时的主要工作特性指标如下：

（1）测量形式：$N=2$。

（2）取样时间范围：$10\ \mu s$ 至 $999\times 10^2\ s$。

（3）灵敏度：

$$\sigma_y(\tau)_{\min}=\frac{1.155\times 10^{-9}}{\tau}\cdot\frac{F}{f_0}$$

式中：τ 为取样时间；F 为差拍频率；f_0 为被测频率。

（4）取样平均数：任意选取，典型值为 100。

（5）测量带宽：$100\ kHz$、$25\ kHz$、$6.3\ kHz$、$400\ Hz$、$100\ Hz$、$25\ Hz$ 或外加滤波器。

（6）测量频率范围：$0.5\ MHz\sim 500\ MHz$，$0.3\ GHz\sim 2\ GHz$ 和 $2\ GHz\sim 18\ GHz$。

HP5390A 型频率稳定度分析仪是一个较典型的时域频率稳定度测量仪，推出较早，被广泛使用。但该仪表的较大缺点是常出故障，所以目前已开始被其他仪表所代替。

8.7　短期频率稳定度测量中的几个问题

前面对影响频率稳定度的主要原因、频率稳定度的定义和表征方法及各种方差之间的关系等，作了较详细的分析，得出了用有间歇的阿伦方差 $\sigma_T(\tau)$ 来表征频率稳定度也是可以的。同时介绍了频率稳定度的测量方法，给出了用计数器直接测量频率法和差频周期法来测量短期频率稳定度的详细方法和步骤。下面将简述测量中的注意事项和必要条件。

1. 频率稳定度的测定与比对

频率稳定度的测定与比对一般是采用两台频率源来互相比较的方法进行。一台为参考频率源，另一台为被测频率源。一般要求在测定中，参考频率源的频率稳定度指标应比被测频率源高三倍以上。测量频率稳定度，实际上是测量其相对不稳定度，而不是测量频率的绝对值。满足不了高于三倍以上的要求，则可以用不相关的独立两台或者三台进行互相比对，测量的结果经计算得到各自的频率稳定度。

如果参考频率源的稳定度指标是被测频率源的三倍，频率测量装置的指标也满足三倍条件，由参考源引入的误差为 5.5%，测量装置引入的误差为 5.5%，则其总误差为 11%，这对于频率源的测量来讲是完全允许的。

有些地方必须要用无间歇的阿伦方差测量计算时，若无现成的仪表，可以将两台频率计数器串起来使用。设有 A、B 两台计数器，用 A 计数器测量第 N 个周期，同时将 A 计数器的关门脉冲引出，作为 B 计数器的开门脉冲，这样 B 计数器可以测第 $N+1$ 个周期，便实现了两次连续采样。实践证明，这样改过的两台计数器测得的结果与用一台计数器进行 $\sigma_T(\tau)$ 测量所得的结果差别很小。证明了用 $\sigma_T(\tau)$ 来代替 $\sigma_a(\tau)$ 是可以的。

2. 测定频率稳定度的必要条件

测量频率源的频率稳定度可用同精度的频率源进行相互比对，也可以用高稳定度的参考频率源来检定频率稳定度较低的频率源。所以在频率稳定度测量时，应考虑下面几个条件。

（1）参考频率源的频率稳定度以及测量装置的不稳定度，均需比待测频率源高三倍。

（2）频率测量装置的系统带宽应满足 $f_B \geqslant 10/\tau$。因为系统带宽太窄会使待测频率源的信号特性改善，而太宽又会使测量装置的上限灵敏度变坏，导致测量精度降低。

（3）关于测量组数 m 的规定。

频率稳定度测量实际上不可能很严格地满足理论定义的条件，所以在阿伦方差的计算中，由于测量组数有限会带来误差。为了不至于带来过大的误差，又考虑到实际测量的工作量，对不同取样时间的测量次数均作了规定，一般为 100 组数据。表 8.8 给出了取 100 组采样组数时，对晶体振荡器引起的误差。

表 8.7　晶体振荡器在不同采样时间引起的误差

采样时间 τ	1 ms	10 ms	100 ms	1 s	10 s	100 s
测量组数 m	100	100	100	100	100	100
引入误差	14%	14%	14%	14%	10%	10%

（4）关于间歇时间的规定。

在不具备无间歇采样的条件时，可以用有间歇测量来代替，但对间歇时间作了规定，要求间歇时间应小于 5 s。因为根据巴纳斯第二偏函数表可以看到，对于晶振的检定，在 1 ms 到 1 s 范围内，$\sigma_a(\tau)=1.22\sigma_T(\tau)$，即有间歇采样的阿伦方差与无间歇采样的阿伦方差相差 22%。

（5）关于环境因素的影响。

在实际测量时，应注意电源稳压、恒温及屏蔽等电磁兼容措施，以防止电场、磁场干扰及大功率信号源等方面的干扰，因为这些干扰都会使测量指标引入很大误差。

另外，测量人员如不能正确使用各种设备或不能正确运用计算公式，也将会给测量结果带来很大误差。

3. 测量中应注意的几个问题

（1）一般说来，一级、二级频率标准，即铯原子频标、铷原子频标等，其频率准确度和老化率远优于最佳的石英晶体振荡器，而秒级以下特别是毫秒级频率稳定度却往往比最佳的石英晶体振荡器差。在晶体振荡器中，5 MHz 或 10 MHz 晶体振荡器长期频率稳定度指标较好，而 100 MHz 晶体振荡器毫秒级稳定度也做得相当高，但秒级以上的稳定度却并不高，频率准确度也很难做高。所以一种频率标准往往只对某一段平均时间的稳定度最好，在其他时间的频率稳定度却不一定最好。因此正确选择频率标准是很重要的。

（2）参考频率源和测量系统的频率稳定度指标都应满足被测频率源的要求，例如系统误差指标应比被测频率源高一个数量级，随机误差指标应比被测频率源高三倍以上。

（3）测量系统的带宽对频率稳定度的测量结果影响很大。各种频率源的输出信号都有一定的噪声带宽，在测量时要求测量系统的带宽必须大于被测频率源的输出噪声带宽，这样才能使测量结果正确地反映频率源的频率稳定度。所以在测量系统中加窄带滤波器时要十分注意。一般要求测量系统带宽 $f_B \geqslant 10/\tau$，τ 为取样时间。例如 $\tau = 1$ ms，则测量系统带宽 $f_B \geqslant 10$ kHz。

（4）在进行短期频率稳定度测量时，应注意频率源的匹配和负载情况。因为负载变化往往对输出频率影响较大，所以在测量中应尽量防止负载的变化和多路并用，以防相互干扰。

（5）电源频率干扰会使频率稳定度呈现周期性地变坏，所以测量系统中应尽力防止这种干扰，例如测量装置应加严格的电磁屏蔽，尤其是磁屏蔽及测量系统各设备的良好接地等。

（6）为提高测量的可靠性，应对测量结果按下述方法进行核对：

① 检查本次测量计算结果与上一次测量结果相差的程度，如发现相差太大，应进行复测。

② 用不同测量设备和测量方法测量同一个待测频率源时，测得的结果应基本一致。

③ 检查测得的频率稳定度 $\sigma_a(\tau)$ 与 τ 的关系是否符合该频率源的规律。

④ 同一采样时间，重复进行多次测量时，其结果应基本一致。

⑤ 稳定度 $\sigma_a(\tau)$ 在进行不同的采样时间测量时，应在对数坐标纸上画出 $\sigma_a(\tau) - \tau$ 曲线，这样不仅直观而且容易发现问题和分析问题。

第 9 章　频率源的快速频率捕获及跳频时间的分析与测量

间接式模拟频率源有相位噪声好、杂散低、成本便宜、体积小等优点，但是存在锁相环失锁和如何快速捕获的问题。因此，解决锁相环失锁和快速捕获问题是工程应用中的关键技术。本章中，我们根据 40 多年的工程设计经验，提出了两种最新的快速捕获技术，即 f/D 变换法和数字式鉴频器方法。这两种方法的捕获频率范围宽、捕获时间短，因此彻底解决了模拟锁相环在工程上应用的问题。频率源的跳频时间是频率源的重要技术指标，直接式合成频率源的跳频时间快，可小于几微秒，而间接式频率源的跳频时间慢，一般在 20 μs 以上。本章还将对频率源的跳频时间进行详细分析，给出各种测量方法。

9.1　合成频率源的跳频时间分析

合成频率源在现代电子系统中占有非常重要的地位，跳频时间是合成频率源中一项重要的指标。尤其在军用电子系统中，由于系统电子对抗的需要，要求合成频率源能够在宽频带下快速跳频，即能够实现频率捷变。随着技术的发展，要求频率跳变时间越来越短，对频率跳变时间长短要求的不同，决定了合成频率源的体制。如果要求跳频时间大于20 μs 以上，可采用间接式频率源。间接式频率源的成本低、杂散小、体积也小。如果要求跳频时间小于几微秒，就必须使用直接式频率源。直接式频率源成本高、体积大。如果要求跳频时间更短，例如小于 0.5 μs，则必须采取特殊措施，其成本更高，需付出更大的技术代价才能实现。

9.1.1　通用跳频时间的分析

合成频率源的跳频时间是指当频率源接到跳频指令时刻起，从一个稳定的工作频率 f_1 跳变到指令的另一个工作频率 f_2，并使 f_2 建立起稳定工作止，所需的全部时间。跳频时间也称为频率捷变时间。图 9.1 所示为频率源跳频过程示意图，t_0 时刻到 t_1 时刻的时间间隔为 τ_1，是频率源接到跳频指令到开始执行跳频动作的延迟时间；t_1 时刻到 t_2 时刻的时间间隔为 τ_2，是频率源从频率 f_1 跳变到频率 f_2 的跳变时间；t_2 时刻到 t_3 时刻的时间间隔为 τ_3，是频率 f_2 的相位稳定时间；$\tau = \tau_1 + \tau_2 + \tau_3$ 为频率源由 f_1 跳变到 f_2 所需的全部频率跳变时间。

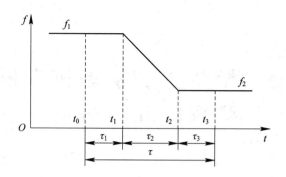

图 9.1　频率源跳频过程示意图

图 9.2 给出了频率源通过测试系统后测得的跳频时间图形。t_0、t_1、t_2、t_3 以及 τ_1、τ_2、τ_3 和 τ 的含义与图 9.1 相同，图 9.2 的纵坐标 V 为幅度，V_0 为稳定判别门限电压。

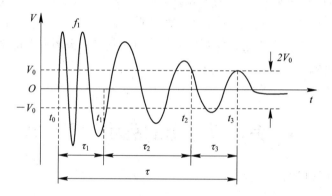

图 9.2　频率源跳频时间测量示意图

由图 9.2 可以看出，跳频时间 τ 从 t_0 到 t_3，t_3 为频率 f_2 稳定工作时刻。"稳定"一般用相位差来表征，即用 f_2 的相位接近基准频率相位的相位差来表示，一般使用 ± 0.1 rad 来定义稳定时刻，特殊情况下也可用更小的相位差来要求跳频时间。如果用 0.1 rad 来表征相位稳定时刻，则 0.1 rad 乘以鉴相灵敏度 K_φ 等于 V_0，即 $0.1\,K_\varphi = V_0$，图 9.2 中的 V_0 实质上代表了相位差，当然 V_0 要求越小，跳频时间越长。

9.1.2　直接合成式频率源的跳频时间分析

直接合成式频率源的频率捷变时间很快，主要由电子开关的速度和滤波器的延迟时间决定，具体表现在以下几个方面：

(1) 跳频指令处理过程中数字电路的延时，即频率源跳频控制分系统要把一条跳频指令转换成若干同步控制信号，分别同步控制各种电路和器件时所造成的延时。

(2) 直接合成式频率源中使用了很多电子开关，这些开关往往都存在延时，即 TTL 电平送到开关时，开关不是立刻工作，总要经过一段延时后才开始工作，开关型号不同，延时时间也不相同。

(3) 开关时间，即电子开关经一段延时后，开关工作，由通到断或由断到通所用的时间。

(4) 滤波器的延迟时间，即当滤波器带宽过窄时，信号通过滤波器需一定的时间。

（5）直接合成式频率源中使用大量的开关滤波组件，这些开关滤波组件往往是单刀多掷或者多刀单掷，N 路信号选通一路，每路信号频率不同，滤波器也不同。因此，开关滤波组件的控制信号不能完全同步地加到每一路开关上。由于每路开关延时和开关时间不完全一样，每只滤波器的延时也不完全相同，因此增加了开关滤波组件的传输时间。

（6）频率源中还常常使用可变分频器，在要求跳频时间很快的情况下，对分频器控制信号的延时和分频器的延时都不能忽略。

从上述分析可以看出，提高直接合成式频率源的频率捷变时间应该选择延时小、开关速度快的电子开关，对于加在电子开关后的滤波器，应该分析它的延时影响，即开关控制系统的同步性和控制系统的延时合理分配等是提高直接合成式频率源频率捷变时间的关键。

9.1.3　间接合成式频率源的跳频时间分析

间接合成式频率源的跳频时间比直接式的长，一般都在 $20~\mu s$ 以上，需要考虑以下几个方面的问题。

（1）间接式频率源中锁相环的锁定时间。对于二阶锁相环，锁定时间与环路起始频差 Δf 有关，二阶环的锁定时间 t_p 可近似表示为 $t_p \approx 4(\Delta f)^2/B_n^3$，其中 B_n 为环路带宽。设 B_n 为 1 MHz，Δf 为 5 MHz，可得 $t_p \approx 100~\mu s$。如果 Δf 为 10 MHz，则锁定时间 t_p 为 400 μs。尤其在微波锁相环中，为实现宽带，VCO 的压控灵敏度都很高，若不采取措施，起始频差往往很大，锁相环的锁定时间必然很长。

（2）为了缩短锁定时间，可以精确预置 VCO 的跳频电压，使起始频率误差预置到快捕带内，这样就可以大大地缩短锁相环捕获时间。因为快捕时间 $t_s \approx 4/(\xi B_n)$，其中 ξ 为锁相环阻尼系数，当 $B_n = 1~MHz$，$\xi = 1$ 时，锁相环路快捕时间 $t_s \approx 4~\mu s$，比 t_p 时间快。这说明使用精确预置跳频电压的办法可以大大缩短频率捷变时间。

（3）由 $t_s \approx 4/(\xi B_n)$ 和 $t_p \approx 4(\Delta f)^2/B_n^3$ 可以看出，增大环路带宽 B_n 也可以大大缩短频率捷变时间，在某些微波混频锁相环中 B_n 做到了大于 5 MHz，这样可以使锁相环的频率捷变时间在 1 μs 左右。

（4）实现上述三点措施后，若锁相环频率捷变时间还是在几微秒量级上，还应该从以下几个方面分析：

① 从接到跳频指令码到变换成一系列同步跳频指令码，有一定的延时时间，这段延时时间应尽量减小。

② 跳频码变换成模拟电压需经 D/A 变换，应尽量减小 D/A 变换的时间。

③ D/A 变换后的模拟电压与鉴相器的模拟电压往往需经运算放大器，使其相加或者放大，应该注意运算放大器的速度。通过实践得出，当频率步进很大时，运算放大器引起的延时常常在微秒量级。

④ 当运算放大器的速度提高后，调谐电压的上升将带来暂态阻尼振荡，对锁相环的相位锁定时间造成很大影响，甚至使相位锁定时间增加数微秒以上，所以必须对运算放大器进行补偿，可采取增大环路阻尼等措施以降低暂态振荡时间。

综上所述，间接合成式频率源的跳频时间主要由锁相环的环路带宽、锁相环跳频电压的精确预置、锁相环中鉴相器后面的运算放大器性能及数字电路的延时和同步等决定。

9.1.4 跳频时间的测量

跳频时间是合成频率源中一项重要的技术指标，跳频时间的测量因涉及相位测量和相位定度，所以测量方法较为复杂。目前常用的测量方法有调制域分析法、鉴相法、延迟线鉴频法等。

调制域分析法必须有调制域分析仪，方法较为简单，容易实现，但测量精度不太高，具体原理框图如图 9.3 所示。这种方法要求被测频率源必须有参考频率输出或输入，用参考频率同步参考源。当被测频率源输出频率不高时，图 9.3 中微波参考源和混频器可以省略，被测频率源直接送入调制域分析仪便可测量。

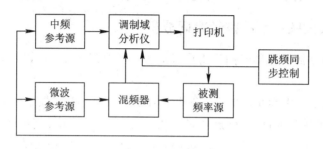

图 9.3 调制域分析法测量跳频时间框图

用鉴相法测量跳频时间的框图如图 9.4 所示，这种方法较为复杂，实现时必须使用一些专用设备，但是测量精度高。对被测频率源的要求同调制域分析法相同，当被测频率源输出频率不高时，也可省略微波参考源和混频器，将被测频率源直接送鉴相器即可。数字示波器上测得的跳频时间图形如图 9.2 所示。这种方法测量精度的关键在于图 9.2 中的 V_0 定度测量精度。

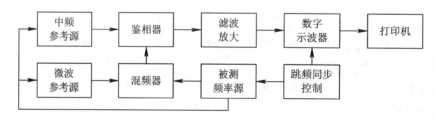

图 9.4 鉴相法测量跳频时间框图

用延迟线鉴频法测量跳频时间时，因测量精度不高，方法也较为复杂，一般使用较少，故不多叙。当然还有更多的测量方法，一般都较少使用。调制域分析法和鉴相法对直接合成式频率源和间接合成式频率源的跳频时间测量均适用。

9.2 锁相式频率源的捕获方法及跳频时间分析

电子对抗的需求往往要求目前的新型雷达能够频率捷变。雷达的频率捷变只能在雷达休止期内跳变，因而要求雷达频率源的频率跳变时间也越来越短。同时，雷达技术的发展，又出现了在脉冲多普勒雷达上实现脉间跳频。这就要求频率源既要确保输出频率高纯度，又要有很短的频率转换时间。作为锁相式雷达频率源，提高速度与提高频谱纯度往往是有矛盾的。

为此，希望能够找到一种确保频率源输出信号既高纯度，又能实现快速频率捷变的方法。

锁相环本身是一个惰性环节，它可等效成一个窄带滤波器，所以信号通过时，必定需要一定的时间。这段时间的长短与锁相环的带宽有关，带宽越宽则时间越短，但是，因种种原因，锁相环带宽不可能设计得太宽，这就给雷达频率源实现快速跳频带来很多麻烦。例如：因锁相环路带宽有限，而 VCO 一般是宽带变容管调谐，所以 VCO 的频率稳定度不高，这样在使用温度范围内，锁相环路将因 VCO 频率漂移而失锁，同时不同的 VCO，其调谐电压与振荡频率也往往不一样，也会因更换 VCO 而引起锁相环失锁。失锁后能快速捕获，并能锁定，这是非常重要的问题，不解决这个问题，锁相环就无法应用到工程上去。

要解决上述问题，任何锁相环都应有捕获手段，下面对各种捕获手段及其优缺点作一些分析。

9.2.1　锁相环的捕获方法

在模拟锁相环的设计中，如果 VCO 是工作在固定频率或某一极窄频带内，则可设计高 Q 值的 VCO，这样不加任何调谐、鉴频、扫描和改变环路带宽等措施就能获得和维持环路锁定。但是，当锁相环工作在宽带时，因 VCO 的 Q 值很难做高，所以常常出现频率捷变时锁相环失锁，因此必须给 VCO 配备一些调谐装置，使锁相环在任何时候都能锁定。下面将给出几种常用的捕获锁定方法，并对它们进行比较。

1. 调谐 VCO 电压法

当 VCO 工作在宽频带时，锁相环一旦失锁，最简单的方法是如图 9.5 所示，给 VCO 加一个手动调谐电压，使 VCO 能工作在锁相环的捕获带内。如果要求产生若干固定频率点，则采用图 9.6 所示的电阻分压调谐锁相环更好，只要使调谐误差总小于捕获带即可。如用电子开关代替手动调节则更好，但必须要求锁相环的捕获带大于调谐误差频率，这一点有时无法保证。所以这两种方法都有局限性，但简单、易行。

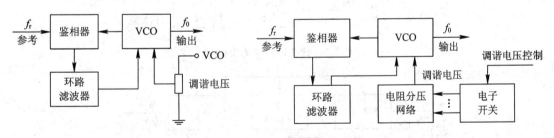

图 9.5　手动调谐锁相环　　　　　　　　图 9.6　电阻分压调谐锁相环

2. 鉴频、鉴相法

在二阶锁相环中，捕获带总是小于同步带，如果是高增益环，则同步带将很宽。可以利用这一点，使用图 9.7 所示的方案。近年来，集成电路的发展，又出现了鉴频/鉴相器，所以还可以改用图 9.8 所示的方法。上述两种鉴频法，对 VCO 粗调电压的精度要求比 VCO 调谐法低，但是增加了一个鉴频器，当调谐电压的误差大于同步带时，环路还是锁不住。同时要求鉴频器必须具有很宽的频带，否则不仅影响捕获时间，也使频率锁定后鉴频器的输出控制电压不能完全忽略不计。这种方法还有一个缺点，即环路的静态相位差随着 $\Delta\omega$ 不同而不同，这样使输出信号的相位将与 VCO 的失谐大小有关，是一个变化量。

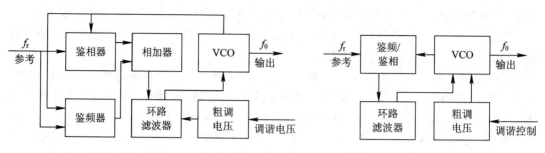

图 9.7　鉴频器捕获的锁相环　　　　图 9.8　鉴频/鉴相器捕获的锁相环

3. 扫描法

这种锁相环的捕获方法如图 9.9 所示，用一个交流检波器检出直流电压，去触发一个扫描发生器，产生锯齿电压，对 VCO 进行扫描，使环路锁定。环路一旦锁定，扫描停止。在捕获带小、同步带大的锁相环中，当 VCO 失谐较大时，可能会出现差拍信号电平很低，触发不动扫描发生器的问题。因而，如用一个正交鉴相器来代替交流检波器，如图 9.10 所示，当环路锁定直流放大器时将有一个直流电压输出，该电压也是锁定指示的理想信号。上述两种扫描捕获的方法，也是对 VCO 调谐，扩展环路捕获带宽。它们都具有随着 $\Delta\omega$ 不同，VCO 的频率不同，输出相位也不一样的缺点。另外，扫描速度受环路参数影响，不能太快，否则即使通过捕获带环路也锁不住。

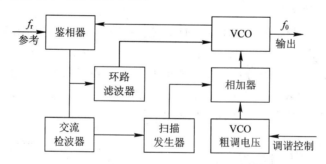

图 9.9　检波器扫描法锁相环

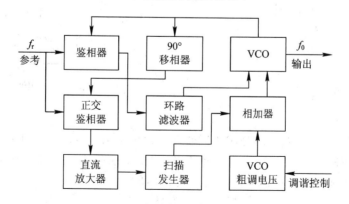

图 9.10　正交鉴相器扫描法锁相环

4. 改变环路参数法

下面简介通过改变环路的增益或者改变环路滤波器参数来扩大环路带宽的方法。如图

9.11 所示,在环路中接入一个直流放大器,改变直流放大器的增益,则环路带宽也将改变,环路的捕获能力也跟着改变。同样方法,如图 9.12 所示,改变环路滤波器的参数,用电子开关把 R_1 短路,则等效于省掉了环路滤波器,环路同一阶环一样,捕获带变宽,提高了捕获能力。这种通过改变环路参数的办法来扩捕也有局限性,所以也不理想。

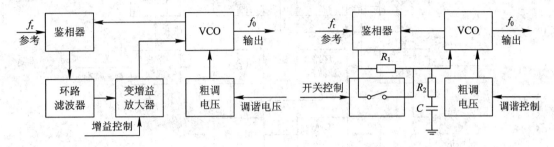

图 9.11　改变环路增益法锁相环　　　　　图 9.12　改变环路滤波器参数锁相环

5. 频率数字变换法(数字鉴频器法)

上述四种方法主要有三大缺点,其一捕获时间不快,其二输出信号的相位受 $\Delta\omega$ 的影响大,其三捕获带宽还不够宽。要使锁相环锁定时间最短,则 VCO 频率必须进入快捕带;要使输出信号的相位不受 $\Delta\omega$ 的影响,则必须提高 VCO 的调谐精度,使 $\Delta\omega$ 无限减小;进一步要扩宽捕获带,就得使用新的方案。如图 9.13 所示的频率数字变换法,可

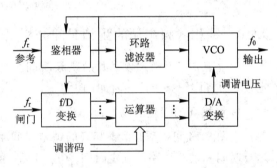

图 9.13　频率数字变换法锁相环

以完全克服上述三大缺点。后面将重点叙述该方法的设计和优点。

9.2.2　混频分频锁相式频率源的捕获方案

根据前面分析,要使跳频速度快、输出相位稳,用频率数字变换法捕获最好。本方案就选用了这种捕获方法,用专用单片机来实现跳频数码的快速预置。把工作频率点的数码存到存储器中,由单片机按指令调出,经 D/A 变换送 VCO,产生所要的频率点。由于 VCO 的频率与电压曲线不是固定的,它将受温度影响而变,同时不同 VCO 的曲线也很难完全一样,因此,若数码相同,则电压相同,但频率不一定相同。因为我们要求频率必须固定,所以要求跳频码应能根据不同情况,预置不同的大小,以保证频率一样。为此,不仅要求快速预置粗调电压,还应快速自动修正预置电压,以保证预置的调谐电压精确。

本方案的框图如图 9.14 所示,从图中可以看出,环路一旦失锁,VCO 输出频率将不等于所要求的频率,就会有一个正的或者负的频率差,如从中频放大器处分一路输出信号去 f/D 变换,并将 f/D 变换的输出数码与单片机内存的标准频率码比较,得到误差频率码,将误差频率码送运算器与粗调频率码做修正运算,则可对跳频码进行准确实时修正,保证精确预置跳频电压,即保证每次都预置到锁相环的快捕带内,使环路用最短的时间便可锁定,从而可实现跳频电压的自适应。

由于单片机运行时间可在雷达工作期进行,因此跳频时间只有 f/D 变换时间、锁相环

快捕时间、D/A 变换时间及运算放大器的前沿时间。所以跳频时间能做到小于几十微秒，甚至更短。

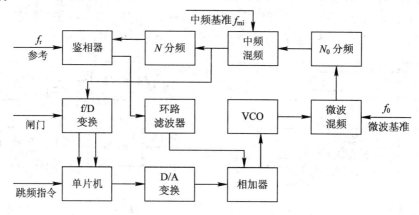

图 9.14　混频分频锁相环的捕获框图

9.2.3　锁相式频率源的跳频时间分析

由上节知，锁相式频率源的跳频时间主要由 f/D 变换时间和锁相环的锁定时间等决定。下面将详细分析这些时间的大小。

1. 锁相环的锁定时间

由图 9.14 可以看出，锁相环的锁定时间主要取决于 D/A 变换的时间、电压相加器的运算时间和锁相环路的锁定时间。由于 D/A 变换时间的实测结果小于 1 μs，电压相加器运算时间的实测结果也小于 1 μs，因此锁相环的锁定时间主要取决于环路锁定时间。下面分析使用比例积分滤波器的二阶环的锁定时间。

对于一个二阶锁相环，环路锁定时间与环路的起始频差 Δf 有关，二阶环路频率锁定时间的近似值为

$$t_p = \frac{4(\Delta f)^2}{B_n^3}$$

式中，B_n 为环路带宽。B_n 设计中选取为 0.5 MHz，设 Δf 等于 2 MHz，则

$$t_p = 4 \times \frac{4}{0.125 \times 10^6} = 128 \ \mu s$$

可以看出捕获时间远大于 30 μs 的要求时间。如果能按方案要求，可以把预置跳频电压预置得很精确，一次就预置到快捕带内，则其捕获时间将大大缩短。因为快捕时间 t_s 可表示为

$$t_s = \frac{4}{\xi B_n} = \frac{4}{0.5 \times 10^6} = 8 \ \mu s$$

可见当 $\xi = 1$，$B_n = 0.5$ MHz 时，环路快捕时间只有 8 μs，比 t_p 时间（128 μs）快得多。同时说明了提高 VCO 调谐电压精度的重要性，即通过精确预置跳频电压，可以大大缩短锁定时间。

由上述分析得出，本锁相环的总锁定时间为 t_s 与 D/A 变换时间、电压相加器运算时间相加，约为 10 μs。

2. f/D 变换时间

要实现精确预置 VCO 的调谐电压，必须能快速实时修正 VCO 的调谐电压。由图 9.14 可以看出，快速实时修正的重要环节是 f/D 变换，即频率数字变换。下面将分析该环节所需的时间。

f/D 变换实质是一个超高速频率计数器，即把被测频率用计数器变成数字量。实现这种变换有两种方法，一种方法是把被测频率的一个周期或者 N 个周期作计数器的闸门，用标准时钟来量化。这种方法变换时间短，需超高速器件，在本方案中很难实现。另一种方法是用一个标准闸门，对被测频率计数。本方案选用第二种方法，闸门不同，计出的数字也不同。本方案闸门约为 4 μs，所以 f/D 变换时间为 4 μs。

3. 跳频时间

跳频过程是从频率源得到跳频指令后开始的，由专用单片机送出控制信号，分别同步控制频标系统中的电子开关、锁相环中的可变分频器及本振环和发射环中两个 VCO 的调谐电压数字码 C。把 C 码送 D/A 变成 VCO 的调谐电压，使 VCO 有了对应的输出频率，该频率经混频、分频后去鉴相器。如果输出频率落在环路的快捕带内，则通过锁相环的自调整，很快就会锁定。如果调谐精度不够，输出频率落在环路的快捕带外，则根据上面的分析，捕获时间将很长或者根本无法捕获。这时环路将自动从中频放大器输出口（即可变分频器前）送出一路信号，经 f/D 变换后输出数字码 A。由于 f/D 变换时间小于 4 μs，则 4 μs 后单片机把 A 码取走，在单片机内利用雷达工作期间进行修正运算，根据 A 码，修正 C 码，使 C 码变成准确的 C 码，再等下一次跳频送出。

上述跳频工作过程表明，频率源的跳频时间主要由锁相环的锁定时间、D/A 变换时间及电压相加器的时间之和（10 μs），f/D 变换时间（4 μs），单片机送数码 C 时间（2 μs）及单片机送数码 A 时间（2 μs）组成，共计 18 μs。

电子开关与可变分频器的控制时间均小于 0.5 μs，都比上述时间短，而且与送 C 码并行同步进行，所以影响不大。在环路中，除环路滤波器及直放相加器外，均为高频或微波电路，因此其他电子线路的延时都可以忽略。这里关键在于跳频电压的精确预置，只要 C 码每次都能够落入环路的快捕带内，跳频必将在很短时间内完成。

9.2.4　实现快速跳频的措施

按上述分析可知，实现快速跳频必须精确预置跳频电压。如何保证电压精确快速预置呢？第一，应获得预置电压的误差，本方案是将单片机内存的各频率点数字量 C 码，经 D/A 变换输出模拟电压，该电压加到 VCO 后变成频率，频率经过 f/D 变换，又转换成数字量 A 码；该数字量 A 码再与单片机内的一组标准数字量 B 码进行比较，其比较结果就是预置电压的误差码。第二，当取得了预置电压的误差码后，利用单片机进行修正运算，即用单片机中的运算器做 $(B-A)+C=C'$，C' 便是一个精确的预置电压码。第三，由于使用了单片机，本方案中设有一套实时修正程序，能够实现在雷达工作中不断地对各个频率点的预置电压码进行自动巡回修正，使各频率点的预置电压码均做到精确，保证了在任何时候提取的 C 码都能预置到环路的快捕带中。

综上所述，快速 f/D 变换、单片机跳频控制及自动快速巡回修正是实现快速跳频的关键。采用上述措施不仅可确保工程上能够快速锁定，同时也使频率源各频率点间的输出起始相位差很小。

9.2.5　实验结果及分析

使用上述的频率数字变换法(数字鉴频器法)用单片机通过接口电路对实验室中的一个混频分频锁相环进行跳频控制和实时修正，实验证明方案是成功的。

跳频同步控制由于使用了单片机，使得控制很方便，实验中更改跳频方案不需改电路，只要修改软件即可，提高了频率源的自动化程度。另外，采取了实时修正措施，使频率源在任何时间任意跳频都能锁定，没有出现失锁现象。

在实验中，使用单片机测出跳频时间约为 $30~\mu s$，这主要是锁相环的带宽不够。如果把锁相环的带宽做得更宽些，在其他地方也采取一些措施，则跳频时间可达到 $20~\mu s$。

上述方法和几点分析，不仅可以大大提高间接式频率源的跳频速度，同时也提供了一种间接式频率源实现自动化、智能化的途径，比较彻底地解决了工程应用问题，而且对跳频状态下的频率源输出相位稳定带来好处，是一种很有发展前途的方法。

9.3　间接式雷达频率源的跳频控制及快速捕获方法

9.3.1　问题的提出

雷达频率源往往既要求输出频率纯度高，又要求频率能快速捷变。在工程应用中，实现这样要求的间接式频率源，常常会遇到下列问题：

(1) 每台压控振荡器(VCO)的压控特性都不一致，给批量生产、维修、更换等带来困难。

(2) VCO 的压控特性(电压-频率特性)随温度不同而发生变化，给满足宽温度范围要求带来很大麻烦，经常出现因温度变化而使锁相环失锁的现象。

(3) VCO 压控特性曲线的线性不好，使锁相环增益起伏较大，给快速捕获和降低输出相位噪声等都带来困难。

(4) 快速捕获方法不理想，很难实现频率捷变。

(5) 锁相环的捕获速度不够快等。

以上这些问题如得不到合理解决，则雷达频率源就很难应用到工程中去，也很难实现真正的频率快速捷变。因此必须解决雷达频率源的不失锁问题和频率快速捷变问题。

9.3.2　跳频控制及快速捕获方案

按上节分析，只要能够找到一种方法，使 VCO 的预置调谐电压在任何时间和任何温度下，都能精确无误地预置到锁相环的快捕带内，则可保证跳频时锁相环不失锁，同时，也解决了锁相环的快速捕获问题。在雷达捷变频时，尤其在脉冲多普勒与脉间跳频兼容的雷达体制中，在宽带内实现自动、快速、精确预置并非易事，它要求整个系统必须具有自适应能力和快速反应能力，为此提出了图 9.15 所示的跳频控制方案。

图 9.15 所示的框图工作过程如下。在开机预热过程中，频率源在单片机的控制下，进行自动预置工作。首先由单片机从内部存储器中逐点给出各点频率的电压码 C，通过接口

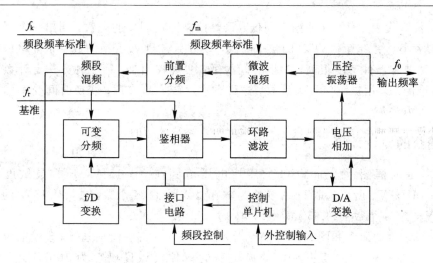

图 9.15　跳频控制及快速捕获框图

电路送到 D/A 变换。同时控制整个频率源同步工作，即同步控制电子开关和可变分频器等。由 D/A 变换输出的各频率点的工作电压经相加器与环路调整电压一起加到 VCO 上。VCO 产生对应频率，对该频率处理后送到鉴相器，把环路锁定。如果 C 码不准确，则预置电压也不准确，VCO 产生的对应频率也将有一误差，该误差频率如果大于快捕带，则环路将失锁或者很长时间才能捕获。这时在可变分频器前把信号送 f/D 变换，经 f/D 变换把频率变换成数字码 A，将 A 码送单片机并与单片机中的频率标准码 B 进行$(B-A)K+C$ 运算，对 C 码进行修正，把修正好的精确 C 码再存到寄存器中，这样在单片机的控制下，对各频率点进行巡回修正，就完成了精确预置工作。

当雷达正常工作时，分长周期和短周期。要求单片机在长周期工作时，巡回对各频率点进行上述修正工作，以保证任何时间取出的 C 码都是精确的。精确的 C 码经 D/A 变换，产生精确的调谐电压，精确的调谐电压必将产生出精确的频率，使频率误差小于锁相环的快捕带，环路必将立即锁住。这样，在雷达工作中，利用长周期对 VCO 的预置电压进行动态巡回修正，可始终保持 VCO 的预置电压准确。

9.3.3　快速捕获分析

由上述方案可以看出，快速捕获的关键是精确预置，精确预置是依靠 f/D 变换和单片机的数据处理及控制能力来实现的。单片机的处理能力是无疑的，f/D 变换怎样工作呢？f/D 变换是专门为解决快速频率捕获而设计的，它能把不同频率转换成对应的数字量。f/D 变换实质是一个超高速计数器，控制计数器的闸门大小可获得跳频控制系统所要求的数字量，该数字量与 D/A 变换的数字量所代表的单位及量纲完全相同，所以可以直接在单片机中进行运算。

因为 D/A 变换的数字量的物理意义为一个数代表多少伏特，即 V/数。该电压加给 VCO 后，通过 VCO 可转换为每伏多少兆赫兹，即 MHz/V。所以以 V/数×MHz/V＝MHz/数，与 f/D 变换的物理意义完全一样。利用上述原理，在图 9.15 所示框图中的频段混频处引出 f_r 信号送 f/D 变换。该信号的频率高低直接代表了 VCO 的频率高低，因两次混频的 f_m 和 f_k 都是由基准晶振变换来的频率标准信号，所以与它们混频不影响 VCO 的频率差。

f/D 变换的具体方法有两种，第一种方法是测量被测信号的周期，由频段混频送出的中频信号的周期长短代表了 VCO 的频率高低。只要控制测量周期的个数，测出一个周期或者 n 个周期的大小，便知道了 VCO 的频率高低，该数字与 D/A 变换的数字是同单位同量纲的。这种方法要求器件速度很高，变换时间很短，实现较困难。第二种方法是计数器法，设计一个基准闸门，用被测信号去计数，这种方法比较容易实现，变换时间受闸门影响，往往比第一种方法长。

9.3.4　快速捕获的设计计算

按图 9.15 所示的框图，已知 VCO 的压控电压范围在 $0 \sim 15$ V，压控灵敏度为 20 MHz/V～50 MHz/V。所以选取 D/A 变换为 10 位，$2^{10} = 1024$ 个数，去量化 15 V 的压控电压，得 15 V÷1024 个数 = 14.65 mV/数，取 15 mV/数。

又根据压控灵敏度的概念和图 9.15 中所示，微波混频器后有一前置分频，现设前置分频为 2，则由频段混频输出一路去 f/D 变换信号的压控灵敏度已变为 10 MHz/V～25 MHz/V，即 0.15 MHz/15 mV～0.375 MHz/15 mV，也就是 0.15 MHz/数～0.375 MHz/数，这也是对 f/D 变换的要求。

根据上面要求，计算 f/D 变换的闸门时间。已知 f/D 变换的输入信号频率范围为 1 MHz～120 MHz，每数代表的频率为 0.15 MHz～0.375 MHz，则闸门时间应为 6.66 μs～2.703 μs，可看出不同的压控灵敏度要求不同的闸门时间，否则变换就不准确。但是，不同的频率点对应不同的压控灵敏度，采用不同的闸门时间，将带来实现上的困难，同时电路也太繁杂。所以仅选用一个闸门时间，这里选用 3 μs，对应 44.4 MHz/V 的压控灵敏度，这样，势必给低压控灵敏度的各点带来误差。为了消除该误差，我们采用了倍乘误差量的补偿办法，根据各点所对应的压控灵敏度乘以不同系数 K，即把$(B-A)$再乘以 K，使$(B-A)$误差增大 K 倍，K 就是最高压控灵敏度与该点的压控灵敏度的比值，利用这种方法，可以得到每点的准确修正量。闸门选定为 3 μs 后，f/D 变换的位数可根据最高输入频率120 MHz，在 3 μs 的闸门上可计 360 个数来确定，所以 f/D 变换位数应取 9 位比较适宜。

上面提出了 f/D 变换位数应为 9 位，闸门选了 3 μs，最高计数频率为 120 MHz。每个数代表 15 mV，可改变 VCO 的频率为 0.375 MHz，所以要求锁相环路的快捕带必须大于 ± 0.5 MHz，否则会出现因计数器的 ± 1 误差引起的精度不够。另外，还可利用$(B-A)$是否小于等于 1 来判别环路是否锁定，这也是一种较准确的锁定指示方法。

f/D 变换的时间等于闸门时间，3 μs 以后单片机开始取数，取完数后即可与锁相环路断开，$(B-A)K+C$ 的运算时间较长，可在雷达工作期间进行，不占频率源跳频时间。

9.4　用数字鉴频器实现模拟锁相环的捕获

模拟锁相式频率源具有体积小、重量轻、成本低、相位噪声好、杂散低、锁相环路带宽宽等优点，尤其是在对杂散和相位噪声有严格要求的情况下，常被广泛使用。但是它存在跳频时间长的缺点，锁相环路在宽频带跳频时要对锁相环进行搜索和捕获。为此技术人员采取了多种办法，这些办法各有优缺点。前面分析了使用数字电路实现对 VCO 模拟控制电压进行精确预置和自动修正的方法，彻底解决了模拟锁相环的失锁问题，并大大提高了锁相环的频率捷变速度。实现这种方法的关键电路是设计一个 f/D 变换接口电路，把 VCO

的高频信号通过一个闸门可控的计数器转换成数字量,把这个数字量送至跳频控制系统直接进行数字处理和修正运算,以实现对 VCO 跳频电压的精确预置和自动修正,锁相环每次跳频时预置电压均能使 VCO 的频率进入快捕带内。

随着电子技术的发展,下面再提出一种新的方法即宽带数字鉴频器法来实现对模拟锁相环的宽带自动修正和精确预置。该方法有以下优点:第一,修正时间更快,比以前的任何一种搜索和捕获方法都快;第二,可以在脉冲状态下工作,而以前的方法必须工作在连续波状态,对脉冲调制载频无法处理;第三,捕获带宽宽,鉴频频率高,可对 VCO 直接鉴频处理。下面详细介绍用数字鉴频器对锁相环进行精确跟踪的原理。

9.4.1 数字鉴频器的工作原理及方案设计

数字鉴频器的基本原理是:若频率为 f 的信号通过长度为 L 的电缆,则产生的相移量为 φ,$\varphi = 2\pi\tau f$,τ 为 L 长度的电缆延时时间;当 L 为固定长度时 τ 为常数,频率 f 不同,相移量 φ 也不同,这样测出相移量 φ 就能计算出频率 f。

数字鉴频器的设计方案如图 9.16 所示,输入信号 f 进入同相功分器,把信号功分两路。一路去宽带正弦鉴相器,该鉴相器要求鉴相灵敏度越高越好,鉴相灵敏度高则整个系统的灵敏度高,鉴频精度高,在工程上为了方便常用双平衡混频器作鉴相器。而另一路经过低损耗、相位稳定的移相电缆,电缆长度设计为鉴频器中心频率的一个波长。因为一般用宽带双平衡混频器作鉴相器,其鉴相灵敏度不高,为提高灵敏度,加运算放大器适量放大鉴相电压,以提高鉴频灵敏度,该放大器应选温度稳定性好、速度快、低噪声的运算放大器。放大器输出送 A/D 变换,A/D 变换根据精度要求选择适当的位数。需要注意的是,应使 A/D 变换的量纲与 VCO 的压控灵敏度及 D/A 变换协调一致,能在数字运算器里直接运算,以实现精确预置 VCO 的跳频电压。

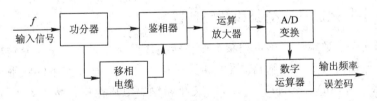

图 9.16 数字鉴频器的设计方案

因为选用正弦鉴相器,工作范围为 $\pm90°$,线性工作范围为 $\pm45°$,作为锁相环的捕获范围可设定为 $\pm90°$,根据 $\varphi = 2\pi\tau f$,$\pm90°$ 对应 $\pm f/4$ 的搜捕范围,所以移相电缆长度应取一个鉴频器中心频率波长,这样可确保无频率差时为零输出,同时获得 $\pm f/4$ 的搜索捕获范围。即鉴频器工作频率为 100 MHz 时,鉴频器的鉴频带宽为 ±25 MHz,有 50% 的鉴频带宽,采用两只正交鉴相器可实现 $\pm180°$ 不模糊鉴相,这样可把鉴频带宽扩展到 100%。当频率等于鉴相频率时,两路信号在鉴相器的相位相等,鉴相器输出为零,这一特点也可作锁相环的锁定指示使用。

9.4.2 用数字鉴频器实现锁相环的宽带捕获

数字鉴频器有 50% 的鉴频带宽,并且速度很快(主要取决于 A/D 变换和数字运算时间),能够快速完成鉴频工作,再利用锁相环中的控制系统,直接修正锁相环 VCO 的预置电压,使其预置精度进入锁相环的快捕带,完成快速锁定,具体方案框图如图 9.17 所示。

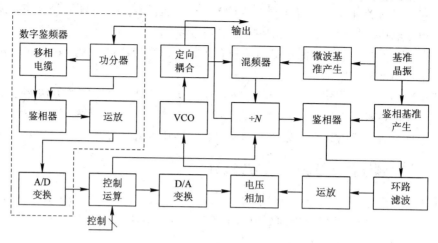

图 9.17　锁相环用数字鉴频器实现宽带捕获方案框图

由图 9.17 可以看出,锁相环是一个典型的混频分频锁相环,这种锁相环当 VCO 工作在较高频段上时,VCO 在宽温度范围内频率温漂较大,若不解决该问题,则锁相环无法在工程上应用。为此设计人员采用了各种各样的措施,实现锁相环的搜捕,本方案是一种更新的搜捕方案。该方案把鉴相频率送至数字鉴频器,数字鉴频器输出送入跳频控制系统,与 VCO 控制频率码进行修正运算,实现 VCO 频率码的精确修正,修正好的精确频率码经 D/A 变换,变成精确的压控电压,调整 VCO 频率为准确频率,频率精度确保小于锁相环快捕带。该数字鉴频器更适合用于雷达接收机中的自动频率跟踪,因为它利用一个发射微波脉冲即可给出频率误差。用该误差去调整本振信号,可使本振精确跟踪发射频率。

9.4.3　用数字鉴频器进行捕获和精确预置

根据上节分析,数字鉴频器可把频率误差转换成数字量,频率正误差输出为正二进制码,频率负误差输出为负二进制码。设鉴相灵敏度为 K_{PD},通常使用的双平衡混频器的鉴相灵敏度为 $K_{PD}=3$ mV/°(0.173 V/rad),鉴相器输出电压范围约为 ± 250 mV,因为鉴相器相位差大于 $\pm 45°$ 开始出现非线性,鉴相灵敏度降低,设鉴相器输出电压经运算放大器放大到 ± 1 V。该电压经 10 位 A/D 变换为 1024 个数,则 1000 mV $\div$ 1024 $\approx$ 1 mV/数。要求 A/D 变换量化单位为 1 mV/数。

假设 VCO 工作在 S 波段,压控灵敏度为 K_{VCO},$K_{VCO}=100$ MHz/V$=100$ kHz/mV。设计锁相环中控制部分的频率预置精度为

$$K_{VCO} \cdot 1 \text{ mV/数} = 100 \text{ kHz/mV} \cdot 1 \text{ mV/数} = 100 \text{ kHz/数}$$

因为数字量存在 ± 1 误差,所以控制频率预置小于 ± 0.2 MHz,一般模拟锁相环快捕带均能大于 ± 1 MHz。0.2 MHz 的精度确保了精确预置。这里还须强调,A/D 变换与 D/A 变换的量化单位必须一致,按上述方法可以很容易计算出来。

第 10 章　频率源的其他技术指标分析和低杂散设计

频率源的技术指标决定了频率源的体制、成本、体积、重量及功耗等。频率源的体制决定了其具体的合成方法。频率源的主要技术指标有输出频段、频率步进、频率稳定度、杂散、相位噪声、跳频时间等。其中，杂散、相位噪声、跳频时间为最重要的指标，相位噪声、频率稳定度、跳频时间这三项技术指标已在前面几章中进行了详细分析，下面详述杂散和其他技术指标。

10.1　频率源的输出频段、频率步进和输出功率

1. 频率源的输出频段

频率源的输出频段可覆盖全频段，从低频到毫米波。一般都在 C 波段以下合成，通过倍频和混频再向更高频段上搬移。对指标要求较高的频率源一般采用混频滤波加电子开关分段搬移，电路复杂。对指标要求不太高时可用倍频，这样易于实现。

2. 频率源的频率步进

频率源的输出频率不是连续的，与普通振荡器不同，只能为步进形式。频率步进大，则成本低，相位噪声好，杂散低，电路简单；频率步进小，则成本高，电路复杂，相位噪声和杂散都受影响。相邻两频率点的频率差为最小频率步进，DDS 频率源的频率步进可以做到微赫兹，一般模拟式频率源的频率步进会略大些。从起始点到终止点的频率差为最大频率步进。

3. 频率源的输出功率

频率源的输出功率与功率起伏等各项技术指标与一般振荡器相同，这里不多述。一般输出功率都在几十毫瓦左右，功率起伏控制在 ±1 dB 或者 ±0.5 dB，再严格就得采取特殊技术措施来满足要求。

10.2　频率源的输出杂散

频率源的输出杂散又称为寄生输出，是衡量频率源好坏的一项重要指标，其定义为偏离输出信号某频率处的杂散信号功率，即比输出信号功率低多少分贝。例如：偏离输出信号 10 MHz 处的杂散为 −70 dBc。杂散的产生一般有三种途径：

（1）由外部干扰进来后，在频率合成过程中被接收，形成寄生信号。

（2）频率源内部串扰产生的寄生信号。

（3）合成过程中产生的新寄生信号。

这些寄生信号往往通过调幅、调频、调相的形式，调制到输出信号产生杂散，或者进入混频器，产生各种交互调分量，形成寄生信号。消除这些杂散的有效方法是加强滤波、提高信号之间的隔离、合理设计混频比、加强电磁兼容设计等。

10.2.1　频率源的杂散分析

杂散是频率合成过程中产生的不需要的频率分量，这些频率分量又没有被充分地抑制掉，而是在输出端输出。所以杂散越低越好。在频率合成过程中产生杂散是不可避免的，因为没有非线性则无法产生新频率，而产生新频率的过程中必然也产生很多不需要的频率，这些频率经滤波器等电路往往不能被完全抑制，或者通过非正常途径泄漏到输出端，都会成为杂散。尤其是混频器的使用，将产生大量交互调频率分量，设计不合理将使滤波器无法有效滤除交互调频率分量，泄漏到输出端将形成丰富的杂散成分。

杂散不同于谐波，谐波是电路饱和产生输出频率的整数倍频率，而杂散是非整数倍频率的无用频率分量。还有一种杂散是电路设计欠缺和调试不到位而引起的一种弱自激，形成不应该有的自激杂散，这种杂散往往不稳，左右漂移，纯属调试技术或元器件问题引起的，通过采取一些适当措施就可以消除。

另外，合成方法不同，产生杂散多少也不同。直接合成法产生杂散多，主要靠滤波器来滤除。而间接合成法产生杂散少，主要靠锁相环本身滤除，因为锁相环可等效成一个窄带滤波器，合成过程中产生的杂散比较容易被滤除。

10.2.2　杂散对电子系统的影响

频率源的杂散输出将影响电子系统的性能，这是因为杂散有可能转化为相位噪声，从而影响电子系统的主要性能指标。频率源信号作接收机本振时，杂散至少有三种影响：

（1）本振信号中的杂散与本振信号自混频，产生虚假信号。尤其是分布在本振信号附近的中频频率的杂散最为明显，这种杂散在一次混频的接收机中应低于-90 dBc。

（2）当接收机信号非常强时，本振的杂散与强接收信号产生"倒易混频"现象，形成接收机的虚假干扰信号。

（3）频率源的杂散对接收机的选择性、动态范围及检测能力等都有一定影响。

所以，杂散太大将使电子系统的性能大大降低，甚至无法正常工作。

10.2.3　频率源的低杂散设计

上面叙述了杂散的产生和对电子系统的影响，那么如何降低杂散，实现频率源的低杂散设计呢？首先在方案设计过程中必须认真进行各种混频比设计、滤波器选择、信号通道之间的隔离设计和电磁兼容设计，这四个方面中有一个方面考虑不周都将无法得到最佳杂散输出，下面对这四个方面做一些简单分析。

1. 混频比设计

频率源的设计中，混频器的设计非常重要，一般混频器应选择高隔离度高三阶交调的混频器，目前好的高隔离度双平衡混频器在频率低端能达到 50 dB～60 dB 的隔离。在选择好混频器的基础上，混频比的设计变得更为重要，因为混频器会产生大量的交互调频率分量，设混频器的输入频率为 f_1 和 f_2，则混频器输出频率为 $\pm mf_1\pm nf_2$（m、n 为正整数），而有用频率为 $f_1\pm f_2$。所以应正确选择工作频率，使交互调频率远离有用频率，以便滤波器能较容易地滤除交调频率，减小杂散输出。考虑到滤波器性能的限制，一般混频比最好选取0.05～0.12 或者 0.85～0.95 范围，同时适当减小输入幅度，以降低高阶交调产生的杂散和降低三阶交调引起的杂散。

2. 滤波器选择

直接式频率源的发展，使得滤波器的性能指标也迅速发展起来，尤其是窄带和带外抑制高的滤波器，近些年水平提高很多，体积大大缩小，重量也减轻了。目前国内市场有各种各样的滤波器出售，频率源中用的滤波器一般为窄带居多，带外抑制高，带外抑制常常要求 70 dBc 以上，以便很好地选择有用频率，尽量地抑制掉无用频率。一般频率在 2 GHz 以下选用集总参数的 LC 滤波器，它的体积小、价格低。频率在 2 GHz 以上选用腔体滤波器，它的带宽窄、带外抑制高、体积较大，价格比 LC 滤波器贵。在电路中适当配合使用微带滤波器、介质滤波器、螺旋滤波器以及晶体滤波器等，可以把频率源中的杂散抑制到 -90 dBc以下。

3. 信号通道之间的隔离设计

仅仅选择好滤波器不一定能获得输出杂散低的效果，因为很多杂散的形成不是来源于主频率通道，而是来源于逆向信号通道和耦合信号通道，所以不仅在主通道上要加滤波器，某些情况下，逆向信号通道和耦合信号通道也必须加滤波器，以加强信号通道之间的隔离，这一点很重要，尤其是要求 -70 dBc 以下的杂散时，往往频率通道之间的隔离好坏决定了杂散指标能否达到要求。

在电路系统设计中，为了满足输出杂散指标的要求，需在逆向信号通道加滤波器，但是常常遇到因体积、结构甚至电路布局等原因，滤波器无法加进去，也常常采用其他提高反向隔离的措施，如加隔离器、衰减器后再放大等以提高反向隔离。从信号隔离角度上来讲，用定向耦合器再放大耦合信号比用功分器好；从减少体积和重量方面考虑，提高隔离度用 π 型电阻网络衰减再放大信号比用磁性隔离器好。现举一实例说明上述问题，实例框图如图 10.1 所示。

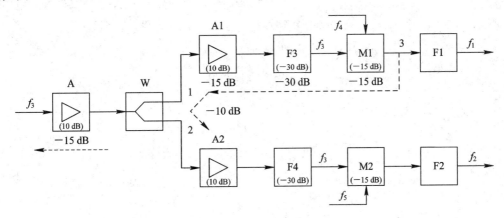

图 10.1　电路系统框图

设放大器 A 的增益为 10 dB，反向隔离为 15 dB，滤波器 F1、F2、F3 均为窄带滤波器，偏离中心频率±30 MHz 处抑制为 30 dB。f_1 与 f_2、f_4 与 f_5 的频差均为 30 MHz，混频器 M1 和 M2 平衡隔离 15 dB，功分器 W 反向隔离 10 dB，则 f_1 从混频器 M1 输出端 3 逆向反串到功分器 W 2 端的信号被隔离了 70 dB；如果滤波器 F3 换成反向隔离为 20 dB 的隔离器，则 f_1 逆向串到功分器 W 2 端的信号将被隔离 60 dB；换成 30 dB 衰减器，再放大 30 dB，则 f_1 逆向反串到功分器 W 2 端的信号将被隔离 100 dB。如果没有这些措施，f_1 信号逆向反串到功分器 W 2 端的信号只被隔离 40 dB。这说明为了降低输出杂散，在电路中必须加隔离措施。同样方法可分析 f_2 反串到 f_1 的杂散。由于混频器输出还有 F1、F2 滤波器，该方案实际由 F1 滤波器输出端反串到功分器 W 2 端的隔离为 100 dB，可以看出滤波器在通道隔离中非常重要，固定衰减器加单片放大器的反向隔离更理想。

4. 电磁兼容设计

为进一步降低输出杂散，必须配合正确的电磁兼容设计，因为信号可以通过地电流的耦合、地线的串扰、电源线之间的耦合及电源内阻等途径相互串扰，形成杂散信号。

信号传输中匹配设计也很重要，不匹配将有反射，反射信号形成杂散干扰。另外，不匹配会大大降低滤波器的性能，也破坏了混频器的性能指标，甚至引起电路自激，产生各种不需要的自激杂散，因此，电路中的匹配设计对降低杂散是十分重要的。

屏蔽措施对降低杂散也很有效。在电路系统中，使用屏蔽措施或者用吸收材料降低空间干扰，可降低杂散，这是常用方法。但是传输信号电缆辐射往往被设计师们忽视，一般 SYV 型电缆只有 60 多分贝的屏蔽效果，所以在低杂散设计和低杂散测量中绝对不能忽视。若要求 70 dB 以上的杂散，则必须选用屏蔽更好的电缆，认真分析电缆束的分布和走向等问题。

综上所述，要做到低杂散工程设计，不仅要电路系统方案正确，还必须注意：混频器要合理选择，混频比要正确设置；滤波器要合理选择或设计，滤波器的指标分配要合理；频率信号通道隔离要好，特别要重视反串信号的抑制是否达到要求；电磁兼容方面设计要合理，电源滤波、接地也要合理，信号要匹配，屏蔽良好。只有这样，才能获得优于 80 dB 以上的杂散。

第 11 章　频率源的电磁兼容设计

随着电子技术的发展，对频率源各项技术指标的要求也越来越高，对电路和电路系统的要求也越来越小型化、模块化。因为元器件的密度越来越高，故电路与电路系统中的干扰也越来越强，这对频率源电磁兼容的要求也越来越苛刻。

11.1　概　　述

11.1.1　电磁干扰的来源

电磁干扰处处存在，我们将空间干扰称为外部干扰。外部干扰可分为两大类：

（1）自然界形成的干扰，如宇宙射线、宇宙电磁波、大气中的雷电、大气电荷、空气中的放电、更普遍的热噪声等。

（2）人为造成的干扰，这方面的干扰也分两种：第一种是有意发射的有用信号，如广播信号、电视信号、通信信号、雷达信号、导航信号、电子对抗信号等，这些信号当你不用时均为干扰信号；第二种是无意发射的电磁信息，如电气机车、家用电器、电力传送、电力开关、办公电器、电脑、医疗设备等都会产生电磁干扰。

除外部干扰外，还存在电路内部的相互干扰，如电路与电路、电路与系统、输入与输出、接收与发射等，我们称之为内部干扰。本章主要分析和研究电路内部的相互干扰，并给出抗干扰的措施和方法。

11.1.2　电磁干扰的途径

前面分析了电磁干扰的来源，那么这些干扰是通过什么途径来进行干扰的呢？一般有两种途径：一种是通过电磁传导产生干扰；另一种是通过电磁辐射产生干扰。

1. 传导干扰

电子信号在传输过程中，如在放大、倍频、分频、混频等过程中必然会产生电场耦合、磁场耦合及电磁场耦合等，这些耦合导致了传导干扰。

2. 辐射干扰

电子信号在上述过程中，不仅存在场的耦合，同时还必然会产生各种强度的电磁辐射，造成辐射干扰。

工程上必须采取各种措施，以减小、抑制传导干扰和辐射干扰。

11.1.3　抗干扰措施

针对电磁干扰的来源和途径，需采取积极措施来减少干扰，这就是电磁兼容设计的主要目的。为了实现这个目的，首先要搞清楚干扰来自什么地方，是通过什么途径传递过来的，被电路的哪些部分接收，也就是要搞清楚干扰源在什么地方，传输路径是什么，敏感接收源是什么。这样，只要控制发射源，减少发射，切断传输路径，保护敏感接收源就可以了。

为了消除传导干扰，常采取各种抑制措施，例如加强滤波、采用屏蔽、科学接地、合理布线、正确馈电等。而对于辐射干扰，常用空间分离、时间分离、频谱管理、电气隔离、对消、限幅等有效措施进行抑制。

11.2　电路系统中的接地设计

正确的接地是电磁兼容设计的重要内容，很多干扰都是由电路与电路系统的接地不合理造成的。而合理接地又往往被电路设计师们忽视，从而引起很多不应该有的干扰。

11.2.1　电路系统的地网设计

1. 电路系统地网引起干扰的途径及来源

地线是信号源和电源的另一条馈线，为公共线。如图 11.1 所示，V_{s1}、V_{s2} 为信号源电压，r_1、r_2 为信号源内阻，R_{L1}、R_{L2} 为信号源负载，i_1、i_2 为信号源输出电流，r 为回程地电流的等效电阻。可以看出 i_1、i_2 在等效电阻 r 上产生电压降 V_r，信号源 V_{s1} 和 V_{s2} 通过 r 产生耦合，形成干扰。因此电路与电路系统里的电流在经过地线形成回路的过程中，可能使电路与电路之间、电路系统与电路系统之间通过公共地线和公共电源的内阻产生耦合。

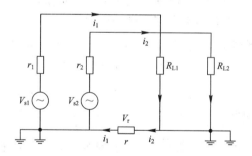

图 11.1　信号通过地线形成干扰

任何导线都存在电抗和电阻，尤其是在高频电路和微波电路中，两个不同的接地点之间一定存在电位差，从而产生接地干扰。正确的接地能使干扰信号降至最小，为此必须正确设计地网，确保系统电磁干扰最小，提高系统可靠性。

2. 电路系统地线的分类

在电路系统中，地网一般分为模拟信号地、数字信号地和噪声信号地。

1）模拟信号地

电路系统中有各种模拟电路，例如放大器、倍频器、混频器、鉴相器、分频器、直流放大器等，这些电路的地线不论以单点接地，还是以多点接地，将这些地线以类似一棵树的树枝的形式分别汇集成树的枝干，各种枝干再汇集成主干，这个主干即被称为模拟信号地。模拟信号地是由所有模拟电路的地线汇集而成的。

2）数字信号地

数字电路系统中有各种地线，例如数字控制电路的地线、单片机的地线、FPGA 的地线及各种数字电路板的地线等，它们也如同树枝汇集成枝干，枝干再汇集成主干，从而形成数字信号地，组成数字信号地网。这些地网有一个特点，即不能形成闭环，如同水系中的支流汇入主流，主流流入大海。

3）噪声信号地

电路系统中的各种安全地、保护地、屏蔽地，例如高压大功率器件地、交流电路地、变压器的屏蔽地、高压信号的屏蔽地、继电器的地、可控硅的地、机壳的地等，也如同树枝一样汇集成噪声信号地。

3. 电路系统地线和地网的分配及接法

图 11.2 给出了电路系统的地线、地网与电路电源的正确接法。从图中可以看出，模拟

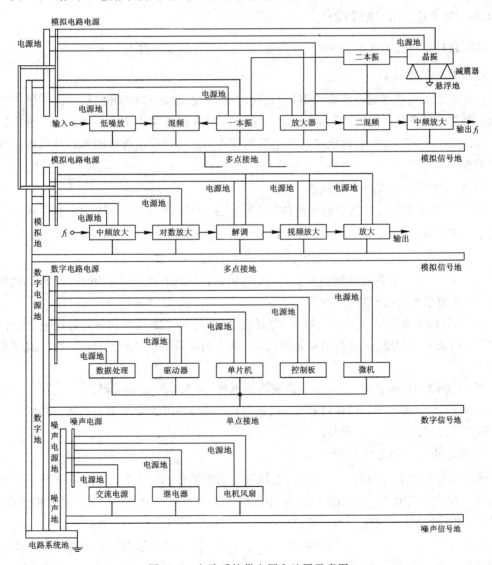

图 11.2　电路系统供电网和地网示意图

电路各子系统一般都按多点接地，汇集起来构成模拟电路地，各子系统的电源地应与馈电线以双绞线的形式馈送到电路印制板上，馈电方式最好从直流电源输出口多路馈送到各自的印制板地线上，不方便时，也可以根据电路性质在印制板上或子系统处并联馈电。

各种数字电路子系统、数字电路印制板和数字电路模块等地线汇集成数字电路地，它们一般使用单点接地形式。它们的电源馈线也应该以双绞线的形式，由直流电源输出口开始，分别馈送到各自的印制板上，这样由电源引起的干扰最小。

由图 11.2 还可以看出，噪声电路地线汇集成噪声电路地，它们的电源也以同样形式，用双绞线分别并联馈电。

三种地线汇集于一处，并与大地可靠连接，可见电路系统的地线分布如同树枝、树干分布，树枝、树干总是通过主干连到大地，这也如同水流、河流水系，千条河流最后汇集成黄河、长江，流入太平洋。

11.2.2 电子电路的地线设计

前面叙述了电路系统的地网设计，下面讲述电路地线的具体设计原则。

1. 电路中的地回路

任何两个接地点之间一定存在阻抗和感抗，当地电流经过时，阻抗和感抗必然产生电压降，这个电压降会形成接地干扰电压。一般阻抗对直流低频电流起主要作用，而感抗对高频电流起主要作用。在地线上这两种电流均存在，正确设计地电流的路径是减小地线干扰的关键。

1) 电路中常见的直流电流回路

图 11.3 给出了常见电路中的地电流。从图 11.3(a) 可以看出，一般高频电路和微波电路均采用多点接地，r_1、r_2、r_3、r_4 为等效接地电阻，不难看出，r_1 上的电压为

$$V_{r_1} = r_1 \times (i_1 + i_2 + i_3 + i_4)$$

其中，i_1、i_2、i_3、i_4 为各级电路的直流电流，它们通过地线将回到电源里去。只有处理好这些电流，才能使地电流干扰降为最低。

图 11.3(b) 为常见的单片放大器，i 为直流电流，i 从电源正端出来，通过地线返回电源负端，构成电流回路。r 为等效接地电阻，r 越小则接地干扰电压就越小，所以应尽量减小 r。

图 11.3(c) 为晶体管放大器，i 为直流回路电流，r 为等效接地电阻。

从图 11.3(a)、(b)、(c) 都可看出，任何电路的电流从电源出来，总得通过地线返回电源，所以降低接地电阻非常重要。

2) 电路中常见的交流电流回路

图 11.3(a) 中的 i_1'、i_2'、i_3'、i_4' 虚线电流为交流电流回路，它们通过电源去耦电容和电路接地点构成交流电流回路。图 11.3(b) 中的虚线电流为交流电流回路，它通过耦合电容、负载 R_L 和接地点构成交流电流 i' 回路。图 11.3(c) 中 i_1'、i_2'、i_3' 虚线电流为交流电流回路，输出回路分为两路，一路通过耦合电容、负载与地线构成输出回路，另一路通过电源去耦电容和射极旁路电容与地线构成回路。

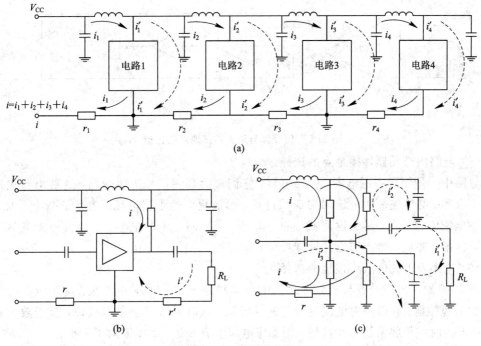

图 11.3　常见地电流

3）电磁感应及分布电容引起的地电流

在高频和微波电路中，在地线上因电磁感应会产出接地电流，如图 11.4 所示，同样分布电容也能把微波信号耦合到地形成地电流。总之，当有高频能量时，在地线上、机壳内都有可能感应出地电流，这些地电流都有可能造成干扰。

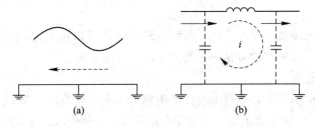

图 11.4　电磁感应及分布电容引起的地电流

2. 正确抑制地回路干扰

在电路的地线里存在直流电流回路、交流电流回路和感应电流回路。下面分析如何抑制这些回路干扰，使干扰降低。抑制地回路干扰的关键是正确选择接地点，所选择的接地点应使地电流造成的电压降尽量少地影响其他电路，少产生耦合。

1）各种电路接地点的选择

（1）信号源与放大器接地点的选择。

图 11.5（a）给出了单级放大器与信号源的接地位置，靠近放大器接地以使回路地电压归属于信号源，这样对放大器输出信号影响最小。图 11.5（b）给出了多级放大器电路接地点的位置，该接地点选择在靠近低电平的输入端，这样地干扰电压对放大器的输入端和输出端影响最小。

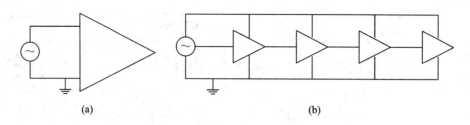

图 11.5　信号源与放大器接地点的选择

（2）电路内部元器件接地点的选择。

电路中大量使用去耦电容、旁路电容，它们都为高频信号提供通路，这些电容接地点选择不合理，必然使高频电流回路流程过长，形成更大的干扰电压。为尽量减小干扰，应使高频电流流程最短，尽快返回器件里。另外，谐振回路中的电感、电容接地点应尽量选择单点接地，并且接地点离器件地越近越好。

（3）电缆及电缆屏蔽层接地的选择。

图 11.6 给了出信号源与放大器之间的电缆接地方法，这种方法也适用于电路与电路之间的电缆接地。在低频时电缆有专门的屏蔽层，这时屏蔽层应单端接地，接于放大器一端。在低频时如果屏蔽层两端接地，则感应电流形成回路，反而增大了干扰。

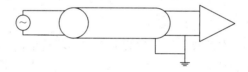

图 11.6　电缆及屏蔽层的接地

2）地线隔离

地回路会造成电路之间相互干扰，引起电路系统之间相互干扰，而将电路之间的地线隔离开是抑制地线干扰的有效方法，下面介绍四种常用方法。

（1）差分平衡电路。

在频率不太高的情况下，可利用差分平衡输入、输出电路减小接地干扰，因为差分输入、输出为平衡输入，能够对消部分干扰信号。另外，差分输入、输出没有地，可切断地电流的耦合。

（2）隔离变压器。

对高频信号使用隔离变压器，如图 11.7 所示，电路 1 与电路 2 不共地，可彻底隔断电路 1 与电路 2 的地电流。

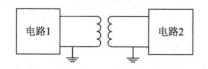

图 11.7　隔离变压器

（3）纵向扼流圈。

当高频信号传输中含有直流分量或者低频分量，不能用隔离变压器时，可使用纵向扼流圈，如图 11.8 所示，它有两个绕组，绕向相同，匝数也相同，因此可抵消地回路中的共模干扰。

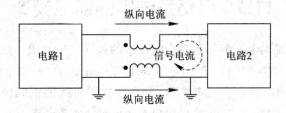

图 11.8　纵向扼流圈

（4）光电耦合。

数字系统与数字电路引起的干扰往往很强，尤其对模拟电路的干扰非常严重。而技术的发展，又需将模拟电路与数字电路紧密连到一起，为此可在数字信号传递的关键部位使用光电耦合器件隔离两个电路的地线干扰，如图 11.9 所示。例如用数字系统去控制模拟系统时，可通过光电耦合器把控制信号传递过去。

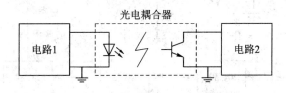

图 11.9　光电耦合隔离

3. 电路接地的三种方法

电路接地方法可综合为三大类：串联接地、并联接地和多点接地，如图 11.10 所示。根据电路的频率、电路的性质和电路的功率可选择不同的接地形式。这三种形式各有优缺点，一般微波电路、高频电路选多点接地；数字电路选并联接地；一般模拟电路、功率放大链等选用串联接地。图 11.10 中 r_1、r_2、r_3 为等效接地电阻，L_1、L_2、L_3 为等效接地电感。要使回路干扰最小，必须让 r_1、r_2、r_3 和 L_1、L_2、L_3 趋近于零，在设计印制板时应尽量使它们的值最小。

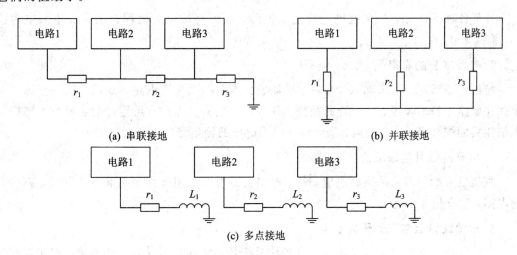

(a) 串联接地

(b) 并联接地

(c) 多点接地

图 11.10　电路接地的三种方法

11.3　电路系统中的馈电设计

电路系统中的直流供电一般都是各个电路中的相同电压共用一路电源，这样各电路电流在电源内阻上将产生耦合干扰，同时电源向不同电路馈电时在馈电线上也可能产生耦合干扰。为此一般电源馈电需加强去耦滤波，合理安排馈电线的走向排列，常见的电路馈电形式如图 11.11 所示，电容 C 与电感 L 构成去耦滤波，使各电路中的交流回路尽量不进入电源，这样电源内阻也就不产生耦合。C_D 为电解电容，它不仅起着对电源滤波的作用，同时起到电源稳压的作用。尤其是在大电流负载的情况下，C_D 非常重要，电流越大，C_D 容量也应越大，起到"水库"调节"水位"的作用。馈电分配根据电路具体情况，可以并联馈电，也可以串联馈电，馈电线之间应尽量减少耦合。

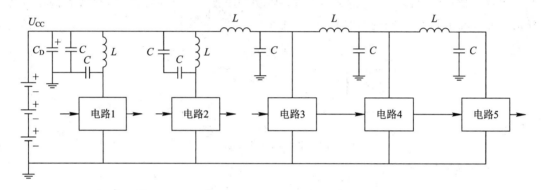

图 11.11　电路馈电形式

11.3.1　电源馈电引入的干扰

电源馈电过程引入的干扰可分为以下四种：

1. 外部进入电源的干扰

外部各种干扰可通过交流供电线进入电源，也可直接以电磁耦合的形式进入电源内部，产生干扰。

2. 电源本身的噪声

稳压电源通常由交流输入变压器、整流放大器、稳压稳流电路等组成，稳压稳流过程中存在电路自身的噪声、稳压管的噪声、开关电源的开关杂波、可控硅的尖脉冲、模拟电源整流后的纹波等，这些杂波、噪声将随电源电压的输出影响电路而造成干扰。

3. 电源内阻引起的干扰

直流电源给很多电路同时供电，各个电路会因电源内阻变化而引起电压起伏，影响其他电路，造成相互干扰。

4. 电源馈线上感应的干扰信号

电源馈线上能够感应供电电路的各种信号干扰，尤其是不同频率的电路、不同功率的电路，通过馈电线感应会引入相互干扰。数字电路电源馈线与模拟电路电源馈线平行走线并匝在同一线束时，就很容易受到干扰；直流馈线与交流馈线平行走线也很容易受到干扰；继电器的触电火花、可控硅的尖脉冲等都容易被馈电线拾取，形成干扰。

11.3.2　抑制、削弱通过电源的干扰

针对上面所述干扰，下面分析抑制、削弱这些干扰的措施。

1. 电源屏蔽措施

对外部进入电源的干扰可以采取屏蔽措施，如变压器加磁屏蔽、变压器的初次级绕组之间加静电屏蔽。需要注意的是，静电屏蔽必须良好可靠接地才有效。同时，重要的馈电线也可以采用屏蔽措施，如屏蔽双绞线。

2. 滤波退耦措施

抑制和削弱电源本身的噪声和电源内阻引起的干扰的主要方法是加强滤波和退耦。在电源输出端和电路与电路之间采用 LC 滤波，如图 11.11 所示，LC 滤波的电容 C 应根据电路的工作频率选用合适的容量和型号，高频时用高频电容，微波时用微波电容，适当的地方必须使用电解电容，以加强稳压和储能。重要的地方还应使用有源滤波器和三端稳压器进一步加强滤波，例如用开关电源给频率源供电时，最好进行二次稳压滤波。图 11.12 给出了一种简单实用的有源滤波器。这种滤波器可使电源干扰降低几十分贝，电容器的容量可根据使用情况合理选择。

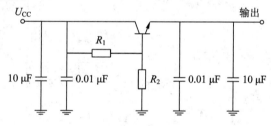

图 11.12　有源滤波器

3. 正确选择电源馈电线型号和正确设计馈线走向

因为电源的馈电线容易拾取各种干扰，所以必须正确设计电源线的走向，选择满足要求的馈电线。例如馈电线的粗细是否满足电流要求，馈电线是否需要屏蔽，是否采用双绞线等。根据前面分析，电源馈电线应尽量选用双绞线，印制板上的馈电线也应根据电流选择线宽，并且根据电压选择馈电线的间距，尽量采用低阻线，因为低阻线捡拾的噪声也低。印制板的走向不能闭环，并尽量短，电路系统应注意交、直流线分开走线，数字线与模拟电源馈电线也应分开匝，分别走线。

11.4　电路系统中的屏蔽设计

电路系统中的屏蔽一般有三种类型：静电屏蔽、磁屏蔽和电磁屏蔽。下面分析这三种屏蔽措施。

11.4.1　静电屏蔽

一个带电物体，将向四周产生电力线，形成静电场，如图 11.13 所示。图 11.13(a)为带

电物体的静电场；用一物体将带电体屏蔽，但屏蔽体未接地，静电场如图 11.13(b)所示，屏蔽体同样感应出静电场；如果将屏蔽体接地，如图 11.13(c)所示，静电场将被完全屏蔽。从图 11.13 中可以看出静电屏蔽体应是完整的屏蔽，并应良好接地，屏蔽材料应选用良好导电体，接地电阻一般应小于 2 mΩ 甚至 0.5 mΩ。因为只有屏蔽体良好接地，才能真正切断干扰源的电力线，保护被屏蔽电路。

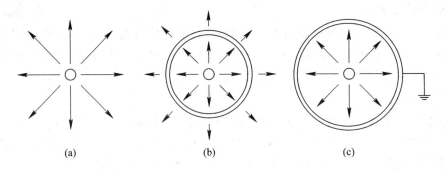

图 11.13　静电场及静电屏蔽

　　图 11.14 所示为屏蔽板的屏蔽原理。图 11.14(a)为没有屏蔽，信号源通过分布电容干扰其他电路；图 11.14(b)为有静电屏蔽板，可以看出 C_3 比 C 要小，通过 C_1 与 C_2 串联耦合到负载 R_L 的干扰小于图 11.14(a)中的 C 直接耦合，从而起到屏蔽或抑制干扰的作用。

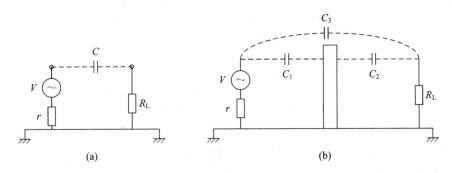

图 11.14　静电屏蔽板屏蔽

11.4.2　磁屏蔽

　　磁屏蔽分低频磁屏蔽和高频磁屏蔽，磁屏蔽可以不接地。低频磁屏蔽主要使用高导磁材料构成低磁阻通路，让磁力线在屏蔽体内走，以减小干扰。高频磁屏蔽是利用电磁感应现象，使屏蔽体表面产生涡流效应，形成反磁场排斥原干扰磁场，同时也抑制或者抵消屏蔽体外的磁场。所以，高频磁屏蔽材料应是良导体，例如银、铜、铝等材料。

1. 低频磁屏蔽

　　低频磁屏蔽是指频率在 100 kHz 以下时，干扰能量往往以磁场形式出现，磁力线在屏蔽体内传输，屏蔽体的厚度不能太薄，以使磁通被限制在屏蔽体内，从而使周围的元件、电路不受磁场影响，外部的磁通也通过屏蔽体传输，很少进入屏蔽罩内，所以也避免了外界磁场干扰。在屏蔽罩上不能在切断磁力线方向开缝隙，应顺磁力线方向开缝隙。低频铁磁材料不能用于高频磁场，这是因为在高频磁场下，磁损耗大，导磁率将明显下降，磁力线不能顺利通过，抗干扰性能下降。

2. 高频磁屏蔽

图 11.15 给出了高频磁屏蔽原理示意图，高频电流有集肤效应，使涡流电流均趋于屏蔽体表面，所以高频屏蔽体无需很厚，0.2 mm～0.8 mm 均可，主要由强度决定。屏蔽体不能在垂直涡流的方向开缝隙。

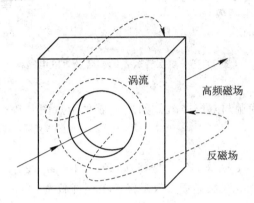

涡流

高频磁场

反磁场

图 11.15　高频磁屏蔽原理

低频磁屏蔽和高频磁屏蔽的原理不同，低频是设置专用通道，让磁力线顺利通过，而高频是利用涡流效应将其损耗。

11.4.3　电磁屏蔽

静电屏蔽及磁屏蔽一般在频率较低时使用，此时电路干扰多为近场干扰。当干扰源为大电流、低电压时，往往以磁场干扰为主，而高电压、小电流时则以电场干扰为主。当频率提高时，电场和磁场总是同时存在，且为交变场，这时电磁辐射能力也增强，同时也趋于远场干扰，即电磁场干扰，故必须采取电磁屏蔽措施。电磁屏蔽材料与高频磁屏蔽材料相同，屏蔽体也无需很厚。这时应注意因频率高，采用屏蔽盒将电路屏蔽后，屏蔽盒会改变原电路的电磁场分布，同时会在屏蔽体上感应出高频电流，有可能给电路带来不良影响，如自激、增益变化、带内起伏等，这时应在屏蔽盒内壁贴吸收材料，甚至重新设计屏蔽体的几何尺寸。

1. 屏蔽盒

电磁屏蔽最常用的结构形式是用屏蔽盒将电路置入盒内罩起来。下面介绍不同屏蔽盒的屏蔽效果，图 11.16～图 11.19 中，C 为干扰源与屏蔽体及接收源之间的分布电容或耦合电容，Z_g 与 U_g 分别为干扰源的等效阻抗和电压，Z_j 为盒体与盒体之间的接触阻抗或接地电阻。从图 11.16～图 11.19 中可以看出，要降低干扰电压 U_s，必须减小分布电容 C，降低电阻 Z_j。

1）单层屏蔽

图 11.16 所示为干扰源与单层屏蔽盒的屏蔽效果示意图和等效电路，感应电压 U_s 的表达式为

$$U_s = \frac{\mathrm{j}\omega C_1 Z_j}{1+\mathrm{j}\omega C_1 Z_j} \times \frac{\mathrm{j}\omega C_2 Z_s}{1+\mathrm{j}\omega C_2 Z_s} \times U_g$$

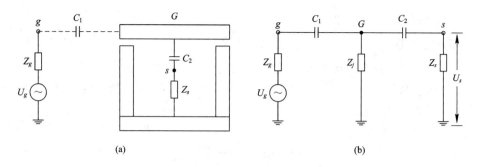

图 11.16　单层屏蔽盒的耦合及等效电路

2）双层屏蔽

图 11.17 所示为干扰源与双层屏蔽盒的屏蔽效果示意图和等效电路，感应电压 U_s 的表达式为

$$U_s = \frac{\mathrm{j}\omega C_1 Z_{j1}}{1+\mathrm{j}\omega C_1 Z_{j1}} \times \frac{\mathrm{j}\omega C_2 Z_{j2}}{1+\mathrm{j}\omega C_2 Z_{j2}} \times \frac{\mathrm{j}\omega C_3 Z_s}{1+\mathrm{j}\omega C_3 Z_s} \times U_g$$

从以上分析可以看出，双层屏蔽盒效果优于单层屏蔽盒。

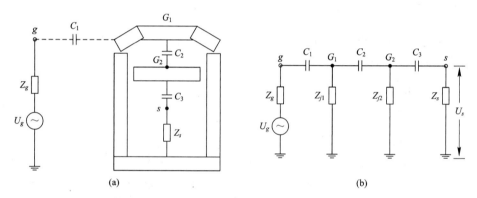

图 11.17　双层盖板屏蔽盒的耦合及等效电路

3）两腔单盖屏蔽与两腔双盖屏蔽

图 11.18 所示为两腔单盖屏蔽盒的耦合方式及等效电路，图 11.19 所示为两腔双盖屏蔽盒的耦合方式及等效电路。从等效电路可以看出双盖比单盖效果好。因此在要求严格的频率源中，一般都选用多腔多盖，在多盖上方再加一大盖板，形成多腔多盖双层屏蔽。

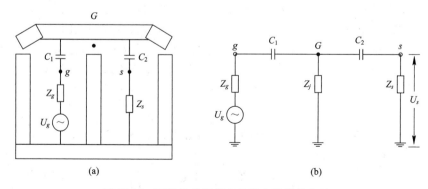

图 11.18　两腔单盖屏蔽盒的耦合及等效电路

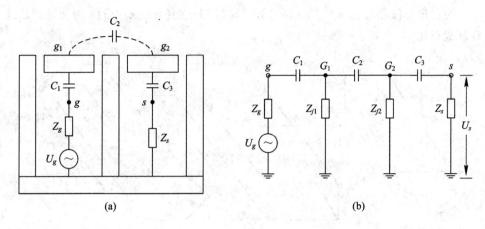

图 11.19　两腔双盖屏蔽盒的耦合及等效电路

2. 电磁屏蔽中的其他措施

在工程应用中，屏蔽不可能完全密封，总会存在装配孔、缝隙及电路通风、馈电、信号进出孔和观察窗口、调谐孔等，当对屏蔽有严格要求时，这些孔、缝、窗口均应采取措施，现简介如下。

1）孔缝泄漏的抑制

孔缝泄漏一般采用如图 11.20 所示的措施。其中，图（a）为增加金属之间的搭接面积；图（b）为增加缝隙深度；图（c）为加装电磁密封垫。

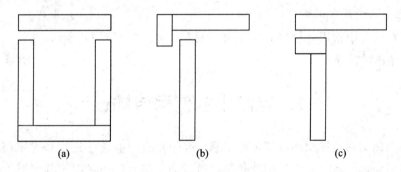

图 11.20　抑制缝隙泄漏的方法

2）通风冷却孔泄漏的抑制

当频率低于 100 MHz 时，可使用金属网覆盖，或者在金属板上开多个小孔。当频率高于 100 MHz 时，可使用截止波导通风孔"窗"。下面给出截止波导的"孔"的尺寸与频率 f_c 的关系式。

圆波导管：
$$f_c = \frac{17.5}{d(\text{cm})} \quad (\text{GHz})$$

矩形波导管：
$$f_c = \frac{15}{d(\text{cm})} \quad (\text{GHz})$$

六角形波导管：
$$f_c = \frac{15}{D(\text{cm})} \quad (\text{GHz})$$

式中，D 为六角形波导管内壁的外接圆直径，如图 11.21 所示。图中的 l 为波导管长度，长度与衰减成正比。

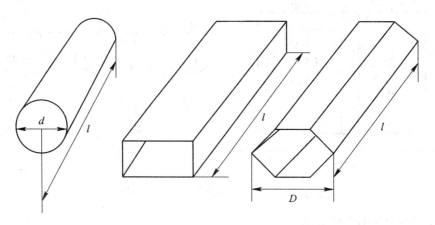

图 11.21　截止波导结构

3）观察窗口（显示器件）泄漏的抑制

如果要求不是太严，观察窗口可用透明屏蔽材料，也可以使用隔离舱与电路隔离。要求严格的地方使用截止波导。

4）调谐孔泄漏的抑制

一般开小孔，加装截止波导，使用隔离舱等。

5）电磁兼容设计常用的材料

电磁兼容设计中常用的材料有导电密封材料、导磁密封材料、吸收材料、导电胶、导磁胶、绝缘导热材料等。

11.5　电路中的信号传输设计

信号在电路中通过导线和电缆传输信息，这些导线和电缆在连接各种电路、系统、模块与屏蔽盒时，它们之间的相互耦合和辐射就成为了信号传输过程中的主要干扰。因为电缆往往既是接收天线，也是电磁波的辐射天线，再加上电缆传输过程中往往都是平行走线，线距很近且距离较长，形成的串扰往往极为严重，下面分析产生干扰的原因并给出抑制干扰的方法。

11.5.1　导线、电缆的耦合干扰

在频率不高的情况下，信号用导线、线缆及高频电缆来传输信号，传输干扰主要来源于线缆之间的耦合。

1. 电容性耦合

两根平行导线就构成一个电容，该电容能将一根导线上的能量耦合到另一根导线上，称之为电容性耦合，或者叫电场耦合。抑制电容性耦合的方法是减小耦合或者加屏蔽。

2. 电感性耦合

如果导线上有电流变化,则会引起导线周围的磁场变化,变化的磁场会使另外平行导线上感应出电动势,形成耦合,称之为感性耦合,或者叫磁场耦合。抑制电感性耦合的方法是屏蔽导线。

3. 电容性耦合与电感性耦合同时存在

在实际电路及电路系统中,这两种耦合往往同时存在。

11.5.2　导线、电缆的辐射耦合

在高频和微波情况下,信号用电缆和波导传输,干扰主要来源于辐射,以场的形式耦合称之为高频耦合,如电缆线间存在分布参数时,将通过分布参数耦合能量。如果通过辐射造成干扰,则称之为辐射耦合。这种辐射耦合以电磁场的形式传播给对方,通常有以下四种途径:

(1) 天线耦合;

(2) 导线感应耦合;

(3) 闭合回路耦合;

(4) 孔缝耦合。

11.5.3　干扰和耦合的抑制

为了抑制这些干扰,在频率低时可使用双绞线,因为双绞线可以对消干扰;在频率高时可采用优质电缆,使辐射尽量小;在要求严格的地方可对线缆进行电磁屏蔽,在导线上加磁环等。另外,线缆的布置、走向也非常重要。线缆高频磁场屏蔽因接地不同实验结果差异很大,具体结果如图 11.22 所示。其中,图(a)对磁场没有任何屏蔽效果,在 1 MΩ 电阻上测得的噪声电压为参考位,定为 0 dB,图(b)和图(c)电路因为两端接地,效果不如图(d)、图(e)、图(f)电路的单端接地。

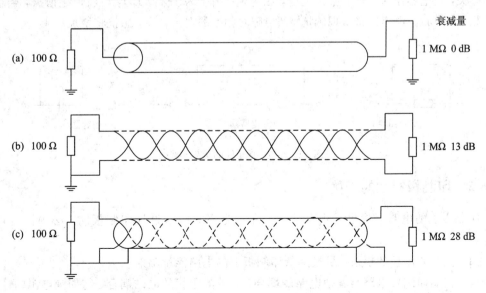

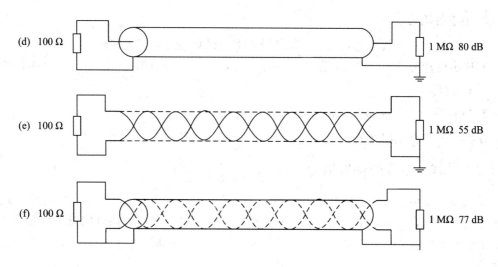

图 11.22　电缆磁场屏蔽实验结果(测试频率为 50 kHz)

11.6　电路印制板的设计

　　具体电路中的电磁兼容设计,主要体现在电路印制板的正确设计。如果印制板设计不合理,即使电路正确,效果也不会好。下面简单给出设计要领。

11.6.1　电路中元器件的选择

　　最简单的元器件,如电阻、电容、电感等,它们都有频率特性,若选用不当,则电容可能变成电感,电感可能变成电容。图 11.23 所示为它们的等效电路,在电阻器的等效电路中,C 为分布电容,L 为引线电感;在电感器的等效电路中,R 为电感内阻,C 为分布电容;在电容器的等效电路中,L 为引线电感,R_1 为损耗电阻,R_2 为并联漏电阻,R_1、R_2 与电容器的介质材料有关,选电容器的工作频率是关键,因为随工作频率升高,L 与 C 将产生谐振,当超过谐振频率工作时,电容器将呈现感抗特性,随着频率的继续升高,感抗将增加。

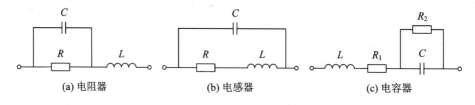

图 11.23　无源元件的等效电路

11.6.2　印制板存在的干扰

　　印制板上的电路干扰也是由耦合和辐射引起的,所以设计印制板时,必须注意以下四点:

　　(1) 控制印制板的辐射,尽量降低印制板上的电路能量辐射。

　　(2) 控制印制板电路与其他电路的耦合,如外界干扰的电磁耦合、与周围电源的耦合、与其他印制版的耦合等。

（3）必须控制印制板对外来干扰不受影响，同时也不能干扰其他印制板。

（4）控制印制板上电路的相互耦合，避免引起干扰。

11.6.3　抑制印制板干扰的措施

设计印制板不仅仅是将电路正确地搬到印制板上，还要严格贯彻前面各个章节讲述的原则。现总结如下：

（1）地线的合理布置。

（2）电源线的正确布置。

（3）电容器的位置设计。旁路电容、去耦电容、耦合电容及调谐电容应布置在正确位置，使高频地电流回路流程最短，耦合最小。另外，还要正确选择电容器的型号和电容量，使之适用于工作频率。

（4）各种电阻、电感及元器件的位置设计。原则上还是使地电流回路流程合理，使地电流耦合最小。另外，还要合理选择各种元器件的型号和数值，使之适用于工作频率。

具体设计在前面的章节里已阐述清楚，这里不再多述了。

11.7　电路系统中电磁兼容设计的提纲

电磁兼容设计必须在电源及电路系统的初始设计中认真贯彻，绝不能在调试时再采取补救措施。因为这时即使付出很大的代价，系统的电气性能指标也不可能太好，肯定影响使用。现给出电路系统电磁兼容设计的提纲。

1. 系统中的频率设计

系统频率选择，既要远离干扰频率，又要不干扰周围系统。系统内频率选择，要有一个良好的混频比，还要使滤波器容易滤除混频器的交互调频率，有时可采用多次混频方案来确保滤波器的工程实现。

2. 系统中的功率电平设计

在电路系统中，若功率电平选择太大，则抗干扰性能增强，但自身的辐射干扰大，对元器件的成本要求增高，功耗加大。若功率电平选择太低，则影响系统性能，例如使信噪比变差、相位噪声变坏等。

3. 系统中的屏蔽设计和模块划分

电路设计完成后，电磁兼容设计的重点转移到模块划分、印制板划分、屏蔽盒划分等，正确的划分可使干扰降至最小。

4. 系统馈电、地网及传输设计

印制板、屏蔽盒及模块设计完成后，应考虑系统的馈电分布及走线措施、地网的设计、电缆传输设计及走向安排等。

5. 电路系统加工工艺及结构加工的要求

工艺和结构必须保证电磁兼容设计的要求。

第 12 章　频率源的工程设计

给出频率源的技术要求后，设计者必须研究哪些指标最重要、最难实现。考虑出一个完善的设计程序，对频率源的工程设计来说非常重要。合理的工程设计不仅能确保各项技术指标的满足，还应考虑可靠性、电磁兼容、经济价格、体积、重量、功耗及使用环境条件等多方面问题。

12.1　一般频率源的设计步骤

一般频率源的设计步骤如下：

(1) 确定合成方法，即合成频率方案。

(2) 确定混频频率及混频比，计算互调分量。

(3) 设计、选择滤波器，使滤波器的带外抑制满足杂散要求，如不满足要求，则调整步骤(1)和(2)，直到满足互调要求。

(4) 相位噪声设计，选用晶振，分析输出相位噪声。

(5) 拟定详细方框图。

(6) 框图之间的电平设计。

(7) 射频信号的隔离设计、防泄漏设计及匹配措施。

(8) 其他电磁兼容措施，供电设计。

(9) 电路图设计，模块划分。

(10) 印制板设计，装配图设计，屏蔽设计，结构设计。

(11) 工作进度表拟定及元器件订货、结构加工。

(12) 试验、调试。

12.2　频率源的工程设计

频率源的工程设计有两种方法，一种为直接式，另一种为间接式，每种方法中又分模拟式和数字式。每种设计方法各有优缺点：直接模拟式频率源相位噪声好，跳频速度快，电路复杂，成本高；直接数字式频率源频率步进可做到很小，杂散大，合成频率低；间接模拟式频率源电路简单，成本较低，跳频速度较慢；间接数字式频率源电路简单，成本低，频率步进较小，相位噪声略差，跳频速度慢。在工程设计中应根据任务(合同)中主要技术指标的要求确定合成方法。当跳频时间要求小于 10 μs 时，间接式就很难胜任，一般应考虑选用直接式合成方案。若各种技术指标要求都较高，跳频时间要求大于 10 μs 时，可以选用间接模拟式方案，这样可以降低成本。若对体积、成本有严格要求，则只能考虑数字式合成方案。总之，合成频率源工程设计时，首先应确定使用什么合成方式，这主要根据技术要求而定，而技术指标与成本成正比。要求各项技术指标很高，还要求体积小，价格低，这是不可能的，因为技术指标、可靠性、体积、重量与成本都是相关的。当然尽量处理好这些关系是设计者的任务，也可体现出设计者的水平。下面从工程技术角度出发，较详细地介绍频率源工程设计中的必要步骤和采取的措施及注意事项。

12.2.1 频率源的方案设计

1. 综合分析，初定方案，设计频率

确定频率源的合成方法后，需根据要求进行频率源实施方案设计，制定出初始方案。当然落实方案时必须做一些计算，考虑保障技术指标的措施和方法，画出初定方案框图。在此基础上再考虑频率源的结构形式、模块划分、电磁兼容措施、体积重量及更换维修等。同时进行频率设计，画出频率合成图，严格计算每一个频率合成过程的交互调量是否满足要求，若不满足要求则必须更改频率合成过程，直到使每个频率合成过程的交互调量均满足要求为止。

2. 信号通道之间的隔离设计和杂散设计

在频率合成方案计算完成后，应进行信号通道之间的隔离设计，同时验证模块划分是否合理，如有问题，则必须进行模块划分调整，初步计算杂散指标，并与要求指标相比较，判断其是否满足指标要求。如有问题，则应修正信号之间的隔离设计，或增加滤波器，直到指标满意为止。

3. 跳频时间设计

信号通道之间的隔离设计完成后，进行杂散分析计算，满足要求后进行跳频时间设计。直接式频率源跳频时间设计较为简单，计算电子开关组的时间、窄带滤波器的传输延迟时间及控制电路的延迟时间，三者之和为直接式频率源的跳频时间，也就是频率捷变时间。而间接式频率源的跳频时间就复杂多了，除直接式涉及的时间外，锁相环的频率转换时间非常重要，必须提高锁相环的快捕带宽，因为锁相环的快捕时间 $t_s = 4/(\xi B_n)$，B_n 为环路带宽。所以只有环路带宽设计得宽，快捕带才宽，锁相环的跳频时间才快。另外，考虑锁相环的跳频时间时还不能忽视鉴相器后的运算放大器、电压相加器及 D/A 变换器引起的延迟时间，这几部分的延迟时间往往比锁相环的快捕时间还长。

4. 相位噪声设计及方案框图确定

上述设计完成后，还需进行相位噪声计算，以确定对基准晶振的要求。相位噪声计算时倍频按每倍程相位噪声变坏 6 dB，混频器的输出相位噪声为两路输入相位噪声之和。分频器的基底相位噪声一般按 -155 dBc/Hz 计算，分频器的输入相位噪声按 $20\lg n$ 变好，而分频器的基底相位噪声按 $20\lg n$ 变坏，n 为分频次数，其输出相位噪声为二者之和。直接式频率源按前三项就可以分析计算，检验是否满足相位噪声要求，再适当考虑电路的附加噪声的影响，便可提出对基准晶振相位噪声的准确要求。

对间接式频率源，应计算锁相环的相位噪声，锁相环对输出相位噪声起关键作用的环节有三部分：第一部分是环内分频器按 $20\lg n$ 变坏输出相位噪声，n 为分频次数；第二部分是微波基准按 $20\lg N$ 变坏基准晶振相位噪声，N 为倍频次数；第三部分是锁相环的附加相位噪声，正常的高增益二阶锁相环附加噪声不应超过 5 dB。如果选定了基准晶振，将上

述影响综合分析，就可计算出锁相环输出相位噪声，然后画出正确的方案框图。

上述设计称之为方案设计，设计完毕应进行方案评审，评审讨论通过后转入工程设计。

12.2.2　频率源的工程设计内容

工程设计包含三方面的内容：第一，根据方案框图进行电路图设计；第二，根据电路图进行印制板图形设计和系统接线图设计；第三，根据电路图和印制板图及接线图进行精确的结构设计，给出加工图纸。

1. 电路图设计

电路图设计必须依据方案框图和模块划分来确定单元电路图、单元印制板及系统接线图等。正确划分单元电路后，对单元电路进行设计、计算，在设计、计算过程中应合理地选择放大器、混频器、倍频器、VCO、鉴相器、分频器、电子开关、滤波器及各种无源电路。如果使用间接式体制，则必须计算锁相环的环路参数。在单元电路图设计完后，对功耗大的电路及功耗大的元器件必须进行功率复核，检查其是否满足功耗要求，同时还应检查其是否满足耐压要求。另外，还需进行冗余设计，以便提高系统可靠性。

2. 印制板设计

根据电路图进行印制板图形设计时，有好的方案和正确的电路图，不一定有好的技术指标。只有正确的印制板设计才能实现好的技术指标。印制板设计的主要原则应满足电磁兼容的原理及要求，使信号尽量不迂回，高频电流以最短路径自闭合，不与其他级电路耦合，高频地电流不交叉，不相互耦合，一切地电流均不应相互耦合。滤波器及信号传递方向分布合理，电源滤波合理，尽量采用馈通滤波器，注意滤波电容的高频性能。加强电源滤波，合理布置地线，正确设计信号走向，这样才能确保印制板设计合理。

3. 结构设计和电磁兼容设计

当电路图、印制板图及接线图设计完成后，即可开展工程结构设计。频率源结构设计需要满足体积小、重量轻、维修方便、更换快捷、散热合理等要求，还要考虑电磁兼容的设计，其中重点是电磁屏蔽设计和信号屏蔽设计，这里包括系统的交直流馈电设计、系统的地线设计和系统的屏蔽设计。屏蔽设计时，从模块屏蔽到系统的屏蔽设计及电源馈线和传输信号的屏蔽设计等都应精心考虑，否则无法实现 80 dB 以上的隔离。

在电路设计、印制板设计和结构设计完成后应进行可靠性分析论证。

12.2.3　可靠性论证

可靠性是一个产品的生命，技术指标再好，若可靠性不好，产品也无法使用。可以说，可靠性是理论研究和工程研究的最大区别。因此，可靠性分析计算是工程设计中重要的环节。一般地，图纸设计完成后，应进行平均无故障时间间隔（MTBF）的分析计算，首先对各模块进行 MTBF 分配，建立本系统的失效率模型，进行可靠性设计分析，按可靠性要求选择各种电路及元器件，采用应力分析法确定各种元器件的工作失效率，按国军标有关文件及要求和《电子设备可靠性预计手册》分析计算出 MTBF，以便对设计出来的系统有一个初步的可靠性估计。

可靠性论证不只限于 MTBF 的计算，我们认为更重要的是可靠性设计，可靠性主要是设计出来的，质量管理体系给设计者提供了科学的设计平台、环境和方法。要提高可靠性，第一靠设计者的合理设计；第二，选用材料及元器件合理；第三，加工、工艺、装配、调试、试验等过程中要精细、严谨、正确。所谓"细节决定成败""阴沟里翻船"，均属第三步的问题。质量管理体系对第一、第二步有作用，质量检验人员只能对第三步起作用。所以，设计人员从本质上要有质量意识，要提高设计水平，努力设计出高可靠性的产品。第二步涉及经费，可通过加大投入，提高元器件、原材料水平，选用经过证明是高可靠的产品等，以提高可靠性。第三步按制度进行，积极减少人为不可靠因素，重视每一个环节。只有这样可靠性才能大幅度提高。

通过上述分析论证可见，有问题时必须调整设计，重新计算，直到满足要求。因为在设计阶段提高可靠性成本最低，相对容易做到，等到加工装配出来，再去更改提高可靠性，其成本、代价都很高，所以必须在可靠性分析计算满足要求后才能转入加工、装配阶段。

12.2.4　工程试验

当系统加工装配完成后，即可转入工程试验阶段。工程试验包括产品技术指标调试、技术指标测量及工作环境试验等几个方面。设计完善而调试不到位，同样体现不出设计的成绩，尤其是对于微波、高频系统，均需细心调试才能达到要求。设计好则调试量小，设计差则调试量大，所以调试工作也很重要。调试内容很多，通电前需检查电路，通电后还需检查直流工作点，然后进行电路各种参数调试、功率调试、杂散隔离调试、电磁兼容调试。调试到位，则产品工作可靠，性能好，可靠性高。调试不到位，不仅技术指标差，甚至电路不稳定，相位噪声变坏，杂散变大，隔离变差。

在电路系统调试中，正确使用仪器、仪表，正确测量各种参数也是非常重要的。在工程试验中，如果不能正确使用仪表或者测量方法不正确，不仅会使工作复杂化，增加工作量，甚至会使测量的技术指标不可信。工程试验中，必须正确了解仪表的性能原理并正确使用，这也是非常重要的一个环节。

电路系统的工作环境试验是工程试验中最后的试验，一般要根据要求进行高温试验、低温试验、连续工作拉力试验、振动试验、潮湿试验等，这些试验能够顺利完成，不仅与元器件有关，而且与设计、调试都有关。若设计有缺点、调试不到位，则即使元器件都选用优质品也常常会出现问题。这些试验完成后最好进行可靠性增长试验，让系统工作 100 小时以上，使早期失效的元器件及早暴露，以达到提高可靠性的目的。

12.3　频率源工程设计中常见的问题

12.3.1　工程设计中容易忽视的问题

1. 耐压问题

在频率源设计中一般不涉及耐压问题，所以常常被设计师们忽略，但是实际设计中经常存在耐压与正负极性问题。如电解电容，其中钽电解电容器在极性接反时会引起爆炸。电容器工作在交流和直流状态时耐压是不同的，在交流状态下应考虑峰值，不能只用有效值作为设计依据。对于 220 V 的整流电路，其印制板的线间距和印制板的宽窄都要考耐压和通过电流。

2. 功耗问题

频率源为小功率信号源，所以设计师常会忽略掉功耗问题。在实际设计中，例如单片放大器的工作点电阻，应用几只电阻并联，以满足电阻功耗的要求；大动态的放大器、高三阶交调的放大器，其电源电流都较大；电路系统中使用较多的 ECL 电路、时钟很高的 DDS 电路等，这些电路的功率都较大；再加上用户一味地要求体积小，因此不可忽略功耗与散热设计。

3. 电流问题

上述讲的电路电流较大，对应用于这些电路中的滤波电感，应注意电感的最大通过电流。对负载较重的电路，应考虑输出电流能否推动负载要求，是否应增加驱动器或增加限流措施，以防电路性能变差，如 PIN 开关管就应有限流措施。

4. 散热问题

表面贴装集成电路的散热及接地热阻等问题必须重视，系统的通风散热也应考虑。

12.3.2 元器件选择时容易忽视的问题

1. 电解电容

在工程设计中，往往只知道电解电容有低频滤波作用，却忽略了其更重要的电流储存作用，也就是电源能量的储存作用。尤其是对于功率电路，其瞬间电源电流很大，若没有大容量的电解电容的储能，电源电压波动会很大，影响电路工作。另外，电解电容不能对高频滤波，兆赫兹以上的电容已呈感性。

2. 电容的正确选择

选电容器不能只重视容量的选择，还应特别重视耐压及频率特性的选择。在微波电路中，电容一般有两个作用：第一，起旁路、去耦、滤波的作用；第二，起隔直流、信号耦合的作用。电容型号不同，在同一频率下，有的呈容性，有的可能呈感性，这时对信号有很大衰减作用。因而在微波电路中，应选高频性能好的电容。使用频率不同，电容量也不一样。

12.3.3 几个主要部件在应用时容易忽视的问题

1. 分频器在电路系统中的正确位置

分频器对相位噪声有影响，因此将频率先倍频再分频，或先分频再倍频，其对相位噪声的影响不同，一般来说前者更好一些。

2. 谐波发生器输出功率较小时如何放大

谐波发生器应先滤波，选出需要的信号后，再放大。如果先放大再滤波，放大器将会被不需要的信号放大而饱和，使放大器性能大大变坏。

3. 混频器与滤波放大器的关系

在电路系统中，混频器是常用电路，在频率合成中常用来实现对频率的加减，一般都是在混频器输出端加匹配滤波器，将有用信号滤出后，再放大到需要电平。需要注意的是，绝不能先放大再滤波，如先放大，本振泄漏信号可能使放大器饱和。

4. 滤波器的匹配

滤波器的输入、输出阻抗一般指带内，而带外阻抗不一定是 50 Ω，所以将滤波器接入混频器输出端或者谐波发生器输出端以及分频器的输出端时，有用信号被选出，而大量无用信号被反射，可能引起电路不稳或者性能下降。解决该问题的最简单办法是在电路的输出端与滤波器的输入端之间加 1 dB~3 dB 宽带匹配衰减器，这样可以大大缓解电路之间的匹配问题，使电路稳定可靠。需要强调一点，衰减器必须是宽带的。

12.4　频率源工程设计中应注意的问题

12.4.1　模拟锁相环在工程设计中应注意的问题

1. VCO 的稳定性

VCO 在同一个调谐电压下，因环境温度不同，输出频率将不同，从 −50℃~+85℃ 可能有几兆赫兹到几百兆赫兹的误差。同时，不同 VCO 在同一电压下的输出频率也有差别，再加上预置电压有一定的精度，也会引起频率误差，所以模拟锁相环必须加搜捕措施。

2. 锁相环路的稳定性

高增益二阶环一般来讲都是稳定的，但是在环路中加有任何窄带滤波器，都会引起反馈信号延时，导致相位裕度不够而引起环路自激。因此，在高频电路中也不能加窄带滤波器。

3. 低相位噪声设计

相位噪声是模拟锁相环中的重要指标，为了确保该指标不损失，设计中应尽量在锁相环内降低分频次数或者不用分频器。另外，应保持一个合理的信噪比，使信号不要工作在微弱电平上，否则易破坏信噪比，使相位噪声变坏。

4. 环路带宽和鉴相频率

环路带宽应尽量调宽，带宽宽，则相位噪声好且环路稳定，为此应尽量提高鉴相器的鉴相频率。

5. 相位噪声敏感电路的电源要求

在模拟锁相环中，直流放大器、VCO 及 D/A 变换电路均为相位噪声敏感电路，它们的电压纹波及电压噪声对相位噪声有很大影响，因为这些噪声电压将直接调制 VCO，影响 VCO 输出，所以必须引起注意。

6. D/A 变换的位置

D/A 变换是模拟电路与数字电路的接口电路，将 D/A 变换置于模拟电路板，只要正确分离模拟地与数字地，便可得到较好的相位噪声。如果将 D/A 变换置于数字电路板，尽管引线大大简化，但很难处理好模拟地与数字地之间的关系，往往影响相位噪声输出。

12.4.2　数字锁相环在工程设计中应注意的问题

1. 环路稳定性

数字锁相环一般很稳定，但是当可变分频次数 N 较低时，VCO 的漂移 Δf 与分频次数 N 的比值，即 $\Delta f/N$ 应小于环路带宽，否则锁相环将不稳定，在高低温试验中会经常失锁。例如，环路带宽为 100 kHz，VCO 漂移为 10 MHz，则 N 应大于 120 次以上时环路才能稳定可靠地工作。

2. 数字锁相环的相位噪声

数字锁相环的相位噪声由三方面决定：① 环路总分频次数 N，相位噪声按 $20\lg N$ 变坏；② 鉴相器的基底相位噪声，一般在 -160 dBc/Hz ~ -140 dBc/Hz 之间；③ 鉴相基准信号的相位噪声。三者在鉴相器处汇集，最坏情况下为相位噪声门限。例如图 12.1 所示的数字锁相环框图中，要求 VCO 输出相位噪声优于 -95 dBc/Hz，可变分频次数 $N=300$，$20\lg N=50$，要求到鉴相器的相位噪声应为 $-95-50=-145$ dBc/Hz。

图 12.1 中相位噪声 1 加相位噪声 2 必须低于相位噪声 3，这样输出相位噪声优于 -95 dBc/Hz。如果不满足要求，则必须调整方案，选更好的鉴相器，调整分频次数 N，但是 N 变小后，频率步进变大，环路稳定性变差。因此，应该综合考虑或采用双环方案。

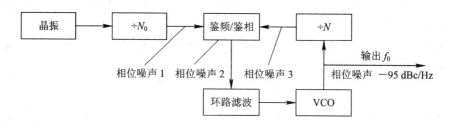

图 12.1　数字锁相环相位噪声分析框图

12.4.3　频率源系统电磁兼容设计中应注意的问题

合成频率源的各项技术指标往往要求都很高，所以电磁兼容设计就非常重要，详细设计在第 11 章中已详述，这里再重点强调五个方面的设计。

1. 隔离设计

电路系统的隔离设计决定着电路系统是否能稳定可靠地工作，也决定着合成频率源杂散的高低。隔离设计分四个方面：

（1）信号传输隔离。对微波信号应加隔离器，使用定向耦合器、滤波器等；对数字信号应加驱动器、隔离门、射随器等，保证良好的传输匹配。

（2）信号反向隔离。这一点往往被忽略，反向串扰是合成频率源中形成杂散的主要原因，尤其是在数字电路中，混频器等电路的反向干扰非常严重，可采取加滤波器、隔离器、定向耦合器、衰减放大隔离级等措施。

（3）信号通道之间的隔离。信号通道之间隔离好对系统性能有很大帮助，会使整机系统的各种信号互不干扰。主要措施是加强屏蔽，合理走线，加强隔离措施等。

（4）数字电路与模拟电路之间的隔离。数字电路对模拟电路的干扰是非常严重的，设计电路系统时必须认真控制。反之，模拟电路对数字电路的干扰一般并不严重，具体措施有：合理设计地线、电源馈电线；使数字电路与模拟电路尽量不要共电源，更不能共地；数字信号线与模拟信号线不应匝在一起等。

2. 屏蔽设计

隔离设计是对付传输干扰，屏蔽设计是对付辐射干扰，有科学合理的屏蔽，系统的性能才能发挥出来。

3. 地线设计

频率源系统的模拟信号地和数字信号地必须分开，按第 11 章的原则设计，否则数字干扰将是致命的。

4. 电源馈电设计

电源馈电设计应将数字电源与模拟电源分开，电源供电线应尽量使用双绞线，设立双向路线，尽量少使用公共地线作回程电源线。

5. 印制板设计

正确的印制板设计的关键是地线和电源线及信号流向和回程信号路径的设计。

参 考 文 献

[1] 高树廷，高峰，徐盛旺，等. 合成频率源工程分析与设计. 北京：兵器工业出版社，2008.

[2] [美]维迪姆·迈纳赛维奇. 频率合成器理论与设计. 郑绳楦，杜文陛，李斌详，译. 北京：机械工业出版社，1982.

[3] 白居宪. 低噪声频率合成. 西安：西安交通大学出版社，1995.

[4] [美]Vadim Manassewitsch. 频率合成原理与设计. 3 版. 何松柏，宋亚梅，鲍景富，等译. 北京：电子工业出版社，2008.

[5] 仇善忠，张冠. 锁相与频率合成技术. 北京：电子工业出版社，1986.

[6] [美]威廉·F·依根. 锁相频率合成. 张其善，柳重堪，梁钊，译. 北京：人民邮电出版社，1984.

[7] 费元春，陈世伟，孙燕玲，等. 微波固态频率源理论·设计·应用. 北京：国防工业出版社，1994.

[8] [英]V·F·克罗帕. 频率合成理论、设计与应用.《频率合成》翻译组译. 北京：国防工业出版社，1979.

[9] 费元春，苏广川，米红，等. 宽带雷达信号产生技术. 北京：国防工业出版社，2002.

[10] [美]W·P·罗宾斯. 相位噪声. 秦士，姜遵富，译. 北京：人民邮电出版社，1988.

[11] 张有正，陈尚勤，周正中. 频率合成技术. 北京：人民邮电出版社，1984.

[12] 张厥盛. 锁相技术. 西安：西北电讯工程学院出版社，1986.

[13] 连汉雄. 微波锁相振荡源. 北京：人民邮电出版社，1982.

[14] 张厥盛，郑继禹，万心平. 锁相技术. 西安：西安电子科技大学出版社，1994.

[15] [美]Henry W·Qtt. 电子系统中噪声的抑制与衰减技术. 2 版. 王培清，李迪，译. 北京：电子工业出版社，2003.

[16] 杨克俊. 电磁兼容原理与设计技术. 北京：人民邮电出版社，2004.

[17] 黄智伟. 射频电路设计. 北京：电子工业出版社，2006.

[18] 顾耀祺. 锁相. 北京：科学出版社，1975.

[19] 万小平，张厥盛，郑继禹. 通信工程中的锁相环路. 西安：西北电讯工程学院出版社，1980.

[20] 王彦斌. 微波频率源及其测量. 西安：陕西科学技术出版社，1991.

[21] 眭法川. 锁相与频率合成. 北京：国防工业出版社，1988.

[22] 高吉祥. 高频电子线路. 北京：电子工业出版社，2003.

[23] 刘骋，王川. 高频电子线路. 西安：西安电子科技大学出版社，2000.

[24] 杜武林. 高频电路原理与分析. 西安：西安电子科技大学出版社，1991.